21世纪高等教育计算机规划教材

计算机网络技术及应用

Computer Network Technology and Application

王方 严耀伟 编著

杨有安 主审

人民邮电出版社

北 京

图书在版编目（CIP）数据

计算机网络技术及应用 / 王方，严耀伟编著. -- 北京：人民邮电出版社，2015.9（2024.2重印）
21世纪高等教育计算机规划教材
ISBN 978-7-115-40341-4

Ⅰ. ①计… Ⅱ. ①王… ②严… Ⅲ. ①计算机网络—高等学校—教材 Ⅳ. ①TP393

中国版本图书馆CIP数据核字(2015)第206174号

内 容 提 要

本书根据教育部"计算机网络技术及应用"的教学基本要求，并结合当今大学人才培养需求组织编写而成。全书共分 10 章，主要包括计算机网络的基本概念、数据通信的基本原理、Internet 服务及接入方式、局域网、网络互联、网络设计、服务器架设、网站设计、网络安全防护、无线局域网与物联网等内容，同时还针对各章的内容设计了相应的实验。

本书内容全面、面向应用、注重实践、实例丰富、详略得当，各章附有适量习题，便于自学、自测。本书对所涉及的应用技能及其背景知识的讲解由浅入深，并配有精心选择的图例，帮助读者理解。

本书可作为非计算机专业的计算机网络教材，也可作为全国计算机等级考试（三级网络技术）的辅导用书，并可供计算机网络爱好者自学参考。

- ♦ 编　著　王　方　严耀伟
- 　主　审　杨有安
- 　责任编辑　邹文波
- 　责任印制　沈　蓉　彭志环
- ♦ 人民邮电出版社出版发行　　北京市丰台区成寿寺路 11 号
- 　邮编　100164　电子邮件　315@ptpress.com.cn
- 　网址　http://www.ptpress.com.cn
- 　北京天宇星印刷厂印刷
- ♦ 开本：787×1092　1/16
- 　印张：14.25　　　　　2015 年 9 月第 1 版
- 　字数：371 千字　　　2024 年 2 月北京第 6 次印刷

定价：34.00 元

读者服务热线：(010)81055256　印装质量热线：(010)81055316
反盗版热线：(010)81055315

前　言

随着社会的发展和进步，计算机网络技术得到了空前的发展，网络的应用已经渗透到生活中的各个方面，这就要求大学生应该掌握计算机网络知识和基本应用技能，无论哪个专业，都必须学会应用计算机网络。因此，对非计算机专业学生进行计算机网络基础教育成为一项迫切的需求。

计算机网络应用课程是计算机基础教学课程体系中的主要课程。根据教指委的指导精神，"计算机网络技术及应用"可以作为各专业大学生的第二门计算机公共基础课程。

本书面向非计算机专业学生，将理论与实践做密切结合，理论联系实际，实践印证理论。通过对本书的学习，读者可以对现在丰富多彩的网络应用有进一步深入的认识，丰富个人知识，提高个人科学素养。本书注意以下问题：避免理论部分过深，篇幅过长，使读者感觉过于艰难晦涩，从而失去学习的动力和兴趣；避免实践部分过多、过细，且失去理论指导，使非计算机专业的读者体会不到学习的必要性，影响其总体上的掌握；注意在保证知识讲解的严谨性的基础上，尽量用通俗易懂的语言，减轻读者在看书预习、自学时的难度，提高其学习积极性，最终目的是促进读者对书中知识的吸收。

本书在整体上还有内容从易到难的特点，形成一个自然的难度梯度。本书的前面部分主要讲解网络的基础知识，即网络的基本概念和网络的服务应用，可以提高读者的学习兴趣；中间部分是应用，讲解网络的连接、管理和各种网络服务器的建立、管理、维护，以及网站制作等实用技能；最后的一部分则是进阶篇，讲解目前最流行、使用最广泛的一些网络技术，如无线局域网，VPN及物联网，用以进一步提高学生的水平。总之，教材的目标是深入浅出，满足非计算机专业学生和自学者的学习需求，又能在此基础上做一定的提高。

全书分为10章，其中第1章、第3章、第4章、第6章、第7章、第9章、第10章由王方编写，第2章、第5章、第8章由严耀伟编写。杨有安负责全书的统稿工作。

本书在编写的过程中得到了文华学院各级领导和广大教师的指导和帮助，在此表示衷心的感谢！

编　者

2015 年 7 月

目　录

第1章
计算机网络概述

计算机网络是一门发展迅速、知识密集，展现高新信息科学技术的综合学科，是当今计算机技术的主要发展趋势之一。随着计算机技术和通信技术的发展，计算机网络的应用遍及世界各地，深入到各个领域，无论是企业商业的运作，还是个人信息的搜索、获取和发布，人们相互之间的即时沟通和交流，以及计算机硬件、软件、数据、存储、运算等资源的共享，这些都已经很难脱离网络，依靠单个计算机完成。计算机网络的出现，拉近了全世界每个人之间的距离，改变了整个世界的面貌。

1.1　计算机网络的基本概念

计算机网络是一些相互连接的、以共享资源为目的、自治的计算机集合。计算机网络是现代通信技术和计算机技术高速发展的产物，它可以使某一地点的计算机用户享用另一地点的计算机或设备所提供的数据处理等功能和服务，达到共享资源和相互通信的目的。

1.1.1　什么是计算机网络

计算机网络可以定义为：将地理位置不同的具有独立功能的多台计算机，连同其外部设备，通过通信线路连接起来，在网络操作系统、网络管理软件及网络通信协议的管理和协调下，实现资源共享和信息传递的计算机系统。

最简单的计算机网络就是两台计算机和连接它们的线路，即两个结点和一条链路。当今世界上最庞大的计算机网络是 Internet，或称为因特网。Internet 由非常多的计算机网络通过许多"网络互连设备"互相连接而成，因此也称为"网络的网络"。

计算机网络的功能可以概括为：

1. 资源共享

实现资源共享是计算机网络的主要目的。资源共享是指网络中的所有用户都可以有条件地利用网络中的全部或部分资源，包括硬件资源、软件资源和数据资源。

（1）硬件资源共享：计算机网络可以在全网范围内提供对计算处理资源、存储资源、输入/输出资源等昂贵设备的共享，如共享超大型存储器、特殊的外围设备、高性能计算机的 CPU 处理能力等，使用户节省投资，也便于集中管理和均衡分担负荷。

（2）软件和数据资源共享：计算机网络允许用户远程访问各类大型计算机和数据库，给使用者们提供网络文件传送服务、远地计算机管理服务和远程信息访问服务，从而避免了软件研制、硬件投资等活动上的重复与浪费，避免数据资源的重复存储，也便于进行资源的集中管理。对于普通的网络用户，上网下载免费软件和音乐、视频等都是利用了计算机网络的此类功能。

2. 信息传输与集中处理

信息传输是网络的基本功能之一，分布在不同地区的计算机之间可以传递信息。地理位置分散的生产单位或业务部门可以通过网络将各地收集来的数据进行综合和集中处理。计算机网络为分布在各地的用户提供了强有力的通信手段，如用户可以通过计算机网络发布或浏览新闻消息，进行电子商务等活动。流行的 QQ 等网络即时通信工具和 E-mail 电子邮件等都体现了计算机网络信息传输的强大功能。

3. 均衡负荷与分布处理

网络中的多台计算机还可互为备用，一旦某设备出现故障或负荷过重时，它的任务可转移到其他设备中去处理，极大提高了系统的可靠性。另外，可对一些复杂的问题进行分解，通过网络中的多台计算机进行分布式处理，充分利用各地计算机资源，达到协同工作的目的。

4. 综合信息服务

计算机网络可向全社会提供各种经济信息、科技情报和咨询服务，如提供文字、数字、图形、图像、语音等，实现电子邮件、电子数据交换、电子公告、电子会议、IP 电话和传真等业务。随着信息科学技术的不断发展，新型业务不断出现，计算机网络将为社会各个领域提供全方位的服务，功能将向着高速化、多元化、可视化和智能化的方向发展。百度、Google 等网络搜索引擎，新浪、搜狐等门户网站，是这一类服务的集中体现。

计算机网络要完成数据处理与数据通信两项基本功能，那么必须需要硬件系统和软件系统来支撑。所以计算机网络可以认为是由网络硬件和网络软件两部分组成。单个计算机的硬件，是指构成计算机的物理设备，即由机械、光、电和磁器件构成的具有计算、控制、存储、输入和输出功能的实体部件。而作为连接多个计算机的网络系统，这里所指的硬件有所不同，它是指主机、通信处理机、终端、网络连接设备和传输介质。

1. 网络硬件

（1）主机。

主机是计算机资源子网中的主要设备。它可以是巨型计算机（简称巨型机）、大型机、工程工作站（Workstation）、小型机、微型机或多媒体计算机系统。局域网中的主机还可以是服务器（Server）、网络打印机、绘图仪等资源主设备。计算机网络硬件组织示意图如图 1-1 所示。

从广义上讲服务器是指网络中能对其他计算机提供某些服务的计算机系统，如果一台 PC 对外提供某种服务，如文件传输服务，也可以叫服务器。从狭义上来讲，服务器是专指某些高性能计算机，能够通过网络，对外提供服务。相对于普通 PC 来说，服务器在稳定性、安全性和工作性能等方面都要求更高，因此，服务器的 CPU、芯片组、内存、磁盘系统、网络接口等硬件和普通 PC 有所不同。

而工程工作站是一种应用于分布式网络计算的高性能计算机，主要应用于专业领域，具备强大的数据运算与图形、图像处理能力，满足工程设计、动画制作、科学研究、软件开发、金融管理、信息服务、模拟仿真等专业领域的需求。工作站这个名词有时也指与服务器联网、使用服务器提供的服务的普通计算机。

（2）终端。

终端有时也称为客户端，它是与主机相对的概念。最初，终端就是计算机显示终端，是计算机系统的输入/输出设备。计算机显示终端伴随主机时代的集中处理模式而产生，并随着计算技术的发展而不断发展。在传统意义上，终端通常是指那些与集中式主机系统相连的"哑"用户设备，从用户键盘输入，并且将这些输入发送给主机系统。这里的"哑"指相对于其他种类比较"聪明"的计算机终端来说，功能较为有限。主机系统处理这些键盘输入和命令，然后将输出结果传送并显示在相应终端的屏幕上。PC 可以运行称为终端仿真器的一些程序来模仿一个"哑"终端的工作。

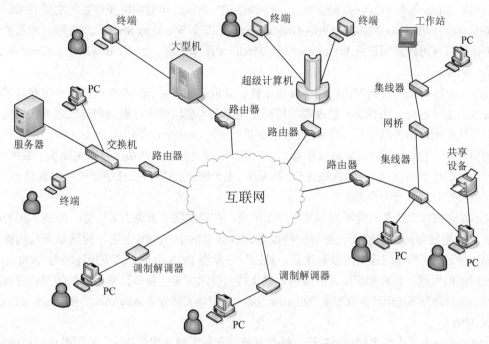

图 1-1　计算机网络硬件组织示意图

迄今为止，计算技术经历了主机时代、PC 时代和网络计算时代这 3 个发展时期，终端与计算技术发展的 3 个阶段相适应，也经历了字符"哑"终端、图形终端和网络终端这 3 个形态。目前，可以把常见的终端设备分为两类：一类是胖客户端，另一类是瘦客户端。以 PC 为代表的基于开放性工业标准、功能比较强大的设备叫作"胖客户端"，其他归入"瘦客户端"。现今的瘦客户端产业的规模和发展空间很大。

（3）网络连接设备。

网络中的各种连接设备很多，主要负责控制数据的接收、发送和转发。常用的网络连接设备，按它们在网络模型中所在的层从低到高排序，有中继器、集线器、调制解调器、网卡、网桥、交换机、路由器和网关等。其中，中继器、集线器和调制解调器这 3 种设备工作在物理层，网卡、网桥和普通的交换机工作在数据链路层，路由器是网络层设备，而网关可以工作在更高的应用层。后面的章节中会详细介绍网络连接设备，在这就不做详细说明。

2. 网络软件

计算机网络的软件构成包括网络操作系统、网络通信协议和网络应用软件。

（1）网络操作系统。

网络操作系统（NOS）是网络的心脏和灵魂，是向网络计算机提供服务的特殊操作系统。网络操作系统运行在称为服务器的计算机上，并由连网的计算机用户共享，这类用户称为客户，用户所用的计算机也称为工作站。

目前，局域网中主要存在以下几类网络操作系统。

① Windows。

微软公司的 Windows 系统不仅在个人操作系统中占有绝对优势，它在网络操作系统中也具有非常强劲的势头。这类操作系统在局域网中是最常见的，但由于它对服务器的硬件要求较高，且稳定性不是很高，所以微软公司的网络操作系统一般只是用在中低档服务器中，高端服务器通常采用 UNIX、Linux 等非 Windows 操作系统。在局域网中，微软公司的网络操作系统主要有 Windows NT 4.0 Server、Windows 2000 Server/Advance Server，以及 Windows Server 2003 等。与服务器联网的工作站系统可以采用任意 Windows 或非 Windows 操作系统，如 Windows XP、Linux 等。

② NetWare。

NetWare 是 Novell 公司推出的网络操作系统，20 世纪 80 年代至 90 年代曾经一度在局域网操作系统中占主导地位。NetWare 最重要的特征是基于基本模块的设计思想和开放式系统结构，它是一个开放的网络服务器平台，可以方便地对其进行扩充。NetWare 系统向 DOS、OS/2 和 Macintosh 等不同的工作平台、不同的网络协议环境，如 TCP/IP，以及各种工作站操作系统提供一致的服务。该系统内可以增加自选服务，如替补备份、数据库、电子邮件、记账等，这些服务可以取自 NetWare 本身，也可取自第三方开发者。

NetWare 操作系统虽然远不如早几年那么风光，在局域网中也失去了优势，但是 NetWare 操作系统对网络硬件的要求较低，受到一些设备比较落后的中、小型企业，特别是学校的青睐。NetWare 在无盘工作站组建方面具有优势，且因为它兼容 DOS 命令，其应用环境与 DOS 相似，经过长时间的发展，具有相当丰富的应用软件支持，技术完善、可靠，常用于教学网和游戏厅。

目前这种操作系统市场占有率呈严重下降趋势，其市场大部分被 Windows 类和 Linux 系统占据。

③ UNIX。

UNIX 是一个强大的多用户、多任务操作系统，支持多种处理器架构，按照操作系统的分类，属于分时操作系统，最早由 Ken Thompson、Dennis M. Ritchie 和 Douglas Mcllroy 于 1969 年在 AT&T（美国电报电话公司）的贝尔实验室开发。经过长期的发展和完善，目前已衍生出一种主流的操作系统和基于这种系统的产品大家族。由于 UNIX 具有技术成熟、可靠性高、网络和数据库功能强、伸缩性突出、开放性好等特点，可满足各行各业的实际需要——尤其是企业的重要业务，已经成为主要的工作站平台和重要的企业操作平台。

在其出现后的 10 年，UNIX 在学术机构和大型企业中得到了广泛的应用，当时的 UNIX 拥有者 AT&T 公司以低廉甚至免费的许可将 UNIX 源码授权给学术机构做研究或教学之用，许多机构在此源码基础上加以扩充和改进，形成了所谓的 UNIX "变种"（Variations），这些变种反过来也促进了 UNIX 的发展，其中最著名的一种是由加州大学伯克利分校（UC Berkeley）开发的 BSD 产品。BSD UNIX 在 UNIX 的历史发展中具有相当大的影响力，被很多商业厂家采用，成为很多商用 UNIX 的基础。尽管后来非商业版的 UNIX 系统又经过了很多演变，但其最终都是建立在 BSD 版本上。

BSD 在发展中也逐渐衍生出 3 个主要的分支：Free BSD、Open BSD 和 Net BSD。Free BSD 桌面如图 1-2 所示。

UNIX 用作网络操作系统，其稳定性和安全性能非常好，但由于它很多时候是以命令方式来进行操作的，不容易掌握，特别是初级用户。正因为如此，小型局域网基本不使用 UNIX 作为网络操作系统，UNIX 一般用于大型的企、事业局域网中。UNIX 网络操作系统历史悠久，其良好的网络管理功能已为广大网络用户所接受，拥有丰富的应用软件的支持。

图 1-2　Free BSD 桌面

④　Linux。

1979 年，UNIX 的母公司 AT&T 意识到这个操作系统的巨大商业价值，决定将 UNIX 的版权收回。这样诸多大学就不能再免费使用 UNIX 操作系统进行教学。于是，荷兰阿姆斯特丹 Vrije 大学的 Andrew S. Tanenbaum 教授开发了一个微型的类 UNIX 操作系统，名字叫 Minix。Minix 设计得很好，在教学中起到了很大的作用，但还不是一个完整实用的操作系统。Minix 系统的爱好者、芬兰赫尔辛基大学学生 Linus Torvalds 开发出 Linux 操作系统。Linus 根据 Minix 设计了一个系统核心 Linux 0.01，通过 USENET（新闻组）宣布这是一个免费的系统，主要在 x86 计算机上使用，希望大家一起来将它完善，并将源代码放到了芬兰的 FTP 站点上让人免费下载。以后，由于许多专业用户（主要是程序员）自愿地开发 Linux 的应用程序，并借助 Internet 让大家一起修改，所以 Linux 周边的程序越来越多，它本身也逐渐发展壮大起来。

Linux 是一种新型的网络操作系统，它最大的特点是免费、源代码开放和大量的应用程序支持。目前也有中文版本的 Linux，如 RedHat Linux（见图 1-3）和红旗 Linux 等。Linux 在国内也得到了用户充分的肯定，原因是它的安全性和稳定性。Linux 操作系统目前仍主要应用于中、高档服务器中。总而言之，Linux 是一套免费使用和自由传播的类 UNIX 操作系统，这个系统是由世界各地的成千上万的程序员设计和实现的。Linux 完全遵守 POSIX 标准，这意味着 Linux 的操作方法和 UNIX 几乎一模一样，但实际上，二者的内核代码完全不同。

Linux 是最受欢迎的服务器操作系统之一。随着 Linux 越来越流行，越来越多的原厂委托制造商（OEM）开始在其销售的计算机上预装上 Linux，Linux 的用户中也有了普通计算机用户，Linux 开始慢慢抢占桌面计算机操作系统市场。它也在嵌入式计算机市场上拥有优势，低成本的特性使 Linux 深受用户欢迎。使用 Linux 主要的成本为移植、培训和学习的费用，早期由于会使用 Linux 的人较少，这方面费用较高，但随着 Linux 的日益普及，支持它的软件越来越多、使用越来越方便，费用大大降低。

总的来说，对特定计算环境的支持使得每一个操作系统都有适合于自己的工作场合。例如，Windows 2000 Professional 适用于桌面计算机，Linux 目前较适用于小型的网络，而 Windows Server 2003 和 UNIX 则适用于大型服务器。因此，针对不同的网络应用，需要有目的地选择合适的网络操作系统。

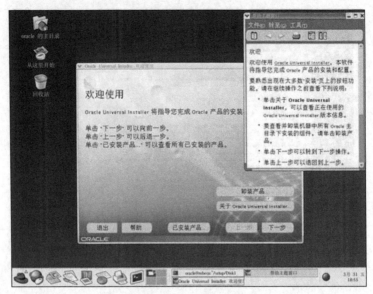

图 1-3　RedHat Linux 桌面

　　总之，网络操作系统是网络用户与计算机网络之间的接口，它使网络上的各计算机能方便有效地共享网络资源，为网络用户提供了所需的各种服务。网络操作系统的主要功能是网络运行管理、资源管理、文件管理、通信管理、用户管理、系统管理等。

　　（2）网络通信协议。

　　计算机网络是非常复杂的系统，涉及许多复杂的技术，相互通信的计算机必须高度协调地工作。也就是说，在计算机网络中要做到有条不紊地交换数据，就必须遵守一些事先约定好的规则，这种规则称为网络协议。网络协议主要对计算机通信时采用的数据格式、使用什么控制信息和事件实现的顺序做出规定。

　　比较典型的网络协议有 TCP/IP、IPX/SPX、NetBEUI 等。

　　Internet 成功的原因之一是它使用了 TCP/IP 标准网络协议。随着 Internet 的发展，TCP/IP 也得到进一步的研究开发和推广应用，成为 Internet 上的"通用语言"。需要注意的是，TCP/IP 既可以指计算机网络体系结构，也可以指计算机网络协议。TCP/IP 参考模型和 TCP/IP 是不同的概念，但又密切相关。TCP/IP 并不是一个协议，而是包含了 TCP 和 IP 的一套协议族。

　　尽管 TCP/IP 是目前最流行的网络协议，但它在局域网中的通信效率并不高。使用默认的 TCP/IP 浏览"网上邻居"中的计算机时，经常会出现不能正常访问的现象。此时安装 NetBEUI 协议就会解决这个问题。

　　NetBEUI 即 NetBios Enhanced User Interface（NetBios 增强用户接口）。它是 NetBIOS 协议的增强版本，曾被许多操作系统采用，如 Windows for Workgroup、Windows 9x 系列、Windows NT 等。NetBEUI 协议是一种短小精悍、通信效率高的广播型协议，安装后不需要进行设置，特别适合于在"网络邻居"中传送数据。所以建议除了 TCP/IP 之外，小型局域网的计算机也可以安装 NetBEUI 协议。

　　IPX/SPX 协议本来是 Novell 开发的专用于 NetWare 网络中的协议，但是现在并不常常使用。大部分可以联机的游戏都支持这种协议，如星际争霸、反恐精英等。虽然这些游戏通过 TCP/IP 也能联机，但显然还是通过 IPX/SPX 协议更省事，因为根本不需要进行任何设置。除此之外，IPX/SPX 协议在局域网络中的用途似乎并不是很大，如果确定不在局域网中联机玩游戏，那么这个协议可有可无。

具体的计算机网络协议还有很多种，如果按网络层次划分，最为常用的协议如下。

网络层协议：包括 IP、ICMP、ARP 和 RARP。

传输层协议：包括 TCP 和 UDP。

应用层协议：包括 FTP、Telnet、SMTP、HTTP、RIP、NFS 和 DNS。

（3）网络应用软件。

网络应用软件是根据用户的需要开发的，能够为用户提供各种服务，如传输软件、联机游戏、聊天等。下面对一些常用的网络应用软件进行介绍，并简要说明它们的工作原理。

① eMule。

eMule 中文译作"电骡"，其界面如图 1-4 所示。它是一种基于 P2P（Peer to Peer）方式的客户端软件，用来在 Internet 上交换软件、音乐、视频等数据。P2P 模式是指一个用户可以从其他很多用户那里得到文件，也可以把文件散发给其他的用户。eMule 是基于开源协议的通用公共许可（General Public License，GPL）发布的（前面提到的 Linux 也遵守这个协议），任何组织和个人都可以免费下载使用 eMule 的源代码，对 eMule 进行修改并发布。

图 1-4　eMule 界面

eMule 是第三代 P2P 工具。第一代和第二代 P2P 客户端软件的代表分别是 Napster 和 eDonkey（电驴）。Napster 是所有这类工具的"祖先"，用来进行 MP3 音乐文件的下载。但 Napster 本身并不直接提供具体的文件，它实际是整个 Napster 网络 MP3 文件的"目录"，具体 MP3 文件分布在网络中的每一台计算机中，随时供用户选择取用。某个用户下载时，文件可能来自其他一台或多台计算机，传输速度相当惊人。Napster 具有强大的搜索功能，可以将在线用户的 MP3 音乐信息进行自动搜寻并分类整理，以备其他用户查询，也可以选择自己要与其他人在网上共享的音乐文件的目录，并且可以与喜欢同样音乐风格的人聊天、交流、讨论。电驴的出现晚了几年，但是在技术上则超过了 Napster。电驴有成百上千个这样的服务器，由单个的用户来维持。这样充当服务器的用户仅需要运行一个小小的程序并共享出几千字节的 Internet 连接，就可以为成百上千甚至更多的其他用户服务。Napster 和 eDonkey 最终因版权问题被永久性关闭。

2002 年 5 月 13 日，德国人 Merkur 不满意 eDonkey 2000 客户端并且坚信自己能做出更出色的 P2P 软件，于是便着手开发。他聚集了一批原本在其他领域有出色发挥的程序员后，eMule 工程就此诞生，目标是将 eDonkey 的优点及精华保留下来，并加入新的功能以及使图形界面变得更好。

eMule 并不是 eDonkey 的升级版，因为 eMule 和电驴制作商没有一点关系，只是破解并使用了 eDonkey 的 ed2k 协议，并加以扩展，它的独到之处在于开放源代码。eMule 的基本原理和运作方式也是基于 eDonkey，能够直接登录 eDonkey 的各类服务器。eMule 同时也提供了很多 eDonkey 所没有的功能，如可以自动搜索网络中的服务器，保留搜索结果，与连接用户交换服务器地址和文件，优先下载便于预览的文件头尾部分等，这些都使得 eMule 使用起来更加便利。

总之，eMule 继承了第二代 P2P 无中心、纯分布式系统的特点，但它不再是简单的点到点通信，而是更高效、更复杂的网络通信；再加上 eMule 引入的强制共享机制和上传积分奖励机制，在一定程度上避免了第二代 P2P 纯个人服务器管理带来的随意性和低效率。

② 迅雷。

相对于 eMule，国内的用户，特别是年轻一代用户，更熟悉的网络下载工具是迅雷。

"迅雷"于 2002 年底由邹胜龙和程浩创建于美国。2003 年 1 月底，创办者回国发展并正式成立深圳市迅雷网络技术有限公司。目前，迅雷已经成为中国 Internet 最流行的应用服务软件之一。作为中国最大的下载服务提供商，迅雷每天提供超过数千万次的下载服务。伴随着中国 Internet 宽带的普及，迅雷凭借"简单、高速"的下载体验，正在成为高速下载的代名词。

迅雷使用的多资源超线程技术基于"网格"原理，能够将网络上存在的服务器和计算机资源进行有效的整合，构成独特的迅雷网络，通过迅雷网络各种数据文件能够以最快的速度进行传递。迅雷的多资源超线程技术还具有 Internet 下载负载均衡功能，在不降低用户体验的前提下，迅雷网络可以对服务器资源进行均衡，有效降低了服务器负载。迅雷的运行界面如图 1-5 所示。

2007 年 9 月，迅雷完全支持电驴下载，同时还加入了更多的智能功能。

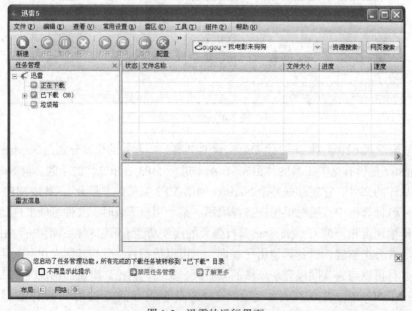

图 1-5　迅雷的运行界面

③ QQ。

QQ 原名 OICQ，意思是开放的 ICQ（Open ICQ），后来改名为 QQ。ICQ 是是面向国际的一个聊天工具，是 I seek you（我找你）的意思，最初是由以色列的几位年轻人开发的。

腾讯 QQ 是由深圳市腾讯计算机系统有限公司开发的一款基于 Internet 的即时通信软件，用户可以使用 QQ 和好友进行文字交流，即时发送和接收消息和图片，进行语音视频面对面聊天，其功能非常全面。此外，QQ 还具有与手机聊天、聊天室、点对点断点续传传输文件，共享文件、电子邮箱、网络收藏夹、发送贺卡等功能。QQ 不仅仅是简单的即时通信软件，它与移动通信公司合作，实现与传统的 GSM 移动电话的短消息互连，是国内很流行、功能很强的即时通信软件。除了移动通信终端，QQ 还可以与 IP 电话网、无线寻呼等多种通信方式相连，使 QQ 不仅仅是单纯意义的网络虚拟呼机，而是一种方便、实用和高效的即时通信工具。

通过以上的介绍，相信读者会对计算机网络有一个初步的认识。可以看到，计算机网络是一门综合性很强的学科，涵盖了计算机硬件、软件和电子通信诸多方面的内容。对于初学者，本门课程有一定的难度。但计算机网络作为一个已经大量应用、广泛普及的学科，要求人们必须对其有一定程度的掌握，否则不可避免地要落后于时代。本门课程的目的不仅仅是学习一些网络应用，还要求在这些应用的基础上，了解其背后的原理知识，为进一步认识网络、用好网络打下基础，同时拓宽个人知识，提高科学素养。

1.1.2　计算机网络的产生与发展

计算机网络从 20 世纪 60 年代发展至今，已经从小型的办公局域网络发展到全球性的大型广域网的规模，对现代人类的生产、经济、生活等各个方面都产生了巨大的影响。以 Internet 为例，从最初连接了美国 4 个研究机构的简单网络，发展成为今天的横跨大洋、遍及全世界一百多个国家和地区、拥有十几亿用户的巨大网络，彻底地影响了人们的工作和生活方式。

事物的发展都是从简单到复杂，计算机网络也不例外。从技术上讲，计算机网络的演变可概括地分为以下 4 个阶段。

（1）以单计算机为中心的联机终端系统阶段。

在 20 世纪 60 年代以前，因为计算机主机相当昂贵，而通信线路和通信设备相对便宜，为了共享计算机主机资源和进行信息的综合处理，形成了第一代的以单一主机为中心的联机终端系统。如图 1-6 所示，在第一代计算机网络中，因为所有的终端共享主机资源，所以终端到主机都单独占一条线路，线路利用率低。主机既要负责通信又要负责数据处理，其工作效率受到影响。因这种网络组织形式是集中控制形式，其可靠性较低，如果主机出问题，所有终端都被迫停止工作。

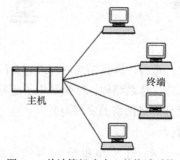

图 1-6　单计算机为中心的终端系统

（2）以通信子网为中心的主机-主机互连阶段。

随着计算机网络技术的发展，到 20 世纪 60 年代中期，计算机网络不再局限于单计算机网络，许多单计算机网络相互连接形成了有多个单主机系统互相连接、更为复杂的网络系统，如图 1-7 所示。

这样连接起来的计算机网络体系有以下两个特点。

① 多个终端连机系统互连，形成了多主机互连网络。

② 网络结构体系由“主机到终端”变为“主机到主机”。

后来这样的计算机网络体系在慢慢地向两种形式演变，第一种就是把主机的通信任务从主机中分离出来，由专门的通信处理机来完成，通信处理机组成了一个单独的网络体系，称它为通信子网，而在通信子网基础上连接起来的计算机主机和终端则形成了资源子网，导致两层结构体出现。第二种就是通信子网规模逐渐扩大成为社会公用的计算机网络，原来的通信处理机成为了公共数据通用网。

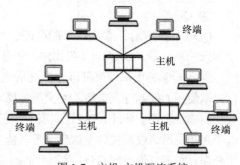

图 1-7　主机-主机互连系统

（3）具有统一的网络体系结构，遵循国际标准化协议的网络互连阶段。

随着时间的推移，20 世纪 80 年代是计算机网络发展盛行的时期。计算机网络逐渐普及，不但数量大大增加，种类也逐渐变得多样化，为了使各种计算机网络更好地连接，需要有一个统一的标准，因此标准化工作就显得相当重要。在这样的背景下形成了体系结构标准化的计算机网络，如图 1-8 所示。

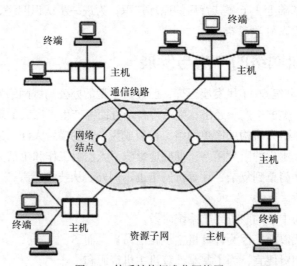

图 1-8　体系结构标准化网络图

进行计算机结构的标准化有两个目的：第一，使不同设备之间的兼容性和互操作性更加紧密；第二，体系结构标准化是为了更好地实现计算机网络的资源共享。计算机网络体系结构的标准化对计算机网络的发展与普及产生了巨大的推动作用，计算机网络由此进入了蓬勃发展的 Internet 时代。

（4）进入 20 世纪 90 年代后至今都是属于第四代计算机网络，第四代网络是随着数字通信出现和光纤的接入而产生的，其特点：网络化、综合化、高速化及计算机协同能力。同时，快速网络接入 Internet 的方式也不断地诞生，如 ISDN、ADSL、DDN、FDDI 和 ATM 网络等。

随着计算机网络的飞速发展，未来计算机网络的发展趋势将会向着以下几个方面发展。

（1）开放式的网络体系结构。使各种具有不同软硬件环境、不同通信规则的局部网络可以自由互连，真正达到资源共享、数据通信和分布处理的目标。

（2）高性能。追求高速、高可靠性和高安全性，采用多媒体技术，提供文本、声音、图像等综合性服务。

（3）智能化。多方面提高网络的性能，更加合理地进行各种业务的管理，真正以分布和开放的形式向用户提供服务。

1.1.3　互联网时代

以我国为例，越来越多的用户正在加入使用 Internet 的行列。近几年来，Internet 在中国的普及日益广泛，各种应用也越来越多，促进了我国与国际间的信息交流、资源共享和技术合作，带动了经济和文化的发展。Internet 的巨大商业潜能也逐渐在国内企业中释放，呈现出广阔的发展前景。作为社会活动、沟通交流的一大工具，Internet 成为继电话、电视之后的第三大公共系统。据中国 Internet 信息中心（CNNIC）统计报告显示，截至 2008 年 12 月 31 日，中国网民规模达到 2.98 亿人，普及率达到 22.6%，超过全球平均水平；网民规模较 2007 年增长 8 800 万人，年增长率为41.9%，保持快速增长之势。宽带网民规模达到 2.7 亿人。手机上网网民规模达到 1.2 亿人，较 2007 年增长了 133%。2008 年中国的网络新闻得到快速发展，网络新闻的使用率较去年提升了近 5 个百分点，网络新闻用户达到 2.3 亿人，Internet 已经成为一个不可忽视的舆论宣传阵地。作为用户自创内容的重要应用，也作为用户参与使用 Internet 的一个重要指标，博客自诞生以来，一直保持快速的增长势头，截至 2008 年底，中国博客作者已经达到 1.6 亿人。

可以看到，Internet 已成为深入我国各行各业的社会大众网络。经过十多年的发展，Internet 已经拓展到社会的各个方面。毫无疑问，中国已经跨入 Internet 的时代。

1.2　计算机网络的分类

计算机网络的类型是多种多样的。从不同的角度入手，有着不同的分类方法。网络分类的重要性在于，它有助于对网络进行描述、认识和学习。比如，要学习网络，首先就要了解目前的主要网络类型，分清哪些是主流类型，哪些是必须掌握的。

计算机网络的常用分类方式有按拓扑结构分类、按地理覆盖范围分类、按通信介质分类和按用途分类。

1.2.1　按拓扑结构分类

拓扑（Topology）是将各种物体的位置表示成抽象位置，是一种研究与大小、形状无关的线和面的特性的方法。拓扑不关心事物的细节，也不在乎什么相互的比例关系，只是将讨论范围内的事物之间的相互关系表示出来，一般用图表示。用拓扑的观点研究计算机网络，就是抛开网络中的具体设备，把网络中的计算机等设备抽象为点，把网络中的通信介质抽象为线。拓扑形象地描述了网络的安排和配置，拓扑图中各种结点和结点的相互关系，清晰地展示了这些网络设备是如何连接在一起的。这种采用拓扑学方法描述的各个网络设备之间的连接方式称为网络的拓扑结构。

计算机网络的拓扑结构主要有总线型结构、环形结构、星形结构、网状结构和树形结构 5 种，如图 1-9 所示。在计算机网络的实际构造过程中，通常采用的方法是将几种不同的拓扑结构连接，形成一个混合型结构的网络。

1.　总线型结构

总线型结构是指各结点均挂在一条总线上，地位平等，无中心结点控制，其传递方向总是从发送信息的结点开始向两端扩散，如同广播电台发射的信息一样，因此又称广播式计算机网络。

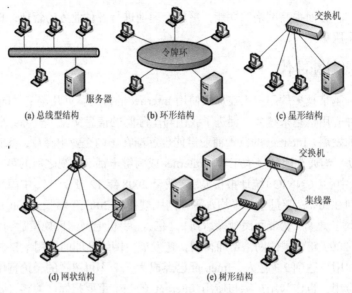

图 1-9　网络的拓扑结构

2．环形结构

环形结构由网络中若干结点通过点到点的链路首尾相连形成一个闭合的环。这种结构使用公共传输电缆组成环形连接，数据在环路中沿着一个方向在各个结点间传输，信息从一个结点传到另一个结点。

3．星形结构

星形结构是指各工作站以星形方式连接成网，实际上可以看作是在总线结构的网络，其公用总线缩成一个点形成的网络结构。星形网络有中央结点，其他工作站、服务器等结点都与中央结点直接相连，这种结构以中央结点为中心，因此又称为集中式网络。

4．树形结构

树形结构是分级的集中控制式网络，与星形结构相比，它的通信线路总长度短，成本较低，结点易于扩充，寻找路径比较方便，但除了叶结点及其相连的线路外，任一结点或其相连的线路故障都会使系统受到影响。

5．网状结构

在网状结构中，网络的每台设备之间均有点到点的链路连接，这种连接不经济，只有每个站点都要频繁地互相发送信息时才使用这种方法。它的安装配置也很复杂，但系统可靠性高，容错能力强。有时网状结构也称为分布式结构。

1.2.2　按地理覆盖范围分类

虽然网络类型的划分标准各式各样，但是从地理范围的角度划分是一种大家都认可的通用划分标准。按这种标准可以把各种计算机网络分为局域网、城域网、广域网和 Internet 4 种。这样的划分其实并不严格，只是一个定性的概念，如局域网一般来说只能是一个较小区域内，城域网是不同地区的网络互连。下面简要介绍这几种计算机网络。

1．局域网

局域网（Local Area Network，LAN）是指在局部地区范围内的网络，它所覆盖的地区范围较小。局域网一般位于一个建筑物或一个单位内，目前它也是用户接入 Internet 的重要方式之一。

常见的办公室、宿舍或网吧中的网络就是局域网，它是最常见、应用最广泛的计算机网络。局域网随着整个计算机网络技术的发展和提高得到充分的应用和普及，几乎每个单位都有自己的局域网，许多家庭也都拥有自己的小型局域网。局域网在计算机数量上没有太多的限制，少的可以只有两台，多的可达几百台。一般在企业局域网中，工作站的数量在几十到两百台左右。局域网在网络所涉及的地理距离上一般来说可以是几米至 10km 以内。

这种网络的特点是：连接范围窄，用户数少，配置容易，连接速率高。

2．城域网

城域网（Metropolitan Area Network，MAN）的地理覆盖范围介于局域网和广域网之间，一般为几十千米范围内，主要用于将一个城市、一个地区的企业、机关或学校的局域网连接起来，实现本区域内的资源共享。

城域网得名于它一般用作一个城市中的计算机互连。这种网络的连接距离可以是 10～100km。MAN 与 LAN 相比扩展的距离更长，连接的计算机数量更多，在地理范围上可以说是 LAN 网络的延伸。在一个大型城市中，一个 MAN 通常连接着多个 LAN，包括诸如政府机构的 LAN、医院的 LAN、电信的 LAN、各种公司企业的 LAN 等。由于光纤连接的引入，MAN 中高速 LAN 的互连成为可能。

3．广域网

广域网（Wide Area Network，WAN）也称为远程网，所覆盖的范围比城域网更广，它一般是在不同城市之间的 LAN 或者 MAN 互连，地理范围可从几百千米到几千千米，可以覆盖一个地区、一个国家或者更大的范围。因为距离较远，信息衰减比较严重，所以这种网络一般是要租用专线，通过特殊协议进行连接，构成网状结构。广域网因为所连接的用户多，所以每个用户的连接速率一般较低。

4．Internet

无论从地理范围，还是从网络规模来讲，Internet 都是最大的网络。常说的"Web"、"WWW"和"万维网"等，一般意义上都是指 Internet。从地理范围来说，它是全球计算机的互连。这个网络的最大的特点就是不定性，整个网络的计算机每时每刻随着人们的接入和退出在不断地变化。当某一用户连在 Internet 上的时候，该计算机可以算是 Internet 的一部分，但一旦当它断开连接，这台计算机就不属于 Internet 了。Internet 的优点也非常明显，就是信息量大，传播范围广，无论身处何地，只要连上 Internet，理论上就可以对任何其他的联网用户进行消息交互。由于这种网络的复杂性，其实现技术也非常复杂。

1.2.3　按通信介质分类

通信介质，或者叫传输介质，是网络中发送方与接收方之间的物理通路，它对网络的数据传输有很大的影响。按网络的传输介质不同，可将计算机网络分为有线网和无线网。

有线网是采用同轴电缆、双绞线、光纤等有型的实体物理介质来传输数据的网络。

无线网是采用微波、卫星等无线形式来传输数据的网络。

随着笔记本计算机和个人数字助理（Personal Digital Assistant，PDA）等便携设备的日益普及和发展，人们经常要在路途中接听电话、发送传真或电子邮件、阅读网上信息或控制远程计算机。然而在汽车或飞机上是不可能通过有线介质与固定的网络相连接的，这时候就需要无线网络。

当然，无线网和有线网的区分也不总是非常明确，有时候二者是结合使用的。例如，当便携式计算机通过无线网卡接入电话线路，它就变成有线网的一部分。另一方面，有些通过无线网连接起来的计算机的位置可能是固定不变的，如在不便于通过有线电缆连接的大楼之间，就可以通过无线网将两栋大楼内的计算机连接在一起。

1.2.4　其他分类方法

除上述几种常用的分类以外，计算机网络还可以按以下方式划分。

按网络的用途，可将计算机网络分为公用网（Public Network）和专用网（Private Network）。

公用网一般是国家的邮电部门建造的网络，是为公众提供服务的网络。"公用"的含义是所有愿意按相关部门的规定交纳费用的人都可以使用。因此，公用网也可以称为公众网。

专用网是某些公司或部门为本系统的工作业务需要而建造的网络，一般不向本单位以外的人提供服务。

按传输技术，可分为点到点式网络、广播式网络。在点对点式网络中，每条物理线路连接一对计算机，而在广播式传输网络中，所有联网计算机都共享一个公共通信信道，当前被称为"以太网（Ethernet）"的主流局域网，就以这种方式工作。

按网络中结点的地位不同，可分为对等网、C/S 模式（终端/服务器模式）和 B/S 模式（浏览器/服务器模式）。

按传输速率，可分为低速网、中速网和高速网。

1.3　计算机网络体系结构

为了能够使不同地点、功能相对独立的计算机之间组成网络，实现资源共享，需要涉及并解决许多复杂的问题，包括信号传输、差错控制、寻址、数据交换、提供用户接口等一系列问题。计算机网络体系结构（Network Architecture）是为解决这些问题而提出的一种抽象结构模型。

1.3.1　网络协议与层次

简单地说，计算机网络由多个互连的结点组成，结点之间要不断地交换数据和控制信息。要做到有条不紊地交换数据，每个结点就必须遵守一整套合理而严谨的结构化管理体系。在这个管理体系中，"协议"具有重要地位。网络中计算机的硬件和软件存在各种差异，为了保证相互通信的双方能够正确地接收信息，必须事先形成一种约定，即网络协议。网络协议包含三个要素

（1）语法。即数据与控制信息的结构或格式；

（2）语义。即需要发出何种控制信息，完成何种动作以及做出何种响应；

（3）规则。即事件实现顺序的详细说明。

网络协议不仅不可缺少，一个完整的计算机网络还需要有一整套的协议集合，这就涉及如何组织管理这些复杂的协议。当前管理计算机网络协议的最好形式，就是将协议划分到不同的层次中去。因此，计算机网络体系结构可以定义为计算机网络层次模型和各层协议的集合。

计算机网络结构采用结构化层次模型的优点如下。

（1）各层之间相互独立，即高层不需要知道低层的结构，只是通过相邻层之间的"接口"使用低层提供的服务，这称为低层对高层"透明"。

（2）灵活性好，只要接口不变，某个层发生变化甚至被取消，都不会影响到整个体系。从另一个角度讲，各层可以自由地采用最合适的技术实现而不担心影响其他层。

（3）有利于促进标准化，这是因为每层的功能和提供的服务都可以精确地说明。

1.3.2　OSI 参考模型

世界上第一个网络体系结构是 1974 年由 IBM 公司提出的 SNA，以后其他公司也相继提出了自己的体系结构，如 Digital 公司的 DNA 和美国国防部的 TCP/IP 等，多种网络体系结构并存。其结果是若采用 IBM 的结构，只能选用 IBM 的产品，而且只能与同种结构的网络互连。

为了实现不同厂家生产的计算机系统之间、不同的网络之间的数据通信，就必须遵循相同的网络体系结构，否则计算机网络的规模就无法扩大。为此，国际标准化组织（ISO）于 1977 年成立了一个委员会，在现有网络的基础上，提出了不局限于具体机型、操作系统和公司规范的网络体系结构，称为开放系统互连模型（Open System Interconnection，OSI），一般称为 ISO/OSI 参考模型。该模型并没有提供一个可以具体实现的方法，只是描述了一些概念，用来协调通信标准的制定。因此，OSI 参考模型并不是具体的标准，而是一个在制定标准时所使用的概念性框架。这也是"参考"二字的含义。

ISO 将整个通信功能划分为 7 个层次，如图 1-10 所示，从低到高分别为物理层、数据链路层、网络层、传输层、会话层、表示层和应用层。层次划分的原则如下。

（1）网络中各结点都有相应的层次。

（2）同等层具有相同的功能。

（3）相邻层之间通过接口通信。

（4）每一层使用下层提供的服务，并向其上层提供服务。

（5）按照协议实现对等层之间的通信。

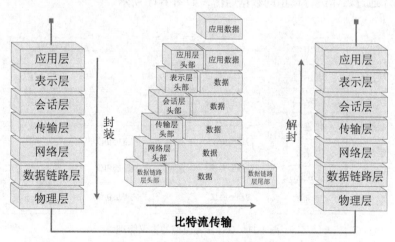

图 1-10　OSI 参考模型的结构及原理

OSI 参考模型的 7 个层次由高到低的具体内容如下。

第 7 层（应用层）是 OSI 的最高一层。应用层确定不同计算机进程（运行中的程序）之间通信的性质，以满足用户的需要。应用层不仅要提供应用进程所需要的信息交换和远程操作，而且还要作为进程的用户代理，来完成一些进行信息交换所必需的功能。

第 6 层（表示层）主要用于处理两个通信系统中交换信息的表示方式。它包括数据格式交换、数据加密与解密、数据压缩与恢复等功能。

第5层（会话层）又被称为会晤层，负责在应用之间建立并维护通信会话，如建立、管理和拆除会话进程。这一层的服务包括设置连接方式是单工、全双工还是半双工，虽然在传输层中也有类似的功能。

第4层（传输层）也叫作运输层，负责常规数据的面向连接方式和无连接方式的传送。本层也可以提供全双工或半双工、流量控制和错误恢复服务（单工、半双工、全双工、面向连接和无连接等概念，在本书的第2章中会有详细介绍）。

第3层（网络层）通过寻址来建立两个结点之间的连接，通过互连网络来路由和中继数据。

第2层（数据链路层）将数据分帧，并进行流量、差错等控制。本层指定拓扑结构并提供硬件寻址机制。

第1层（物理层）处于OSI参考模型的最底层。物理层的主要功能是利用物理传输介质为数据链路层提供物理连接，以便传送二进制比特流。

总体上，OSI参考模型的低三层可看作是传输控制层，负责有关通信子网的工作，解决网络中的通信问题；高三层为应用控制层，负责有关资源子网的工作，解决应用进程的通信问题；传输层为通信子网和资源子网的接口，起到连接传输和应用的作用。最高层为应用层，面向用户提供应用的服务；最低层为物理层，连接通信介质实现数据传输。层与层之间的联系是通过各层之间的"接口"来进行的，上层通过接口向下层请求服务，下层通过接口向上层提供服务。因此，有时候用术语"协议栈"来表示网络中各层协议的总和，它形象地反映了一个网络中文件传输的过程：由上层协议到底层协议，再由底层协议到上层协议。

两个计算机通过网络进行通信时，除了物理层之外，其余各对等层之间均不存在直接的通信关系，而是通过各对等层的协议来进行通信，如两个对等的网络层使用网络层协议通信。只有两个物理层之间才通过媒体进行真正的数据通信，如图1-11所示。

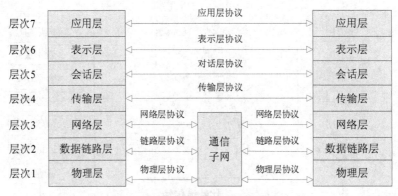

图1-11　OSI参考模型的协议管理

对于各层中传输的数据单位，在传输层的数据叫段（Segment），网络层叫包（Package），数据链路层叫帧（Frame）。这些单位统称为协议数据单元（PDU）。

虽然OSI参考模型制定的理想目标，是让全世界的计算机网络都遵循这个统一的标准，然后所有的计算机应能很方便地进行互连和交换数据了。然而到了20世纪90年代初，虽然整套的OSI国际标准都已经制定出来了，但此时Internet已覆盖了全世界相当大的范围，因此没有什么厂家愿意转去生产出符合OSI标准的产品。最终，OSI只获得了一定的研究上的成果，但市场化方面却遭受了失败。

OSI 标准市场化失败的原因是多方面的。比如，标准的制定者们缺乏实际经验，制定的协议实现起来过于复杂，运行效率低，而且层次的划分合理性不够，一些功能在多个层次中重复出现。同时，标准制定的时间太久，失去了先机。

尽管如此，OSI 标准仍然是一种非常好的计算机网络体系结构模型，特别适合用于网络的学习。OSI 参考模型定义了开放系统的层次结构、层次之间的相互关系以及各层所包括的可能的任务，作为一个框架来协调和组织各层所提供的服务，人们可以很容易地讨论和学习协议的规范细节。OSI 每层利用紧邻的下层服务，让人更容易记住各层的功能。OSI 参考模型的层间的标准接口方便了工程模块化，有利于创建良好的互连环境。总体上，OSI 参考模型体现出的分层等思想，降低了计算机网络体系结构的复杂度，使网络应用设计中的程序更容易修改，产品开发的速度更快。从这些方面讲，OSI 是一个定义良好的协议规范集，在计算机网络教学、研究活动中是不可缺少的。

1.3.3　TCP/IP 参考模型

TCP/IP 参考模型，通常也被称为 TCP/IP 协议簇，是 Internet 使用的分层体系结构。相对于 OSI 参考模型，TCP/IP 更为简单和实用，随着 Internet 的广泛使用，它已经成为事实上的国际标准。TCP/IP 只有 4 个层次，即网络接口层、网际层、传输层和应用层，凡是遵循 TCP/IP 协议簇的各种计算机都能相互通信。TCP/IP 参考模型的结构如图 1-12 所示。

TCP/IP 参考模型是在 OSI 参考模型之前产生的，它的层次结构不完全等同于 OSI 参考模型。两者的对应关系如图 1-13 所示。

	OSI参考模型	TCP/IP参考模型
	应用层	应用层
	表示层	
	会话层	
	传输层	传输层
	网络层	网际层
	数据链路层	网络接口层
	物理层	

图 1-12　TCP/IP 参考模型分层　　　　图 1-13　OSI 与 TCP/IP 的对应关系

与 OSI 参考模型相比，TCP/IP 网络体系结构的主要优点是：

（1）简单、灵活、易于实现。

（2）充分考虑不同用户的需求。

而 TCP/IP 的主要缺点是：

（1）没有明显地区分出协议、接口和服务的概念。

（2）不通用，只能描述它本身。

（3）网络层只是个接口。

（4）不区分物理层和数据链路层。

（5）有缺陷的协议很难被替换。

因此，虽然 TCP/IP 参考模型已经成为事实上的国际标准，但与 OSI 参考模型相比，在理论上有其不足之处。TCP/IP 和 OSI 这两种参考模型的优势和劣势，在一定程度上是互补的。

实 验　网 线 制 作

1. **实验目的**

- 掌握网线的制作和测试方法。
- 掌握多功能压线钳和网线测试仪的使用方法。
- 了解双绞线和水晶头的组成结构。

2. **实验条件**

- 硬件：多功能压线钳、五类双绞线、RJ-45 水晶头、网线测试仪。
- 软件：无。

3. **实验说明**

- 五类双绞线：该类电缆增加了绕线密度，外套一种高质量的绝缘材料，主要用于 10Mbit/s 以太网和 100Mbit/s 以太网，是最常用的以太网电缆。
- RJ-45 水晶头的常用接线方法：主要有两种方法，如图 1-14 所示。网线的两端都用 T568B 方式，即直通线；一端用 T568B，另一端用 T568A 则是交叉线。本次实验只做一根网线，首先用直通互连法做，然后改成交叉互连法，即直通网线改成了交叉网线。
- 本实验最后做成的交叉网线一定不要丢弃，实验二中还要用到。

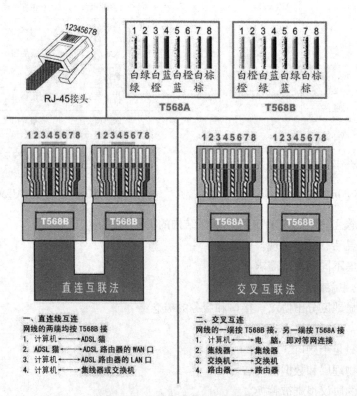

图 1-14　双绞线接线方法示意图

4．实验步骤

● 步骤 1：剪线。

利用压线钳的切口剪下所需要的双绞线，建议为 1～2m 即可。

● 步骤 2：剥绝缘皮。

将剪下的双绞线一端的灰色绝缘外皮剥掉 2～3 cm。

● 步骤 3：拨线。

将裸露的双绞线中的橙色线对拨向自己的前方，棕色线对拨向自己的方向，绿色线对拨向左方，蓝色线对拨向右方，上：橙，左：绿，下：棕，右：蓝。将绿色线对与蓝色线对放在中间位置，而橙色线对与棕色线对保持不动，即放在靠外的位置。把线对分开，按照标准顺序排好。

左起：白橙/橙/白绿/蓝/白蓝/绿/白棕/棕。注意第 3 只引脚和第 6 只引脚应连接同一线对。这种接法就是图 1-14 中的 T568B 方式。本次实验中网线两端都要做成 T568B 方式，即做成直通线。

需要注意的是：绿色条线应该跨越蓝色线对。这里最容易出错的地方就是将白绿线与绿线相邻放在一起，即将绿色线放在第 4 只引脚的位置，这样会造成串扰，使传输效率降低。绿色线放在第 6 只引脚位置才是正确的。

● 步骤 4：插线。

将裸露出的双绞线用压线钳剪下只剩约 14 mm 的长度。之所以留下这个长度是为了符合 EIA/TIA 的标准以及和水晶头的搭配。如果太长就会使线对裸露在水晶头之外，容易受损；若太短有可能导致接触不良无法导通。剪齐之后一手拿水晶头，注意正确的方法是弹片向下，插口对着自己；另一手捏平双绞线插入至水晶头顶端。第 1 只引脚内应该放白橙色的线，其余类推。

● 步骤 5：压线。

确定双绞线的每根线已经正确放置之后，就可以用压线钳压接 RJ-45 接头。压接时要确保每根线都和接头内的金属导片良好接触。

重复步骤 2～步骤 5，再制作另一端的 RJ-45 接头。接线方式同样采用 T568B，这样做成的网线就是直通网线。

● 步骤 6：测试。

使用网线测试仪测试完工的直通网线是否连通良好。

● 步骤 7：将直通网线改成交叉网线。

将前面做好的直通网线的一头剪去，重新用 T568A 方式装上新的水晶头，即变成交叉网线，可以为下次实验所用。

T568A 与 T568B 的区别是：第 1 号线与第 3 号线互换，第 2 号线与第 6 号线互换，即从左起为白绿/绿/白橙/蓝/白蓝/橙/白棕/棕。

5．实验小结

本次学习的网线制作方法是后续许多实验的前提，也是了解计算机网络的第一步。

习　题

1．简述网络的定义、分类及功能。

2．网络的拓扑结构主要有哪几种？各有什么特点？

3. 什么是计算机网络协议？网络协议有什么重要性？
4. 什么是计算机网络体系结构的分层？为什么要进行分层？
5. 简述 ISO/OSI 参考模型的结构和各层的主要特点。
6. 简述 TCP/IP 参考模型的结构和各层的主要特点。
7. OSI 参考模型与 TCP/IP 参考模型相比各有什么优劣？
8. 计算机网络有哪些连接设备？它们之间有什么区别？
9. 计算机网络的传输介质有哪几类？各有什么特点？
10. 简述计算机网络操作系统的种类和适用范围。

第2章
数据通信简介

计算机网络是计算机技术和现代通信技术相结合的产物，学习计算机网络，必须对通信技术有一定的了解。

通信是指人与人之间通过某种行为或媒介进行的信息交流与传递的活动。广义上，通信的涵义很广泛，包括传递以视觉和声音为主的方式（如古代烽火台、击鼓、旗语，现代电信等），以及以实物传递为主的方式（如古代的驿站快马接力、信鸽，现代的邮政通信等）。狭义的通信指现代通信，往往以电信方式为主。电信是利用"电"来传递消息的通信方法（如电报、电话、短信、E-mail 等）。这种通信方式具有迅速、准确、可靠等特点，而且几乎不受时间、地点、空间和距离的限制，因而得到了飞速发展和广泛应用。如今，"通信"与"电信"几乎成了同义词。

2.1 数据通信的基础原理

通信是一个宏观的概念，表示把数据从一地传送到另一地。在通信过程中，有 3 种基本的数据交换方式可以利用：电路交换、报文交换和分组交换。而任何一种数据交换方式，都离不开具体的数据传输。因此，通信、交换和传输，三者的关系是从概括到具体的关系。

2.1.1 数据通信的模型

通信的根本目的，是为了交换信息。信息是对客观事物属性和特征的描述，可以是物质形态、结构、性能等全部或部分特性的概括，也可以是物质与外部世界联系的揭示，反映了事物的存在形式和运动状态。信息是字母、数字和符号的集合，可以通过文字、声音、图像、视频等来传递。信息与消息有所不同，消息是通信传输的具体对象，而信息是抽象化的消息。

如图 2-1 所示，数据通信的模型可以简单地描述为：信源→信道→信宿。其中，"信源"是数据的发送者，"信宿"是数据的接收者，"信道"则是数据从发送地到接收地的通道，一般由传输介质及相应的传输设备组成。

图 2-1　数据通信模型

2.1.2 数据通信的基本概念

数据：数据是信息的实体，是把事物的某些属性规范化后的表现形式，它能够被识别，也可以被描述。

信号：信号是数据具体物理表现的一种形式，是数据的物理量编码，是为信息的传播而用来表达信息的一种载体（例如一种随时间变化的波形）。

数据以信号的形式在信道中传输。数据从信道一端传送到另一端，必须采用某种合适的物理量。这些物理量的具体形式有很多，既可以是声音、光、烟雾等，也可以是电，统称为信号。根据信号的特征，可以将其分成模拟信号（Analog Signal）与数字信号（Digital Signal）两类。如图 2-2 所示，模拟信号用连续变化的物理量来表示信息，而数字信号物理量的变化是离散的，其时间的取值也可以是离散的。事实上，数字信号按位发送，每一位称为一个"码元"，码元之间的时间间隔也可能不固定。根据信号的不同，通信可以分为数字通信和模拟通信。

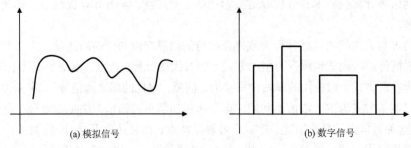

(a) 模拟信号　　　　　　　　　(b) 数字信号

图 2-2　两种不同信号

传统的电话网、电视网、广播电台等采用模拟信号，而计算机网络中传输的信号则是数字信号，而且是二进制数字信号，即表示信息的码元是二进制数字"0"或"1"，这种二进制码元称为比特（bit）。

计算机技术中有如下约定：

bit 即一个二进制位；

字母 K 表示 1 024，约等于 10^3，中文名称为"千"；

字母 M 表示 1 024K，约等于 10^6，中文名称为"兆"；

字母 G 表示 1 024M，约等于 10^9，中文名称为"吉"；

字母 T 表示 1 024G，约等于 10^{12}，中文名称为"太"。

2.1.3　数据通信的评价指标

数据传输的方式有很多，无论是为了在实际应用中做出正确的选择，还是在研究过程中对其中某些方式进行改进，都必须有一定的定量标准来衡量这些方式的优劣。为了解决这一问题，人们提出了各种各样的指标，这里介绍其中常用的几个。

1.　带宽

带宽表示通信系统传输数据能力的上限，是衡量通信性能的重要标准，这一概念最初来自模拟通信领域，指某个系统所能有效传输的最低频率信号和最高频率信号之间的"宽度"，因此又叫频宽，单位是赫兹（Hz）。一般来讲，带宽越大，信道的传输能力就越强，单位时间内发送的数据量就越大。

后来带宽这一名词被扩展到数字通信领域。数字信道不用频率衡量，所以带宽的单位不再是赫兹，而是每秒钟传输的码元个数。数字通信中的带宽实际上就是波特率。

2. 波特率与比特率

数字信号的基本单位是码元，波特率指通信中每秒传输的码元数量，其单位为波特（Baud）。1Baud 表示 1 码元/s。在计算机网络中，所用的码元是二进制码元比特，波特率就变成了比特率，即比特/秒（bit/s）。网络中描述带宽时常常把单位省略。例如，带宽是 10M，实际上是 10Mbit/s，表示这个网络传输数据能力的上限是每秒钟传输 10 兆比特。

3. 误码率

在通信过程中，数据的传送速度固然重要，传送质量也不可忽视。信息码元在传输过程中，由于信道不理想或噪声的干扰，以致在接收端收到的码元可能出现错误，比如发送的信号是"1"，而接收到的信号却是"0"，这叫误码。误码的多少用误码率来衡量。误码率的定义是：数字通信系统中单位时间内出错的码元数与发送的总码元数之比。误码率是衡量数据传输准确性的指标，单位时间内的误码越多，误码率越大。

一般来讲，局域网可接受的最高限度误码率为 10^{-10}，在这个比例以下，出现的误码不会降低网络的性能，因为所有的网络软、硬件的误码率都按这个要求建立。最理想的情况当然是误码为 0，但在实际上不可能达到。有些标准中，将低于 10^{-12} 的误码率视为零误码率。

2.2　数据交换技术

常见数据的交换方式有 3 种：电路交换、报文交换和分组交换。从通信资源的分配角度来看，"交换"就是按照某种方式动态地分配传输线路的资源，达到资源优化的目的。如图 2-3 所示，在电话网中使用交换机，可以大大减少线路的数量。

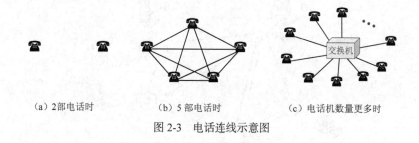

（a）2部电话时　　　　　　（b）5 部电话时　　　　（c）电话机数量更多时

图 2-3　电话连线示意图

2.2.1　电路交换

电路交换在通信之前必须建立一条被通信双方独占的物理通路。通路由通信双方之间的交换设备和设备之间的链路逐段连接而成。通路建立完成后，通信双方开始传送数据，数据传输完成后，被占用的通路才被释放。公众电话网和移动电话网采用的都是电路交换技术。图 2-4 所示为电路交换示意图。

电路交换的优点如下。

（1）通信线路为通信双方专用，数据直达，所以传输数据的时延非常小。

（2）通信双方之间的物理通路一旦建立，双方可以随时通信，实时性强。

（3）双方通信时按发送顺序传送数据，不存在数据重新排序的问题。

（4）电路交换的设备比较简单。

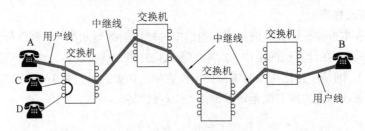

图 2-4　电路交换示意图

电路交换的缺点如下。

（1）电路交换连接平均建立的时间较长，尤其是对计算机通信来说。

（2）电路交换连接建立后，物理通路被通信双方独占，即使通路在个别时间内空闲，也不能供其他用户使用，因而信道利用低。

（3）电路交换时，数据直达，不同类型、不同规格、不同速率的设备很难协同工作，也难以在通信过程中进行差错控制。

2.2.2　报文交换

报文交换以报文为数据交换的单位，报文包含了将要发送的完整的数据信息，长短很不一致。报文附带有目标地址、源地址等信息，在交换结点中采用存储转发的传输方式。在存储转发机制中，每一个中间结点收到报文后，先将其放入缓存中暂时保存，根据其中的目标地址确定将报文转发给另外的哪个结点，再将其转发。图 2-5 所示为存储转发过程示意图。

电子邮件（E-mail）适合采用报文交换方式。

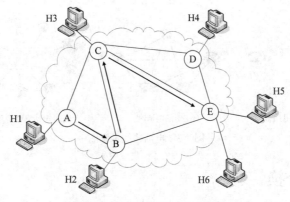

图 2-5　存储转发过程示意图

报文交换的优点如下。

（1）报文交换不需要为通信双方预先建立一条专用的通信线路，不存在连接建立时延，用户可随时发送报文。

（2）由于采用存储转发的传输方式，交换结点具有路由选择功能，可以做到某条传输路径发生故障时，重新选择另一条路径传输数据，提高了传输的可靠性；便于类型、规格和速度不同的设备之间进行通信；提供多目标服务，即一个报文可以同时发送到多个目的地址，这在电路交换中不容易实现；允许建立数据传输的优先级，使优先级高的报文优先转发。

（3）通信双方不是固定占有一条通信线路，而是在不同的时间逐段地部分占有这条物理通路，因而大大提高了线路的利用率。

报文交换的缺点如下。

（1）由于数据进入交换结点后要经历存储和转发的过程，包括接收报文、检验正确性、排队、发送等，从而引起转发时延。网络的通信量愈大，造成的时延就愈大，因此报文交换的实时性差，不适合传送实时或交互式业务的数据。

（2）报文交换只适用于数字信号。

（3）由于报文长度没有限制，而每个中间结点都要完整地接收传来的整个报文，当输出线路被占用时，还可能要存储几个完整报文等待转发，这要求网络中每个结点有较大的缓冲区。为了降低成本，减少结点的缓冲存储器的容量，有时要把等待转发的报文存在磁盘上，这进一步增加了传送时延。

2.2.3 分组交换

分组交换仍采用存储转发传输方式，但将一个报文首先分割为若干个较短的分组，然后再把这些携带源地址、目的地址和编号信息的分组逐个发送出去。分组交换除了具有报文交换的优点外，与其相比还有以下的优缺点。

分组交换的优点如下。

（1）加速了数据在网络中的传输。因为分组是逐个传输的，可以使后一个分组的存储操作与前一个分组的转发操作同时进行，这种流水线式的传输方式减少了报文的传输时间。此外，传输一个分组所需的缓冲区比传输一份报文所需的缓冲区小得多，这样因缓冲区不足而等待的时间也必然少得多。

（2）简化了存储管理。因为分组的长度固定，相应的缓冲区的大小也相对固定，在交换结点对缓冲区的管理变得比较容易。

（3）减少了出错几率和重发数据量。因为分组较短，其出错几率必然减少，每次重发的数据量也就大大减少，这样不仅提高了可靠性，而且减少了传输时延。

（4）由于分组短小，更适用于采用优先级策略，便于及时传送一些紧急数据，因此对于计算机之间的突发式的数据通信，分组交换显然更为合适些。

分组交换的缺点如下。

（1）尽管分组交换比报文交换的传输时延少，但仍存在存储转发时延，而且其结点交换机必须具有更强的处理能力。

（2）分组交换与报文交换一样，每个分组都要加上源地址、目的地址、分组编号等信息，使传送的信息量增大 5%～10%，一定程度上降低了通信效率，增加了处理的时间，使控制复杂，时延增加。

（3）分组交换可能出现分组失序、丢失或重复，分组到达目的结点时，要对其进行按编号排序等工作，增加了工作开销。

总之，若传送的数据量很大，且其传送时间远大于呼叫时间，则采用电路交换较为合适；反之则应采用分组交换传送数据。从提高整个网络的信道利用率上看，报文交换和分组交换优于电路交换，其中分组交换比报文交换的时延小，尤其适合于计算机之间突发式的数据通信。图 2-6 所示为 3 种交换方式的对比。

与数据交换相对应的还有数据的传输，数据传输和数据交换的区别在于，数据传输是更微观的概念，即数据传输会应用在数据交换的过程中。

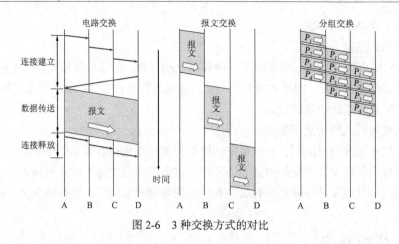

图 2-6　3 种交换方式的对比

数据传输方式与信号和信道的类型密切相关。信号有模拟和数字之分，信道也有多种不同类型：按信道中传输信号的类型划分，可分为模拟信道和数字信道；按传输介质的物理性质划分，可以分为有线信道和无线信道；按信号传输方向与时间的关系划分，有单工、半双工、全双工信道；按照数据传输的空间性质划分，有串行信道和并行信道等。信号与信道不同，传输方式也有差别。

下面介绍一些基本的数据传输方式。

1. 基带传输和频带传输

根据传输信号类型的区别，可以将数据传输方式分为基带方式和频带方式。

数字信号不经过调制，直接在线路中传输的方式称为基带传输，所谓基带就是指基本频带。这是一种最简单的传输方式，近距离通信的局域网都采用基带传输。例如，调制解调器（Modem）这种网络设备为普通大众所了解。这是因为计算机网络在很长一段时间内是依赖于电话网发展的，如很多家庭用户上网，必须使用电话线接入 Internet，这就意味着需要用电话网络传递计算机的数字信号。然而数字信号和普通电话线路所能传输的模拟信号完全不同，因此，为了能够实现用电话网传输计算机数字信号，必须使用调制解调器把数字信号转换为模拟信号。当模拟信号传递到目的地时，再经过调制解调器把这个信号转换成原来的计算机数字信号。Modem 调制之前和解调之后的信号传输，就是基带方式。

频带传输是指信号经过调制后再送到信道中传输，最后在接收端进行解调的通信方式。信号调制的目的是为了更好地适应信道的特性，传输信号经过调制处理也能提高线路的利用率，一举两得。但是无论是调制还是解调，都需要专门的信号变换设备，费用相应增加。Modem 调制之后和解调之前的信号传输就采用频带方式传输。

传输中经常使用基带和宽带这两个概念。例如，同轴电缆就有基带电缆和宽带电缆之分。基带电缆传输数字信号，宽带电缆既可以传输数字信号，也可以传输有线电视等模拟信号。

2. 有线传输与无线传输

按传输介质的物理特性，数据传输可分为有线方式和无线方式。有线方式的传输介质为双绞线、电缆、光缆等实体，其特点是介质看得见、摸得着；无线方式的传输介质看不见、摸不着，通常是电磁波通信。根据电磁波的工作频段，无线通信又包括无线电波通信、红外线通信、可见光通信等。有线传输和无线传输有时也被称为导向传输和非导向传输。

常见的有线传输方式有双绞线通信、电缆通信、光缆通信等；而移动通信、卫星通信、无线局域网等都是无线传输方式。

3. 单工、半双工和全双工

点对点通信方式，按信号传送方向与时间的关系，可分为单工、半双工及全双工 3 种，其通信示意图如图 2-7 所示。

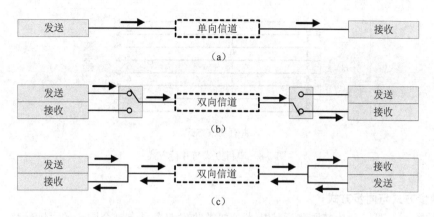

图 2-7　单工、半双工、全双工通信示意图

所谓单工方式，是指数据只能单方向传输。单工传输的例子很多，如广播、遥控、电视等。这里，信号只从广播电台、遥控器和电视台传送到收音机、遥控对象和电视机上。计算机网络一般不采用单工方式。

半双工方式允许数据来回传输，但在同一时刻，只允许数据在一个方向上传输，即数据的"来"与"去"不能同时进行，它实际上是一种可切换方向的单工传输。对讲机就是采用这种方式。在计算机网络中，半双工方式一般用于非主干线路。早期以太网的载波监听多点接入/冲突检测（Carrier Sense Multiple Access/Collision Detect，CSMA/CD）协议，就是一种典型的半双工方式。CSMA/CD 的工作原理是，发送数据前先监听信道是否空闲，若空闲，则立即发送数据；在发送数据时，边发送边继续监听，若监听到冲突，则立即停止发送数据，并等待一段随机时间再重新尝试。由此可见，CSMA/CD 是一种争用型的介质访问控制协议，即同一时刻最多只能有一个站点占用信道发送数据，而且这个站点在发送数据的时候不能接收数据。因此，CSMA/CD 的工作方式是半双工的。

所谓全双工，是指可以同时进行双向数据传输的工作方式。在这种方式下，通信双方都可同时收发消息。很明显，全双工方式的信道也必须是双向信道。生活中全双工的应用非常多，如固定电话、手机等。

传输层的 TCP 可以提供半双工和全双工传输方式。在高速局域网中，传输速度为 100Mbit/s 和 1Gbit/s 的以太网既有半双工方式，也可以利用交换机实现全双工方式而不用担心发生冲突。10Gbit/s 以太网只能以全双工方式工作。

4. 串行传输方式与并行传输方式

串行传输方式指使用一条数据线将数据一位一位地传输。串行传输方式只需要很少的数据线就可以在系统间交换信息，特别适用于计算机与计算机、计算机与外设之间的远距离通信。

并行传输方式使用几条数据线将数据分段同时进行传输，传输速度快，根据计算机的字长，通常是以 8 位、16 位或 32 位为传输单位，一次传送一个字长的数据，适合于外部设备与微型计算机之间进行近距离、大量和快速的信息交换。

串行方式与并行方式示意图如图 2-8 所示。

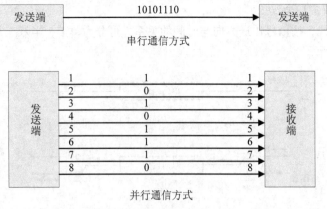

图 2-8　串行方式与并行方式

5.　异步方式与同步方式

同步传输方式是一种比特同步通信技术，要求收发双方具有完全同步的时钟信号，使用时需要在传送数据的最前面附加特定的同步字符，使发收双方建立同步，此后便在同步时钟的控制下逐位发送或接收。同步方式效率较高，以太网、光纤等的数据传输都是同步方式。

异步传输是一种更常用的通信方式。异步通信以字符为数据传输单位，在发送时，字符之间的时间间隔可以是任意的。为了让接收端做好准备，能够正确地将每一个字符接收下来，必须在每一个字符的开始和结束的地方加上标志，即加上开始位和停止位。异步通信的好处是通信设备简单、便宜，但传输效率较低，因为开始位和停止位的开销所占比例较大。PC 提供的标准通信接口都是异步的，如常用的 USB 接口等。

2.3　数据通信相关技术简介

本节讨论 3 种常用的通信技术：数据编码、信道复用和差错控制。数据编码技术的本质是对数据信号进行加工，加入同步信息等，使之传输更快，更不容易出错；复用技术提高信道的使用率，从另一个方面提高数据的传送速度；而差错控制则从整体上保证数据在传输过程中的完整和准确。

2.3.1　数据编码

这里的编码指的是信源编码，即在发送端对数据进行的编码，其目的是提高信号的抗干扰性和发送速度。限于篇幅，这里只介绍数字信号的数字编码，主要方案有以下几种，如图 2-9 所示。

1.　非归零编码

非归零（NonReturn to Zero，NRZ）编码的编码方案用信号的幅度表示二进制数据，通常用正电压表示数据"1"，负电压表示数据"0"，即所谓的"双极性"编码；电压无需回到零值，故称"非归零码"。NRZ 的优点是：发送能量大，有利于提高接收端信噪比；在信道上占用频带较窄。信噪比指信道中正常信号与噪声的功率之比，信噪比越大，说明信号的品质越好。

NRZ 的主要缺点是：当数据流中连续出现"0"或"1"时，接收端不容易分辨信号的开始和结束，如果使用同步传输方式，必须采用某种方法在发送端和接收端之间提供必要的同步信号。

同时，这种编码有直流分量，将导致信号的失真与畸变，而且无法使用一些交流耦合的线路和设备；抗噪性能差。

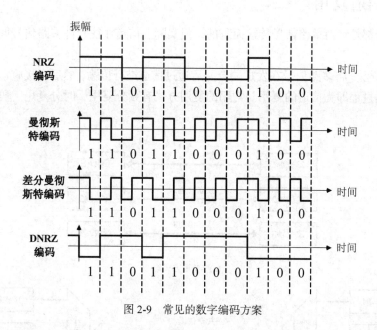

图 2-9　常见的数字编码方案

由于 NRZ 的诸多缺点，基带数字信号传输中很少采用这种编码，它只适合短距离传输。

2. 曼彻斯特编码

曼彻斯特编码（Manchester Encoding）是一种同步时钟编码技术，常用于局域网传输。在曼彻斯特编码中，每一位信号的中间都发生跳变，从低到高的变化表示"0"，从高到低表示"1"。由于电压变化发生在每一个码元的中间，接收端可以方便地利用它作为同步时钟，因此这种编码也称为自同步码。10Mbit/s 以太网采用曼彻斯特编码。

3. 差分曼彻斯特编码

差分曼彻斯特码（Differential Manchester）是曼彻斯特码的改进形式，二者的区别在于，差分曼彻斯特码每位中间的跳变只作为同步时钟信号，数据"0"和"1"的取值用信号的相位变化来表示：若每位信号的起始处有跳变则为"0"，无变化则为"1"。差分曼切斯特码比曼切斯特码的变化要少，因此适合传输更高速的信息。令牌环（Token-Ring）网采用差分曼彻斯特编码。

曼彻斯特编码和差分曼彻斯特编码的特点是每一位均用不同电平的两个半位来表示，因而始终能保持直流的平衡。两种曼彻斯特编码是将时钟信息包含在数据流中，在传输代码信息的同时，也将时钟同步信号一起传输到对方，每位编码中有一跳变，不存在直流分量，因此，具有自同步能力和良好的抗干扰性能。但在这两种编码中，每一个比特都被转换成两个电平，所以数据传输效率只有非归零码的 1/2。

4. DNRZ 编码

DNRZ（Differential NRZ）编码是一种 NRZ 编码的改进形式，它也是用信号的相位变化来表示二进制数据的，每个信号码元的起始处有变化表示数据"1"，而无变化表示数据"0"。DNRZ 编码不仅保持了 NRZ 编码的优点，同时提高了信号的抗干扰性和易同步性。

近年来，DNRZ 成为主流的信号编码技术，在 100Mbit/s 以太网等高速网络中都采用了 DNRZ 编码。其原因是在高速网络中要求尽量降低信号的传输带宽，以利于提高传输的可靠性和降低对传输介质带宽的要求。DNRZ 具有很高的编码效率，符合高速网络对信号编码的要求。

2.3.2　信道复用

以上的讨论都是针对单路信号传输而言的，但实际上信道往往允许多路信号同时传输，这称为信道复用。

如图 2-10 所示，将多路信号在发送端合并后通过信道进行传输，然后在接收端分开并恢复为原来各路信号的过程即为信道的复用。常用的复用方式有频分复用、时分复用、码分复用和波分复用。

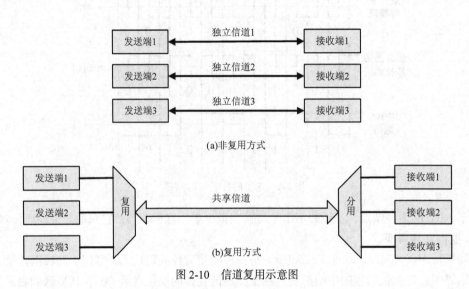

图 2-10　信道复用示意图

1.　频分复用

频分复用（Frequency Division Multiplexing，FDM）按照频率区分信号。通常，在通信系统中，信道所能提供的带宽往往比传送一路信号所需的带宽大得多。因此，一个信道只传输一路信号是非常浪费的。为了充分利用信道的带宽，信道的频分复用技术就应运而生了。图 2-11 所示为频分复用示意图。

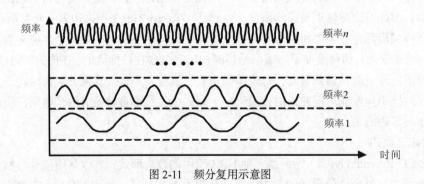

图 2-11　频分复用示意图

频分复用就是将用于传输信道的总带宽划分成若干个子频带（或称子信道），每一个子信道传输一路信号，因此要求总频率宽度大于各个子信道频率的总和。所有子频带信号叠加在一起进入公共信道传输，在信道出口利用滤波器将各子频带信号分离出来。

频分复用的最大优点是信道复用率高，允许复用的路数多，分路也很方便，因此，它成为目前模拟通信的主要复用方式，特别是在有线通信和微波通信系统中应用十分广泛。频分复用的主要缺点是设备比较复杂。

2. 时分复用

时分复用（Time Division Multiplexing，TDM）就是将提供给整个信道传输信息的时间划分成若干时间片，称为时隙，并将这些时隙分配给每一个信号源使用，每一路信号在自己的时隙内独占信道进行数据传输。如果时隙事先规划分配好且固定不变，则称为同步时分复用，其优点是时隙分配固定，控制方式简单；缺点是当某信号源没有数据传输时，它所对应的信道会出现空闲，而其他繁忙的信道无法占用这个空闲的信道，因此会降低线路的利用率。作为改进提出的统计时分复用（Statistic Time-Division Multiplexing，STDM），也叫异步时分复用，仍然是将用户的数据划分为一个个数据单元，不同用户的数据单元按照时分的方式来共享信道，但是不再固定分配时隙，而是动态分配时隙，即不再使用物理特性来标识不同用户，而是使用数据单元中的若干比特，也就是使用逻辑的方式来标识用户。这种方法提高了设备利用率，但是技术复杂性也比较高，所以这种方法主要应用于高速远程通信过程中，如异步传输方式（ATM）。两种时分复用的示意图如图 2-12 所示。

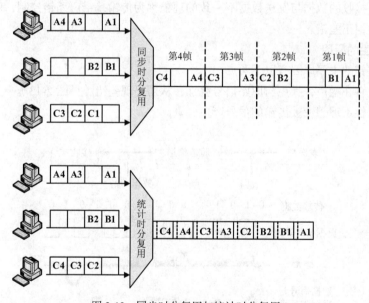

图 2-12　同步时分复用与统计时分复用

时分复用技术与频分复用技术一样，有着非常广泛的应用，尤其适用于数据信号的传输。

3. 码分复用

码分复用（Code Division Multiplexing，CDM）是靠不同的编码来区分各路原始信号的一种复用方式。码分复用实质上是一种扩频技术，用户将二进制数据中的"0"和"1"分别扩展为一串称为"码片"的二进制序列，发送到信道当中。不同用户分配到的"码片"不相同，而且互相正交，因此，多个用户的数据可以叠加在一起传送，最后在接收端使用各自的码片对总体信号进行"解码"，就可以得到各自的原始信号。

码分复用和频分复用及时分复用比较起来，频分复用的特点是各个子信道共享总信道的时间，但频率互相隔离；时分复用则共享总信道的所有频率，但时间上分为很多时隙，分开使用；在码分复用方式中，各用户在时间和频率上均共享总信道，因此，信道的效率高，系统的容量大。

码分复用最初是用于军事通信，因为这种系统发送的信号有很强的保密性和抗干扰性，其频谱类似于白噪声，不易被敌人发现。码分复用的缺点是设备比较复杂，实现成本高。但随着技术的进步，码分复用设备的价格和体积都大幅度下降，因而现在已广泛使用在民用的移动通信中。中国联通的 CDMA（Code Division Multiple Access，码分多址）就是码分复用的一种方式。

4. 波分复用

在光通信领域，人们习惯按波长而不是按频率来命名。因此，波分复用（Wavelength Division Multiplexing，WDM）本质上也就是光的频分复用。WDM 是在一根光纤上承载多个波长的光，相当于将 1 根光纤转换为多条"虚拟"光纤，当然每条虚拟光纤独立工作在不同波长上。由于 WDM 系统技术的经济性与有效性，使之成为当前光纤通信网络扩容的主要手段。

随着技术的发展，在一根光纤上复用的光信号越来越多，于是就有了密集波分复用（Dense Wavelength Division Multiplexing，DWDM）。在密集波分复用中，不同光信号的波长之差很小，一般只有 0.8nm 或 1.6nm，极大地提高了光纤的传输容量。

2.3.3 差错控制

在通信中，接收的数据与发送数据不一致的现象称为传输差错。差错控制，就是检查是否出现差错以及如何纠正差错。

1. 差错产生的原因

造成传输差错的主要原因有以下两点。

（1）信道上存在噪声，噪声与原始信号叠加，从而出现差错（见图 2-13）。

（2）信道特性不理想使被传输的信号产生失真。

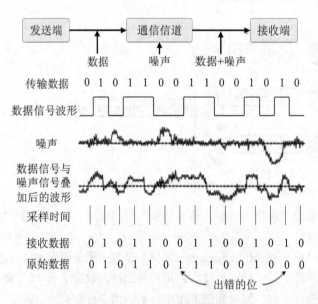

图 2-13　噪声造成的传输差错

2. 差错类型

根据出错信号的位置和数量，数字信号传输中常见的错误有两种：单比特错误和突发错误，如图 2-14 所示。

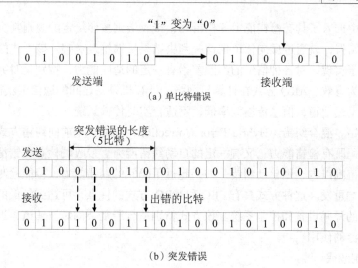

（a）单比特错误

（b）突发错误

图 2-14　单比特错误与突发错误

单比特错误是指给定的数据单元（如一个字节、一个字或一个数据包）中只有一个比特从"0"变为"1"或从"1"变为"0"。

突发错误指数据单元中两个或两个以上临近的比特发生了改变。注意，突发错误不一定是连续比特发生改变，其长度是由第一个改变的位置到最后一个改变的位置来确定的。

3. 差错控制方法

差错控制的基本方式有 3 种：前向纠错、检错重发和混合纠错，如图 2-15 所示，3 种方法的本质都是在发送端的原始数据中加入冗余信息。接收端收到全部数据后，根据冗余信息进行一定的验证，有时候甚至可以自动更正错误。不过为了达到自动纠错的目的，冗余信息需要加得更多。

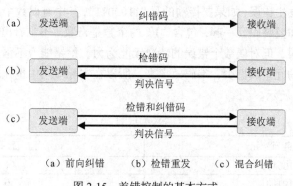

（a）前向纠错　　　（b）检错重发　　　（c）混合纠错

图 2-15　差错控制的基本方式

（1）前向纠错。前向纠错（Forward Error Correction，FEC）又称自动纠错。在这种方式中，发送端将信息码元按一定规则附加上纠错码，构成需要发送的码字。当接收端收到码字，发现有差错且在其纠错能力之内时，能自动将码字纠正。该方式的主要优点是：可进行单向通信，或一对多的同时通信（广播），特别适合移动通信。它的控制电路简单，译码实时性好。主要缺点是编码效率低，编、译码设备复杂，成本高。随着编、译码理论的发展和大规模集成电路成本的降低，该方法在实际数字通信系统中，特别在单工通信系统中得到了较广泛的应用。目前，FEC 方式广泛应用于太空和卫星通信中。

（2）检错重发。检错重发（Auto Repeat Request，ARQ）又称自动重传。在这种方式中，发送端发送的码元中加入了具有检错能力的检错码，接收端则按照给定的规则判决传输中有无错误产生。如果发现错误，就通过反向信道把这一判决结果反馈给发送端。该方式的主要优点是：译码设备简单，易于实现，对各种信道的不同差错有一定的适应能力，特别是对突发错误和信道干扰严重的情况更为有效。ARQ方式在计算机网络、计算机设备之间的通信中获得了广泛的应用。其缺点是：需要反馈信道，信息传输效率低，不适合实时传输系统。

（3）混合纠错。混合纠错（Hybrid Error Correction，HEC）是前向纠错方式和检错重发方式的结合，其监督码既有检错能力，又有一定的自动纠错能力。接收端检查差错情况，如果错误在码元的纠错能力范围以内，则自动纠错，如果超过了码元的纠错能力，但能检测出来，则经过反馈信道请求发送端重发。这种方式具有FEC和ARQ方式的优点，可达到较低的误码率，但需双向信道和较复杂的译码设备和控制系统。该方式特别适合于复杂的短波信道，近年来在卫星通信中也得到了较广泛的使用。

4. 差错控制编码

由差错控制的3种方式可以看出，发送端加入的冗余信息一般有检错码和纠错码两种，都是用来进行验证运算，以判断原始数据在传送过程中有没有出错，只不过检错码只能检查出是否发生错误，不能定位错误的位置，因此也就无法更正错误。而纠错码既能发现错误，也能纠正错误，只是相对于检错码，一般要有更多的冗余信息。

（1）检错码

常用的检错码有奇偶校验码和循环冗余码。

奇偶校验是奇校验和偶校验的统称，指在原信息后面附加一个监督码元，使得码字中"1"的个数是奇数或偶数。以奇校验为例，假设需要传输"1100111"，数据中含奇数个"1"，所以其奇校验位为"0"，于是把这个"0"附加在原始信息"1100111"后面，变成"11001110"传输给接收方，接收方收到数据后再一次计算奇偶性，发现"11001110"中仍然含有奇数个"1"，就认为在此次传输过程中未发生错误；如果要传输的是"1100011"，其中有偶数个"1"则监督码元为"1"，总之要确保原始数据和监督码元一起，包含"1"的个数是奇数。不难看出，奇偶校验可以发现码字中出现的奇数个错误，但对偶数个错误的情况无能为力，检错能力不强。但是，奇偶校验编码方法简单，并且插入的冗余数据少，编码效率高，所以在实际应用中也比较常见。奇偶校验示例分别如表2-1和表2-2所示。

表2-1　　　　　　　　　　　　　　　　奇校验示例

信 息 码 元	监 督 码 元
1100101	1
0101001	0
0111100	1
1001110	1

表2-2　　　　　　　　　　　　　　　　偶校验示例

信 息 码 元	监 督 码 元
1100101	0
0100001	1
0111100	0
1001110	0

在计算机网络和数据通信中用得最广泛的检错码，漏检率比奇偶校验码低得多，也便于实现循环冗余码（Cyclic Redundancy Code，CRC）。循环冗余码又称为多项式码，其工作方法是根据原始信息产生一串冗余码，附加在信息位后面一起发送到接收端，接收端收到的信息按发送端形成循环冗余码同样的算法进行校验，如果发现错误，则通知发送端重发。下面具体介绍循环冗余码的计算过程。

首先，任何一个由二进制数位串组成的代码，都可以唯一表示为一个只含有"0"和"1"两种系数的多项式。例如，代码 1010111 对应的多项式为 $X^6+X^4+X^2+X+1$。同样，多项式 $X^5+X^3+X^2+X+1$ 对应的代码为 101111。CRC 在发送端编码和接收端校验时，都可以利用事先约定的生成多项式 G(X) 计算得到。目前广泛使用的生成多项式主要有以下 4 种。

① CRC12 = $X^{12}+X^{11}+X^3+X^2+1$

② CRC16 = $X^{16}+X^{15}+X^2+1$

③ CRC16 = $X^{16}+X^{12}+X^5+1$

④ CRC32 = $X^{32}+X^{26}+X^{23}+X^{22}+X^{16}+X^{11}+X^{10}+X^8+X^7+X^5+X^4+X^2+X+1$

冗余码的计算方法是，假定生成多项式最高次幂是 r，则先将信息码后面补 r 个 "0"，然后将补零之后的信息码除以 G(X)，注意除法中用到的减法都是 "模 2 减法"。模 2 减法是没有借位的减法，实际上就是异或运算。当被除数执行完时，得到 r 位的余数。此余数即为冗余位，将其添加在原始信息码后便构成 CRC 码字。

例如，假设信息码为 11100011，生成多项式 G(X)=X^5+X^4+X+1，计算 CRC 码字。

G(X) = X^5+X^4+X+1，也就是 110011，因为最高次是 5，所以，在信息码字后补 5 个 0，变为 1110001100000。用 1110001100000 除以 110011 计算，过程如图 2-16（a）所示，余数为 11010，即为所求的冗余位。

因此发送出去的 CRC 码字为原始码字 11100011 末尾加上冗余位 11010，即 1110001111010。接收端收到码字后，采用同样的方法验证，即将收到的码字除以 G(X)，发现余数是 0，则认为码字在传输过程中没有出错，如图 2-16（b）所示，反之若余数不为 0，则一定有错。

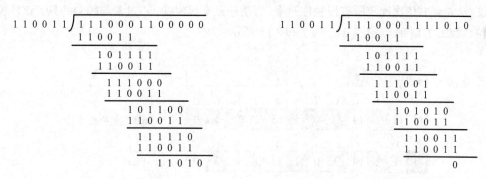

（a）发送之前计算冗余码　　　　　　　　（b）接收以后验证整个码字

图 2-16　CRC 冗余位计算过程

如果生成多项式选择得当，CRC 是一种很有效的差错校验方法。理论上可以证明循环冗余校验码的检错能力有以下特点。

① 可检测出所有奇数个错误。

② 可检测出所有双比特的错误。

③ 可检测出所有小于等于校验位长度的连续错误。

④ 以相当大的概率检测出大于校验位长度的连续错误。

（2）纠错码

作为纠错码的一个实例，这里介绍海明码。海明码由 R. Hamming 在 1950 年提出，是一种可以纠错的编码，一般可以纠正 1 位错，或发现 2 位错。海明码可以认为是奇偶校验码的扩展。前面讨论过，奇偶校验只有一个冗余位，编码效率很高，但它只能发现奇数个错误，而且不能纠错。海明码采用多个奇偶校验位，实质上是通过这些校验位进行综合定位，确定出错位的具体位置。位置确定以后，更正错误就很简单了，无非是把"1"改成"0"，或把"0"改为"1"。

海明码用于任意长度的数据单元，校验位的位置和构造方法并不唯一，下面介绍一种常用的方案。不失一般性，这里规定校验位只用偶校验。

① 将校验位放置在第 1，2，4，8，……位上，如图 2-17（a）所示。

② 余下的第 3，5，7，9，10，……作为数据位。

③ 每一个校验位负责不同的数据位。

校验位 1：负责第 1，3，5，7，9，11，13，15 位，……位（校验 1 位，跳过 1 位，再校验 1 位，再跳过 1 位……）。

校验位 2：负责第 2，3，6，7，10，11，14，15 位，……位（校验 2 位，跳过 2 位，再校验 2 位，再跳过 2 位……）。

校验位 4：负责第 4，5，6，7，12，13，14，15 位，……位（校验 4 位，跳过 4 位，再校验 4 位，再跳过 4 位……）。

校验位 8：负责第 8～15 位，第 24～31 位，第 40～47 位……（校验 8 位，跳过 8 位，再校验 8 位，再跳过 8 位……）。

……

假设要传输的数据是 8 位二进制码：10011010，这里演示如何根据这个数据构造海明码码字。

① 将这个 8 位二进制码从左到右依次填入数据位，即第 3，5，7，9，10，11，12 位，如图 2-17（b）所示。

② 从左到右依次确定所有校验位的值，方法还是奇偶校验，不过参与校验的只有该校验位负责的位，如图 2-17 的（c）、（d）、（e）和（f）所示。

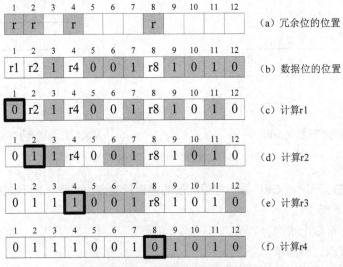

图 2-17　海明码的编码过程示意图

最后产生的待传输的码字为：011100101010。假设这个码字在传输过程中出现一个单比特错误，变成 011100101110，那么接收端如何找到并纠正这个错误呢？正确的方法是将所有校验位都重新计算一次，看哪些出现问题，具体过程如图 2-18 所示。最终发现是 r2 和 r8 出错，2+8=10，因此是第 10 位出错。将第 10 位的 1 改成 0，即得到正确的码字 011100101010。

因为纠错码不但可以发现错误，还可以纠正错误，这样一来就省去了重新发送信息的过程。但纠错码相对于检错码，加入了更多的冗余位，是以牺牲编码效率为代价的。在本例中，有效信息位 8 位，冗余位 4 位，冗余度达到 4/12≈33.3%，开销比较大。

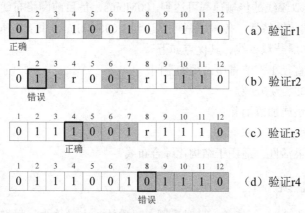

图 2-18　海明码的验证过程示意图

2.4　数据传输媒体

数据传输常用的传输介质包括双绞线、同轴电缆、光纤等有线传输介质，以及红外线、激光、微波、无线电波等无线传输介质。

2.4.1　双绞线

双绞线（Twist-Pair）是应用最广泛的传输介质，既能传输模拟信号，又能传输数字信号。如图 2-19 所示，它是局域网组建中最常用的一种传输介质。

双绞线采用了一对互相绝缘的金属导线互相绞合的方式来抵御一部分外界电磁波的干扰，这种方式也可以降低自身信号的相互干扰，因为每一根导线在传输中辐射的电波会被另一根线上发出的电波抵消，"双绞线"的名字也是由此而来。双绞线传输数据的速率不如同轴电缆快，但在一般情况下也够用了，加上它价格便宜，使用起来简单灵活，因此获得了广泛的应用，被大家称作"网线"。

实际使用时，多对双绞线是被一起包在一个绝缘电缆套管里的。典型的双绞线是 4 对，如图 2-19 所示，也有更多对双绞线放在一个电缆套管里，我们称之为双绞线电缆。在双绞线电缆内，不同线对具有不同的扭绞长度，一般扭绞长度为 38.1～14cm，按逆时针方向扭绞。相临线对的扭

图 2-19　双绞线

绞长度在 12.7cm 以上，一般扭绞线越密其抗干扰能力就越强。与其他传输介质相比，双绞线在传输距离、数据传输速度等方面均受到一定限制，但其价格较为低廉，广泛应用于局域网。

双绞线分为屏蔽双绞线（Shielded Twisted Pair，STP）与非屏蔽双绞线（Unshielded Twisted Pair，UTP）。屏蔽双绞线在双绞线与外层绝缘封套之间有一个金属层蔽层，如铝箔。屏蔽层可减少辐射，防止信息被窃听，也可阻止外部电磁干扰的进入，使屏蔽双绞线比同类的非屏蔽双绞线具有更高的传输速率。但屏蔽双绞线价格相对较高，安装要比非屏蔽双绞线电缆复杂。

按电气特性可以将非屏蔽双绞线分为 7 种型号，局域网中常用的是五类和六类双绞线，都由 4 对双绞线构成。五类双绞线的传输速率可达到 100Mbit/s，是目前网络布线中的主流产品；六类双绞线比五类有更好的传输特性，传输速率可以达到 1 000Mbit/s，用于快速以太网络。

常用的双绞线是非屏蔽双绞线，其优点如下。

● 无屏蔽外套，直径小，节省所占用的空间。

● 重量轻，易弯曲，易安装。

● 将串扰减至最小或加以消除。

● 具有阻燃性。

● 具有独立性和灵活性，适用于结构化综合布线。

2.4.2 同轴电缆

同轴电缆（Coaxial Cable）传递信息时采用一对导体，内导体为一根细芯，外导体套在内导体外面，形成一种圆筒式的结构，两个导体间用绝缘材料互相隔离，外层导体和内层芯线的圆心在同一个轴心上，所以叫作同轴电缆。同轴电缆之所以设计成这样，也是为了防止外部电磁波干扰正常信号的传递。同轴电缆的外形和截面结构如图 2-20 所示。同轴电缆的应用很广泛，有的用于传输有线电视信号，有的则用做局域网的传输介质。

图 2-20 同轴电缆的外形和截面结构

同轴电缆分 50Ω 基带电缆和 75Ω 宽带电缆两类（即网络同轴电缆和视频同轴电缆）。基带电缆分细同轴电缆和粗同轴电缆。基带电缆仅仅用于数字传输。宽带电缆是 CATV（有线电视）系统中使用的电缆，它既可用于多路模拟信号发送，也可传输数字信号。同轴电缆的价格比双绞线贵一些，但其抗干扰性能比双绞线强。当需要连接较多设备而且通信容量相当大时可以选择同轴电缆。

在基带电缆中，粗同轴缆适用于比较大型的局部网络，它的标准距离长，可靠性高；由于安装时不需要切断电缆，因此可以根据需要灵活调整计算机的入网位置。但粗同轴缆网络必须安装收发器，安装难度大，所以总体造价高。相反，细同轴缆安装则比较简单，造价低，但由于安装过程要切断电缆，两头必须装上基本网络连接头（BNC），然后接在 T 形连接器两端。所以当接头多时容易产生不良的隐患，这是目前运行中以太网所发生的最常见故障之一。

同轴电缆的优点是可以在相对长的无中继器的线路上支持高带宽通信，其缺点是体积大，不能承受严重弯曲，成本高，而所有这些缺点正是双绞线所能克服的，因此，在现在的局域网环境中，同轴电缆已基本被双绞线所取代。

2.4.3　光纤

光纤是很细且能传递光信号的传输介质，通常由纤芯、包层和保护层 3 部分构成，纤芯一般由石英玻璃拉成；包层较纤芯有较低的折射率，防止纤芯中的光信号折射出去，减少信号的损失；保护层起到保护光纤的作用。每一路线路包括两根光纤，一根用于接收，另一根用于发送。

光纤和同轴电缆结构相似，只是没有网状屏蔽层，其中心是传播光的纤芯。按光在光纤中的传输模式可将光纤分为单模光纤和多模光纤。

多模光纤：中心玻璃芯较粗（50μm 或 62.5μm），可传多种模式的光。但其模间色散较大，这就限制了传输数字信号的频率，而且随距离的增加会更加严重。因此，多模光纤传输的距离比较近，一般只有几千米。

单模光纤：芯芯较细，只能传一种模式的光（只能用激光，不能用 LED 的光）。因此，其模间色散很小，适用于远距离通信。单模光纤对光源的谱宽和稳定性有较高的要求，即谱宽要窄，稳定性要好。

光纤有许多其他传输介质无法比拟的优点。尽管由于光纤对不同频率的光有不同的损耗，使频带宽度受到影响，但在最低损耗区的频带宽度也可达 30 000GHz，可以容纳上百万个频道。

在同轴电缆组成的系统中，最好的电缆在传输 800MHz 信号时，每千米的损耗都在 40dB 以上。相比之下，光纤的损耗则要小得多，比同轴电缆的功率损耗要小得多，使其能传输的距离要远得多。此外，光纤传输损耗还有两个特点，一是在全部频道内具有相同的损耗，不需要像电缆干线那样必须引入均衡器进行均衡；二是其损耗几乎不随温度而变，不用担心因环境温度变化而造成干线电平的波动。

因为光纤非常细，单模光纤芯线直径一般为 8～100μm，外径也只有 125μm，加上防水层、加强筋、护套等，用 4～48 根光纤组成的光缆直径还不到 13mm，比标准同轴电缆的直径 47mm 要小得多，加上光纤是玻璃纤维，比重小，使它具有直径小、重量轻的特点。

因为光纤的基本成分是石英，只传光，不导电，不受电磁场的作用，在其中传输的光信号不受电磁场的影响，故光纤传输对电磁干扰、工业干扰有很强的抵御能力。也正因为如此，在光纤中传输的信号不易被窃听，因而利于保密，且抗化学腐蚀能力强，适用于一些特殊环境下的布线。

光纤传输一般不需要中继放大，不会因为放大引入新的失真。只要激光器的线性好，就可高保真地传输信号。实际测试表明，好的调幅光纤系统的失真指标，远高于一般电缆干线系统的非线性失真指标。

由于光纤非常细，因此必须将光纤做成光缆才能满足工程施工的强度要求。光纤与光缆的外形如图 2-21 所示。

图 2-21　光纤与光缆

2.4.4　无线传输

无线传输实际上就是在自由空间利用电磁波信号进行通信。根据通信的距离、速率、环境的要求，如果铺设有线线路非常困难，而且成本高，这时候就可以使用无线传输介质来进行通信。地球上的大气层为大部分电磁波传输提供了物理通道，这就是常说的无线传输介质。无线传输的频段很广，如图 2-22 所示，人们现在已经利用了很多个波段进行通信，包括无线电波、微波、红外线等；紫外线和更高的波段目前还不能用于通信。

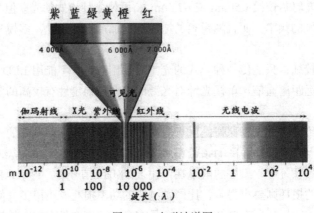

图 2-22　电磁波谱图

（1）无线电波通信

现代无线通信的载体是电磁波。电磁波以光速传播的同时，其电场和磁场随时间呈周期性变化，在一个这样的周期中电磁波前进的距离叫作波长，振动周期的倒数即每秒钟振动的次数称为频率，以赫兹（Hz）为单位。波长与频率成反比，频率越高，波长就越短；反之频率越低，波长就越长。二者的乘积是一个常数，即电磁波每秒钟传输的距离，约等于 3×10^8m。

无线电波是波长在 1mm 以上的电磁波，又可以细分为长波、中波、短波、超短波和微波。长波波长为 1 000m 以上，中波波长为 100～1 000m，短波波长为 10～100m，超短波波长 1～10m，所以又为米波，微波波长为 1mm～1m。

如图 2-23 所示，无线电波主要有 3 种传播方式：地表传播、电离层传播和沿直线传播。

无线电波可以沿地球表面附近的空间传播，俗称地波。地波的传播比较稳定，不受昼夜变化的影响，而且能够沿着弯曲的地球表面达到地平线以外的地方，但并非所有的无线电波都适应沿地表传播。地面上有高低不平的山坡和房屋等障碍物，电磁波的特点是当波长大于或相当于障碍物时，就能很好地绕过它们。长波和中波基本满足这一条件，而短波和微波由于波长过短，绕过障碍物的本领很差。另外，地波在传播过程中有能量损失，频率越高，损失的能量越多。所以无论从越过障碍物角度看还是从能量损失的角度看，长波、中波沿地球表面可以传播较远的距离，而短波和微波则不能。

因此，长波、中波都可以用地波的方式进行无线电广播，但由于能量损失的缘故，中波的传播距离不大，一般在几百千米范围内，收音机在中波波段一般只能收听到本地或邻近省市的电台。长波沿地面传播的距离要远得多，但发射长波的设备庞大，造价高，所以很少用于无线电广播，多用在超远程无线电通信、导航等，如潜艇在海水中可用长波进行通信。

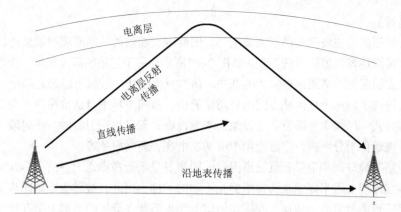

图 2-23　无线电波的 3 种传播方式

　　无线电波还可以依靠电离层的反射来传播，俗称天波。地球被厚厚的大气层包围，在地面上空几十到几百千米的范围内，大气中一部分气体分子由于受到太阳光的照射而丢失电子、发生电离，这层大气就叫作电离层。电离层对于不同波长的电磁波表现出不同的特性。实验证明，波长太短会直接穿过电离层（超短波和微波），波长太长，又会被电离层完全吸收（长波）。因此，短波最适宜以天波的形式进行无线电广播，它可以被电离层反射到几千千米以外，其次是中波。但是，电离层是不稳定的，白天受阳光照射时电离程度高，夜晚电离程度低，因此，夜间电离层对中波的吸收减弱，收音机在夜晚能够收听到很多远地的中波电台，就是这个缘故。

　　（2）微波通信

　　微波波长 1mm～1m，是分米波、厘米波和毫米波的总称，严格意义上也属于无线电波。

　　微波频率比一般的无线电波频率高，通常也称为"超高频电磁波"。由于微波穿透电离层的能力很强，不能利用电离层反射方式传播，而且又不能像长波那样绕过障碍物，所以只能采用直线方式传播。由于地球的球形表面和地表的障碍物，微波信号的覆盖范围在很大程度上依赖于天线的高度，天线越高，信号传输的距离越远。典型的做法是将天线安装在塔顶，而塔建立在山顶等尽可能高的地方。即便如此，传输距离仍嫌不够，只好采用中继接力的方式延长距离，如图 2-24 所示。

　　微波的应用十分广泛。在工业生产、农业科学、生物学、医学等方面，微波技术的研究和发展已越来越受到重视。微波最重要的应用是雷达和通信，雷达不仅用于国防，同时也用于导航、气象测量、大地测量、工业检测、交通管理等方面。微波通信在日常生活中十分常见，卫星通信、手机通信、无线局域网、蓝牙和 UWB（超宽带）等都属于微波通信。除了通信，微波还运用于生活中的其他方面，微波炉就是利用微波的热效应加热物品的。

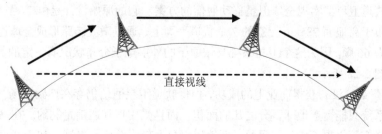

图 2-24　远距离微波中继示意图

（3）卫星通信

卫星通信采用的电磁波信号属于微波范畴，因此卫星通信的基本原理和微波通信一样，只不过它的中继站是绕地球轨道运行的卫星。如图 2-25 所示，由于卫星的高度很高，所以虽然在卫星通信中地球曲面引起的距离限制被大大地削弱，信号只需一次中继就可以跨越陆地与海洋。

卫星通信提供了地球上任何地点间的高质量通信。虽然卫星本身造价昂贵，但卫星通信不需要像其他通信方式一样投入巨额资金建设地面基础设施，而且租用卫星的一些时段和频率也相对便宜。现在卫星通信十分普遍，广泛应用于电话、电视、新闻服务等。

通信的卫星有地球同步卫星和低轨道卫星。同步卫星运行在赤道上空约 35 406km 处，这个轨道上的卫星在地面上看来好像在天空中静止不动的一样，因此，被称为地球同步卫星。但是，一颗同步卫星不可能覆盖整个地球，在同步轨道上至少需要 3 颗等距离的卫星互相呈 120°分布，才能提供全球通信服务，如图 2-26 所示。

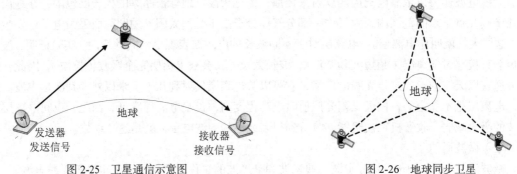

图 2-25　卫星通信示意图　　　　　　　　　　图 2-26　地球同步卫星

地球同步卫星的覆盖区域固定，在这个覆盖区内任何带有相应卫星天线的地球站之间可以实现不间断通信。因此，同步卫星主要用于陆地固定通信，如电话通信、电视节目的转播等，也用于海上移动通信。不过，同步卫星与地面的距离还是太远，地面站设备不可能做得太小，更不要说用手持设备直接与卫星通信了。

解决这一问题的方法是使用低轨道（Low Earth Orbit，LEO）卫星。但如果用 LEO 卫星实现全球通信，卫星的数量需要大大增加。原因在于卫星轨道越低，速度就会越快。为了让任何时间内某地上空至少有一颗低轨道卫星，就必须保证一颗卫星落在地平面以下时，至少有另外一颗刚好从另一地平线上升起，这样卫星的数量要足够才行。低轨道卫星可以实现个人通信设备全球互通，而且因为卫星更靠近地面，数据传输时延较小。但正是因为轨道低，卫星的使用寿命不长。如图 2-27 所示。

最早提出的低轨道卫星系统是美国摩托罗拉（Motorola）公司的"铱星系统"。"铱星系统"是一种利用低轨道卫星群实现全球卫星移动通信的方案。它的原始设计是由 77 颗小型智能卫星，均匀有序地分布于离地面 785km 上空的 7 个轨道平面上，通过微波链路形成全球连接网络，后来卫星的数量改为 66 颗。因为这个卫星系统与铱原子的外层电子分布状况有一定的类似，故取名为铱星系统，如图 2-28 所示。

"铱星系统"最终没有获得商业上的成功，但低轨道卫星通信仍存在广阔市场。因为目前陆地蜂窝移动通信系统只能覆盖地球百分之几的面积，而且受用户和通信量制约，在一些地广人稀的区域长期运营蜂窝网络得不偿失。目前，低轨道卫星通信系统仍在发展，如全球星、奥德赛等多个系统，均有不错的前景。

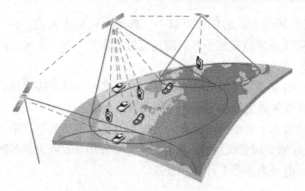

图 2-27 低轨道卫星系统

图 2-28 铱星系统示意图

（4）蜂窝式移动通信

蜂窝式移动通信即通常所说的"手机通信"或"移动通信"。当前占统治地位的是太旧蜂窝移动通信技术，主要有两个标准，即工作频率为 900/1800MHz 的 GSM（Global System for Mobile Communications，全球移动通信系统）和频率为 800MHz 的 CDMA。

早期的移动通信系统是在区域中心设置大功率的发射机，采用高架天线把信号发送到整个覆盖地区，半径可达几十千米。这种系统的主要问题是它同时提供给用户使用的信道数极为有限，远远满足不了移动通信业务迅速增长的需要。

现代移动通信采用的是蜂窝通信系统。蜂窝系统把整个服务区域划分成若干个较小的区域，称为小区（Cell），各小区用被称为基站的小功率发射机进行覆盖，许多小区像蜂窝一样能布满任意形状的服务地区，如图 2-29 所示。

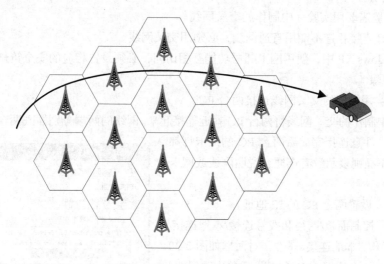

图 2-29 蜂窝式移动通信网络

小区之间的分界线并不像图 2-29 所示的那么明确。当靠近小区的边界线时，移动电话潜在地位于多个单元范围内。每个基站都会持续地发送信号。因此移动电话可以通过检测哪一个信号最强来确定最近的基站。当移动电话打出一个电话时，它与最近的基站进行通信。当移动用户在蜂窝服务区中快速运动时，通话常常不会在一个小区中结束。快速行驶的汽车在一次通话的时间内可能跨越多个小区。当移动电话从一个小区进入到另一个小区时，其通信链路必须从离开小区的基站切换到正在进入的小区，这一重要过程称为越区切换。

小区的大小并不是固定的，可以根据区域内人口的增加而缩小。典型小区的半径是 1.6～19km。人口密度大的地区比密度小的区域需要更多数量的小区以满足流量的需求。每个小区的传输能量都保持在低水平以免干扰其他单元。

移动通信目前正在向 4G 发展和过渡。4G 是英文 The 4rd Generation 的缩写，即第四代移动通信技术，是将无线通信与国际互联网等多媒体通信结合的新一代移动通信系统。

4G 集成 3G 与 WLAN 于一体，在传输数据上有很高的提升，可把上网速度提高到超过第三代移动技术 50 倍，它能够在全球范围内更好地实现无线漫游，并处理图像、音乐、视频流等多种媒体形式，提供包括网页浏览、电话会议、电子商务等多种信息服务。

实验　连接计算机实现资源共享

1. 实验目的
- 学习测试网络连通的 ping 命令的用法。
- 学习在 Windows 操作系统上使用网上邻居功能互传文件。

2. 实验环境
- 硬件：两台 PC、一根交叉网线。
- 软件：Windows XP 操作系统。

3. 实验说明
- 本次实验需要用实验一中制作的交叉网线。
- 两台 PC 直接相连不能用直通网线，必须用交叉网线。
- 在 Windows XP 中，使用网上邻居功能互相访问，必须设置相应的安全策略才能实现。

4. 实验步骤
- 步骤 1：用做好的交叉网线连接两台 PC。

用实验一中制作的交叉网线将两台 PC 就近连接起来。网线的两端分别插入两台 PC 各自的网卡 RJ-45 插口。注意连接完成后两台 PC 的网卡灯都会亮起，如果不亮则表示没有连通，说明网线或网卡本身有问题。

- 步骤 2：设置两台 PC 的 IP 地址。

（1）选择"控制面板/网络和拨号连接/本地连接/属性"，即可打开"本地连接 属性"对话框如图 2-30所示。选中"Internet 协议（TCP/IP）"后单击"属性"按钮。

（2）将两台 PC 的 IP 地址设置为在同一个网段，如分别设为 192.168.0.1 和 192.168.0.2，如图 2-31 所示。操作系统会自动填入子网掩码，其他的如"默认网关"、"DNS 服务器"可以先不填。

- 步骤 3：在 PC 上用网络命令测试两机之间的连通性。

图 2-30　网络协议属性设置窗口

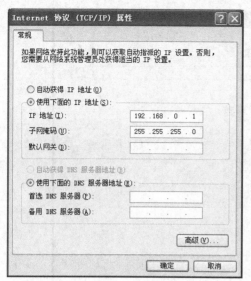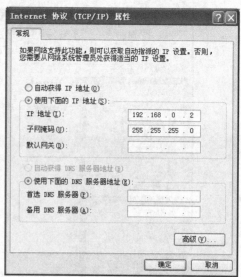

图 2-31　设置 IP 地址

（1）单击桌面左下角"开始/运行"命令，在"运行"对话框的"打开"文本框中输入"cmd"，单击"确定"按钮，弹出命令行界面，如图 2-32 所示。

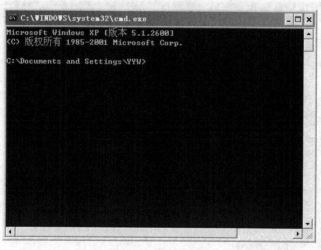

图 2-32　命令行方式

（2）在命令行界面中输入 ping 和另一台 PC 的 IP 地址，如本机的 IP 是"192.168.0.1"，另一台 PC 的 IP 地址是"192.168.0.2"，则输入"ping 192.168.0.2"。观察响应情况，并据此判断两台 PC 是否连通。

● 步骤 4：利用"网上邻居"互相访问。

在确保两台 PC 能够互相 ping 通的情况下，接下来使用 Windows 自带的"网上邻居"功能互相访问，并互传文件。

（1）双击系统桌面上的"网上邻居"图标，单击"网络任务"中的"查看工作组计算机"选项，如图 2-33 所示。

（2）如果找不到另一台 PC，则单击工具栏中的"搜索"图标，在左边"计算机名"文本框中填入另一台 PC 的 IP 地址，单击"搜索"按钮，如图 2-34 所示。

图 2-33　网上邻居界面

图 2-34　查找计算机

（3）如果还不能找到另一台 PC，则说明 Windows 的安全策略没有进行正确的设置。单击"开始/运行"命令，在"运行"对话框的"打开"文本框中输入"gpedit.msc"并按回车键，进入"组策略"对话框，进行以下 3 项设置。

选中左边的"本地计算机/计算机配置/Windows 设置/安全设置/本地策略/用户权利指派，"找到右边的"拒绝从网络访问这台计算机"选项，双击将其打开，如果其中有"Guest"选项，则将"Guest"删除，如图 2-35 所示。

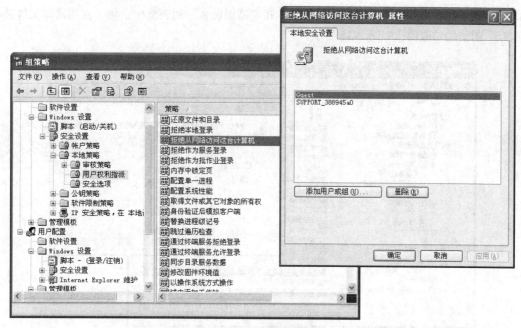

图 2-35　安全策略设置一

选择"用户权利指派"下面的"安全选项"，选项"网络访问：本地帐户的共享和安全模式"选项，双击将其打开，将属性设置为"经典-本地用户以自己的身份验证"，如图 2-36 所示。

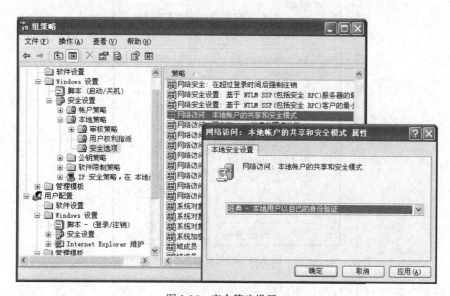

图 2-36　安全策略设置二

同样，在"安全选项"中，选择"帐户：使用空白密码的本地帐户只允许进行控制台登录"选项，选中"已禁用"单选钮并单击"确定"按钮，如图 2-37 所示。

进行以上 3 项安全策略设置后，再次在"网络邻居"中查找另一台 PC。

● 步骤 5：利用"网上邻居"共享文件。

（1）在需要共享的 PC 中打开"我的电脑"，选择"文件/工具/文件夹选项"菜单命令，在弹出的对话框中，单击其中的"查看"选项卡，在"高级设置"列表框中，将"使用简单文件共享（推荐）"前面的勾取消，如图 2-38 所示。

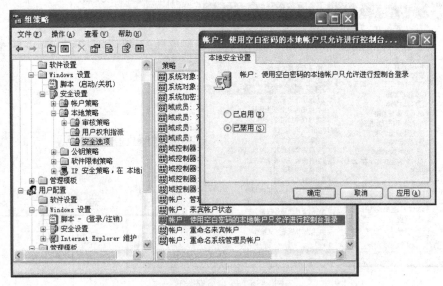

图 2-37　安全策略设置三

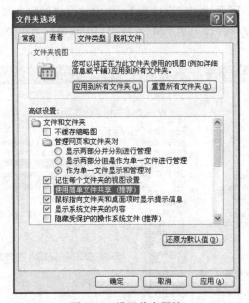

图 2-38　设置共享属性

（2）找到想要共享的文件夹，用鼠标右键单击并选择"共享和安全"命令，如图 2-39 所示。然后选择"共享此文件夹"选项，单击"确定"按钮。

（3）在另一台 PC 中访问共享文件夹的 PC，就可以看到刚刚共享的文件夹。可以利用复制、粘贴操作将共享文件夹中的文件复制到本机。

5. 实验小结

本实验中用 ping 命令测试网络中主机之间的连通性，是非常重要的技能，在后续的实验中也会陆续用到。对于 ping 命令和其他网络命令更深入的用法，参见本章实验六。

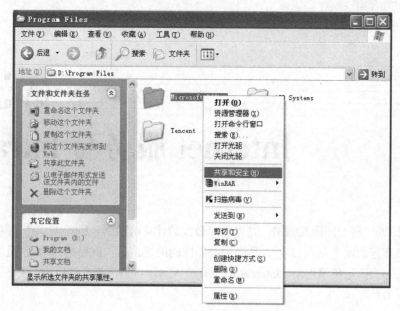

图 2-39　共享文件夹

习　　题

1. 解释什么是通信、信息、消息和数据。

2. 什么是信号和信道？二者各有哪些类型？

3. 简述电路交换、报文交换和分组交换各自的特点。

4. 什么是基带传输和频带传输？请举例说明。

5. 解释单工、半双工和全双工通信，并举例说明。

6. 什么是带宽？简述模拟通信和数字通信中带宽概念的异同。

7. 对于数据"0011010111"，画出其 NRZ 编码、DNRZ 编码、曼彻斯特编码和差分曼彻斯特编码。

8. 信道复用有哪些常用方式？各有什么特点？

9. 在数据"0011001"、"1011001"和"1000010"的末尾分别添加奇、偶校验位。

10. 假设信息码为"10011101"，生成多项式 $G(X)=X^5+X^4+X+1$，计算 CRC 码字。

11. 计算数据"01110110"的海明码码字。

12. 无线电波可以分为哪几种？各自适合什么样的传输方式？

第3章
Internet 服务与 Intranet

Internet 即因特网、国际互联网，是世界上最大的计算机网络。Internet 由世界各地成千上万的计算机网络互连而成（见图 3-1），是一个世界性的网络，是"网络的网络"，是继电话网和电视网之后的又一大信息传输网络。Internet 向所有接入的用户提供信息和服务，在当前是推动社会信息化的主要力量。

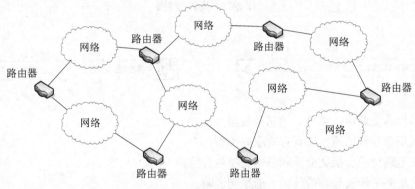

图 3-1　网络互连示意图

Internet 层次结构示意图如图 3-2 所示，由图中可以看出，Internet 是多层次的网络结构。

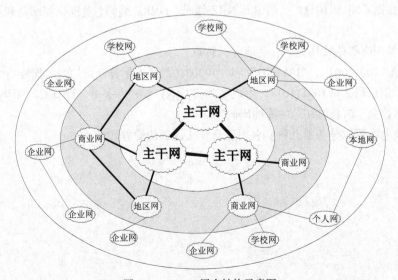

图 3-2　Internet 层次结构示意图

- 主干网。这是 Internet 的干线，一般由管理机构提供的多个主干网络互连而成。
- 中间层网。由地区网络和商业网络构成。
- 底层网。由最基层的企业、学校等网络组成。

3.1　Internet 概述

Internet 使用 TCP/IP 将计算机网络连接成全球网络。任何一台计算机只要配置好协议，设置好 IP 地址等，再从物理上与 Internet 相连通，便可以成为这个全球网络的一员。Internet 是无中心的，没有单一的、凌驾于 Internet 之上的中心来控制它；Internet 又是"松散"的，各个成员的加入和退出可以随时进行，整个网络处于时刻不停的变动当中；它还是"自由的"，加入其中的成员一般情况下只是互通信息，各自处理自己的内部事务，实现自己的集中控制。

目前 Internet 的用户已经遍及全球，达十几亿之多，而且数量还在稳步增长。Internet 如此受欢迎的原因，一是人们对信息的迫切需求，二是 Internet 向广大用户提供了友好的访问方式。Internet 上的各种信息资源，不仅被科研工作者、工程师等专业人士所用，同时也满足了广大普通用户的需求，进入了千家万户。Internet 和个人数字终端一起，已经成为当今社会最有用的工具，正在潜移默化地改变着人们的生活方式，使用 Internet 已经成为现代人的一项基本技能。

在可预见的时间内，Internet 的潜力将得到进一步的发挥。移动性和多媒体将会是 Internet 的未来发展发向。未来的 Internet 会进一步地接近给任何人（anybody）在任何时间（anytime）任何地点（anywhere）以任何接入方式（any connection）和可承受的价格，提供任何信息（any information）并完成任何业务（any service）的目标。

3.1.1　Internet 的起源与发展

20 世纪 60 年代，美苏冷战期间，美国国防部领导的远景研究规划局（Advanced Research Projects Agency，ARPA）提出要研制一种崭新的网络对付来自前苏联的核攻击威胁。因为当时，传统基于电路交换的电信网虽已经四通八达，但战争期间，一旦正在通信的电路有某个中继设备或某条线路被摧毁，整个通信电路就要中断，如要立即改用其他迂回电路，还必须重新建立连接，这将不可避免地造成一些时间延误。

因此这个新型网络必须满足一些基本要求：不是为了打电话，而是用于计算机之间的数据传送；能连接不同类型的计算机；所有的网络结点都同等重要，这就大大提高了网络的生存能力；计算机在通信时，必须有所谓的迂回路由，当链路或结点被破坏时，迂回路由能使正在进行的通信自动地找到合适的通路；网络结构要尽可能地简单，但要非常可靠地传送数据。

根据这些要求，专家们设计出了使用分组交换的新型计算机网络。分组交换网络采用存储转发技术，把欲发送的报文分成一个个的"分组"在网络中传送，到达目的地之后，所有的分组再重新组合成原来的报文。分组能够正确地到达，是因为分组的头部携带有重要的控制信息，网络中的交换设备会正确地识别这些信息，并据此自动选择合适的发送途径。因此，分组交换网是由若干个结点交换机和连接这些交换机的链路组成。可以这么认为：一个结点交换机就是一个小型的计算机，但它和一般主机（即普通计算机）的不同之处在于，主机是为用户进行信息处理的，结点交换机是进行分组交换的。其处理过程是：将收到的分组先放入缓存，结点交换机暂存的是短分组，而不是整个长文件，短分组暂存在交换机的内存储器中而不是存储在磁盘中，这就保证了较高的交换速率。然后再查找转发表，找出到某目的地址应从哪个端口转发，由交换机构将该分组递给适当的端口转发出去。存储转发的分组交换实质上是采用了在数据通信的过程中动态分配传输带宽和自动选择通信路由的策略。

1969 年美国国防部创建的第一个分组交换网 ARPAnet 只是一个单个的分组交换网，所有想连接在它上的主机都直接与就近的结点交换机相连。ARPAnet 规模增长很快，到 20 世纪 70 年代中期，人们认识到仅使用一个单独的网络无法满足所有的通信问题，于是，ARPA 开始研究很多网络互连的技术，这就导致后来的互联网的出现。1983 年 TCP/IP 产生，用作 ARPAnet 的标准协议。同年，ARPAnet 分解成两个网络，一个是进行试验研究用的科研网 ARPAnet，另一个是军用的计算机网络 MILnet。1990 年，ARPAnet 因试验任务完成正式宣布关闭。

1985 年起，美国国家科学基金会（NSF）认识到计算机网络对科学研究的重要性。1986 年，NSF 围绕 6 个大型计算机中心建设计算机网络 NSFnet，它是个三级网络，分主干网、地区网和校园网。它代替 ARPAnet 成为 Internet 的主要部分。1991 年，NSF 和美国政府认识到 Internet 不会限于大学和研究机构，于是支持地方网络接入，许多公司的纷纷加入，使网络的信息量急剧增加，美国政府就决定将 Internet 的主干网转交给私人公司经营，并开始对接入 Internet 的单位收费。

从 1993 年开始，美国政府资助的 NSFnet 逐渐地被若干个商用的 Internet 主干网替代，这种主干网也叫作 Internet 服务提供者（ISP）。考虑到 Internet 商用化后可能出现很多的 ISP，为了使不同 ISP 经营的网络能够互通，4 个网络接入点（NAP）在 1994 被创建，分别由 4 个电信公司经营，21 世纪初，美国的 NAP 达到了十几个。NAP 是最高级的接入点，它主要是向不同的 ISP 提供交换设备，使它们相互通信。现在已经很难对 Internet 的网络结构给出精细的描述，但大致可分为 5 个接入级：网络接入点（NAP）、多个公司经营的国家主干网、地区 ISP、本地 ISP 和本地网。如图 3-3 所示。

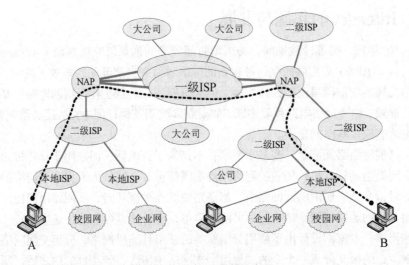

图 3-3　Internet 通信示意图

Internet 发展史上的重大事件如下。

1961 年，美国麻省理工学院的伦纳德·克兰罗克（Leonard Kleinrock）博士发表了分组交换技术的论文，该技术后来成了 Internet 的标准通信方式。

1969 年 12 月，由美国国防部（DOD）资助、国防部高级研究计划局（ARPA）主持研究建立了数据交换计算机网络 ARPAnet。ARPAnet 可以看作是 Internet 的前身。

1971 年，位于美国剑桥的 BBN 科技公司的工程师雷·汤姆林森（Ray Tomlinson）开发出了电子邮件。

1983 年，ARPA 和美国国防部通信局研制成功了用于异构网络的 TCP/IP 通信协议，美国加州大学伯克利分校把该协议作为其 BSD UNIX 操作系统的一部分，使得该协议在社会上得以流行，从而诞生了真正的 Internet。

1986 年，美国国家科学基金会（NSF）利用 ARPAnet 发展出来的 TCP/IP 通信协议，建立了 NSFnet 广域网，ARPAnet 逐步被 NSFnet 所替代。到 1990 年，ARPAnet 已退出了历史舞台。如今，NSFnet 已成为 Internet 的重要骨干网之一。

1991 年，CERN（欧洲粒子物理研究所）的科学家提姆·伯纳斯李（Tim Berners-Lee）开发出了万维网（World Wide Web）及简单的浏览器。此后互联网开始向社会大众普及。

1993 年，伊利诺伊大学美国国家超级计算机应用中心的学生马克·安德里森（Mark Andreesen）等人开发出了真正的浏览器"Mosaic"。该软件被改编为 Netscape Navigator（网景公司的航海者浏览器）推向市场。此后，互联网开始得以爆炸性普及。

3.1.2 中国的 Internet 主干网

Internet 在中国的发展可以分成两个阶段。第 1 个阶段从 1987～1993 年，主要体现在电子邮件应用和科学理论研究方面。1990 年 4 月，我国开始建设中关村地区教育和科研示范网（NCFC），1992 年该网建成，实现了中国科学院、清华大学和北京大学 3 个科研院校的互连。第 2 个阶段从 1994 年 4 开始，NCFC 工程通过美国 SPRINT 公司连入 Internet，虽然带宽只有 64kbit/s，但这是一个重大标志：中国正式加入了国际互联网。

到 1996 年，国内 4 个互联网络建成：CSTnet（中国科技网）、Chinanet（中国互联网）、CERnet（中国教育科研网）和 ChinaGBN（中国金桥网），其管理单位分别是中国科学院、邮电部、国家教育委员会和电子工业部。这 4 大网络在 1997 年实现了信息互通。

1. 中国科技网

中国科技网（CSTnet）是在 NCFC 的基础上建立的，建成之后直接实现了与 Internet 的联网。CSTnet 在组网中应用了多种技术，具有开放、可靠和兼容多种协议的特点。CSTnet 提供综合性的科技文献和科学数据库信息服务系统，分级管理的网络通信量统计与计费系统，以及功能齐全的多种网络服务器等技术。CSTnet 的建成是我国在计算机网络工程技术上与国外先进水平实现同步的标志。

2. 中国互联网

中国互联网（Chinanet）骨干网于 1995 年初开始建设，1996 年 6 月完成一期工程并正式向公众提供服务。最开始的 Chinanet 有北京和上海两个骨干结点，各通过一条 64kbit/s 的专线连接到美国，与 Internet 相通。在随后的 Chinanet 骨干网二期工程建设中，网络覆盖到全国各省会城市。二期工程于 1997 年初完成并启用。

目前 Chinanet 是国内最大、技术最先进的互联网络之一，用户可以通过普通电话交换网（PSTN）、中国公用分组交换网、中国数字数据网、窄带综合业务数字网、局域网等接入 Chinanet。

3. 中国教育科研网

中国教育科研网（CERnet）是教育部主持建设和管理的全国教育和科研计算机网络，具有全国性的覆盖范围，并与 Internet 互连。CERnet 充分利用了已有的公共通信传输设施，租用邮电部门的数字数据网组建其主干网，根据使用情况逐步提高传输速率。

CERnet 建立了功能齐全的网络管理系统，保证了主干网高效、可靠地运行，建立了功能较全的 Internet 资源注册管理系统，保证了网络的正常运行和良好发展。CERnet 承担中国二级域名 EDU 的管理和运行，为用户提供了丰富的网络资源。

4. 中国金桥网

中国金桥网（ChinaGBN）是国家公用经济信息通信网，是国民经济信息化的基础设施。金桥工程是"九五"计划国家重点项目，与金卡工程等一起，是国务院启动的金字系列工程的代表。

ChinaGBN 在设计上采用国际上先进的设备与技术，网络结构一体化，即卫星网和地面光纤网互连互通，相互备份，路由简捷，可覆盖全国各省（自治区）、市。ChinaGBN 的网络管理采用骨干网全程全网集中管理与区域网的分布管理相结合，调度非常有效。

另外，我国目前建成和正在建设中的骨干网络还有：中国移动互联网（CMnet）、中国联通互联网（UNInet）、中国国际经济贸易互联网（CIETnet）、中国长城互联网（CGWnet）等。2015 年，中国电信互联网骨干省际总带宽将增长 30%，年底达到 100Tbit/s，同时国际出入口带宽将继续扩容 200Gbit/s，连续多年以来呈现飞速发展的势头。

3.2 Internet 基本工作原理

3.2.1 Internet 工作的基本特征

Internet 的基本工作方式是本书第 2 章中介绍的基于存储转发的分组交换方式。Internet 由物理设备、网络协议、应用程序、信息资源等组成。

组成 Internet 的所有网络都共同遵守规定的通信协议，在 Internet 中使用的协议可以分为 3 种：一是网络协议（Network Protocol），负责将消息从一个地方传送到另一个地方；二是传输协议（Transport Protocol），负责管理传送信息的完整性；三是应用程序协议（Application Protocol），负责将网络传输的信息转换成用户能够识别的格式。

Internet 中最重要的协议是 TCP/IP，它也是最能体现 Internet 工作方式的协议，通过学习 TCP/IP，可以更深入地了解 Internet。常用的协议还有 PPP/SLIP，PPP 是点对点协议，SLIP 是串行 Internet 协议，这两个协议的功能是利用低速的电话线路实现 Internet 远程接入。用户要通过拨号方式访问 Internet，就必须通过 PPP/SLIP 建立与 ISP 的连接。

此外还有文件传输协议（FTP）、邮件传输协议（SMTP）、远程登录协议（Telnet）以及 WWW 使用的超文本传输协议（HTTP），这些都是常用的应用层协议，或称为应用程序协议。

3.2.2 TCP/IP

Internet 的特点是"大"和"复杂"，因为它是由全世界范围内数百万计不同类型、不同规格的网络互连而成的。为了让庞大而复杂的 Internet 能够有效地工作，就必须使加入其中的所有网络和设备遵守一个共同的协议，在这个协议管理之下进行信息的传递活动。在当前的 Internet 中，起到上述作用的标准协议就是 TCP/IP 协议簇。协议族表示 TCP/IP 不是单一的协议，而是相互配合使用的一系列协议，如图 3-4 所示。

1. 网际协议

网际协议（Internet Protocol, IP）是网络体系结构中第 3 层——网络层的主要协议，是 Internet

最基本、最重要的协议。IP 负责将数据从一个网络结点传输到另一个结点。

　　IP 的基本功能有 3 个：第一，规定 TCP/IP 的数据格式，传送基本数据单元；第二，选择传递数据的路径，即执行路由功能；第三，确定规则，决定主机和路由器如何处理分组，以及产生错误后如何处理。

　　为了区分 Internet 分组和其他网络的分组，IP 中用到的分组被命名为 IP 数据包。数据包的长度是有限的，由数据和数据包头部组成。数据包头部又包括源地址、目的地址和数据长度，这些信息是为了路由器和接收端主机处理的方便而增加的，没有头部，IP 数据包的存储转发就不可能实现。

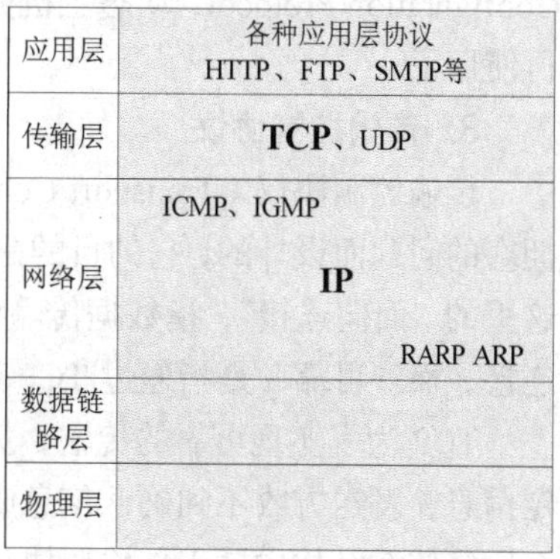

应用层	各种应用层协议 HTTP、FTP、SMTP等
传输层	**TCP**、UDP
网络层	ICMP、IGMP **IP** RARP ARP
数据链 路层	
物理层	

图 3-4　TCP/IP 协议簇

　　IP 数据包如何在网络中被转发，直至到达真正的目的地？这是因为，每个网络结点（主机或路由器）都维护着一个路由表，对于每个可能的目的网络，路由表给出 IP 数据包下一步应该送往哪个路由器。当数据包到达某个中间结点时，该结点将数据包暂时保存，检查数据包的头部，再利用其中的目的地址查询路由表，然后根据查询结果将数据包从相应的端口转发出去。如此反复，直至数据到达目的地。目的地的计算机最终接收数据包并进行处理。

2. 地址解析协议和逆地址解析协议

　　在图 3-4 中，网络层的 IP 周围画出了与之配套的 4 个协议。其中地址解析协议（Address Resolution Protocol，ARP）和逆地址解析协议（Reverse Address Resolution Protocol，RARP）位于 IP 之下，表示为实现这两个协议会被 IP 用到。

　　ARP 和 RARP 的出现是为了让局域网和 Internet 能够连通。在局域网中，每一台计算机都有一个"MAC 地址"，有时也被称为"物理地址"或"硬件地址"，它是一串 48 位的二进制数字，由计算机的网卡唯一确定。局域网中的通信就是依靠硬件地址进行的，信息通过这个地址确定发送目的地；而在 Internet 中，目的地址由 IP 规定的地址（IP 地址）确定。由于 IP 地址和硬件地址之间没有直接的关系，也就是说，由 IP 地址不能直接算出硬件地址，因此需要利用 TCP/IP 协议族中的 ARP 和 RARP 来进行二者之间的互换，如图 3-5 所示。

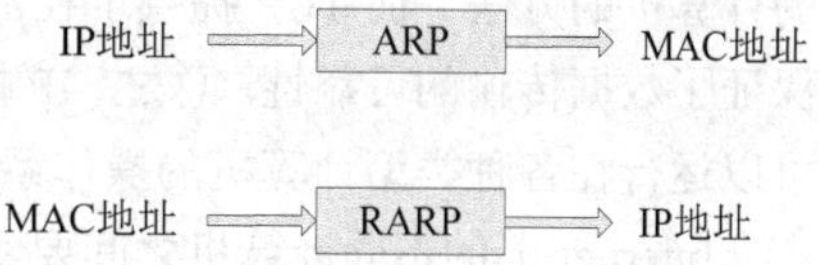

IP地址 $\Longrightarrow$ ARP $\Longrightarrow$ MAC地址

MAC地址 $\Longrightarrow$ RARP $\Longrightarrow$ IP地址

图 3-5　ARP 和 RARP 的作用

　　ARP 要求每台主机保留一个 ARP 高速缓存（ARP Cache），里面有本局域网上的各主机及路由器的 IP 地址与硬件地址的对应关系。事实上，网络中的主机是经常变动的，随时都可能有新的主机加入，或一些主机退出。那么，主机如何知道 IP 地址和硬件地址的对应关系，并将其存入 APR 高速缓存？这一点是通过广播消息的方法来实现的，即发送 ARP 广播分组，通知局域网中的每一台主机，直到正确的主机将自己的信息发送回来为止。

　　当一台主机要向本局域网上的另一台主机发送数据包时，就先在 ARP 高速缓存中查看有无目标主机的 IP 地址。如果有，就在 ARP 高速缓存中查出其对应的硬件地址，再根据这个硬件地址发送局域网的数据帧。如果查不到目标主机的 IP 地址记录，说明 ARP 高速缓存中还没有对目标主机进行"登记"，这时候就要依靠 ARP 获取目标主机的硬件地址。

　　与 ARP 类似，RARP 也采用广播消息的方法。RARP 是主机通过自己硬件地址来确定 IP 地址的协议。RARP 在计算机网络中曾经起到过重要的作用，它对于网络中的无盘工作站显得非常重要，因为无盘站在系统启动时无法知道它自己的 IP 地址。但现在的 DHCP（Dynamic Host

Configuration Protocol，动态主机分配协议）已经包含了 RARP 的功能，因此单独的 RARP 已经不再使用了。

3. 传输控制协议

传输控制协议（Transport Control Protocol，TCP）是为了解决 Internet 中数据流量超载和传输拥塞的问题而设计的，它的目的是使数据传输更加可靠。TCP 是一种面向连接、可靠的网络协议。这里的"面向连接"，指数据传输前，先建立连接，连接建立后再传输数据，数据传送完后，释放连接；而"可靠"是指通过 TCP 连接传送的数据，无差错、不丢失、不重复且按顺序到达。

TCP 为了实现可靠的传输，需要进行分组丢失检测。接收方收到信息后，要向发送方回传确定信息，发送方收不到确认信息则自动重传。此外，TCP 还有流量控制和差错控制的功能。TCP 在网络体系结构中属于传输层协议，位于网络层的 IP 之上，也就是说 TCP 的工作过程中需要 IP 的协助。有时称 TCP "提供了可靠的数据流"，这句话的含义是 TCP 对更高层协议——应用层协议的数据结构不构成影响，应用层协议调用 TCP，对它们来说 TCP 提供的数据传输就好像是不间断的数据"流"一样。因此，TCP 提供点对点（一对一）的可靠通信服务，而数据的处理是由应用层协议完成的。

4. 用户数据协议

用户数据协议（User Datagram Protocol，UDP）与 TCP 一样，也是传输层协议。但 UDP 是无连接、尽最大努力交付（Best Effort Delivery）的协议，因此它比 TCP 简单得多。"无连接"指 UDP 在发送报文之前不需要先建立连接，每个报文独立发送，与前后的报文均无关。"尽最大努力交付"指 UDP 不提供服务质量的承诺。

无连接服务只有传输数据阶段，消除了除数据通信外的其他开销，它的优点是灵活方便、迅速，特别适合于传送少量零星的报文；缺点是不能防止报文的丢失、重复或失序，也没有流量控制和拥塞控制的功能。

在 TCP/IP 协议族中，最核心的协议是 IP 和 TCP。尽管 TCP 和 IP 可以单独使用，但它们是作为一个整体设计的，二者之间协同工作，互为补充。IP 提供了将数据分组从源计算机传送到目的计算机的方法，而 TCP 提供了在 Internet 中数据传送丢失、重复传送和失序的处理方法，从而保证了数据传输的可靠性。总之，IP 提供灵活性，TCP 提供可靠性，TCP/IP 是一套高效率的协议，可以运行在各种类型计算机的操作系统之上。

Internet 上的不同计算机之间要实现通信，除了都要使用 TCP/IP 外，每台计算机必须要有一个唯一的标识，就像每个人都有身份证号一样，这个号码称为 IP 地址。在 TCP/IP 体系中，IP 地址是基本的概念，掌握 IP 地址对计算机网络的学习至关重要。

1. IP 地址的表示方法

IP 地址是一个在全世界范围内唯一的 32 比特编号。对于网络用户，无论是表示还是记忆，32 位二进制数字都不是很方便，因此 IP 地址更为流行的用法是"点分十进制"表示法，即将 32 位二进制数字按字节分成 4 段，高字节在前，每个字节换算成十进制数字，并用圆点"."相互隔开，这样，IP 地址表示成了一个用点号分开的 4 组数字，每组数字的取值范围只能是 0～255。例如，IP 地址"00111011101011110101010000101111"可以表示为"59.175.170.47"。由此可以看出，使用点分十进制表示的 IP 地址，可读性大大增强了。IP 地址的点分十进制表示法如图 3-6 所示。

IP 地址现在由 ICANN（Internet Corporation for Assigned Names and Numbers，Internet 名字与号码指派公司）进行分配，我国用户可向 APNIC（Asia Pacific Network Information Center）付费申请 IP 地址。

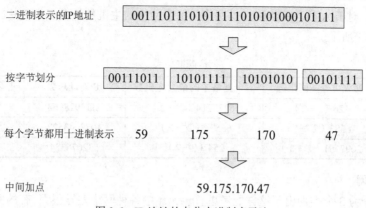

图 3-6　IP 地址的点分十进制表示法

2. IP 地址的类型

1981 年通过的相关标准，将 IP 地址分为 5 类，即 A 类地址、B 类地址和 C 类地址，D 类地址，E 类地址，常用的有 3 类，如图 3-7 所示。需要指出的是，由于近年来无分类 IP 地址路由选择的广泛使用，IP 地址的 A 类、B 类、C 类划分已经成为历史。但很多文献资料还在使用传统的分类 IP 地址，所以对 IP 地址的传统划分还是需要了解的。

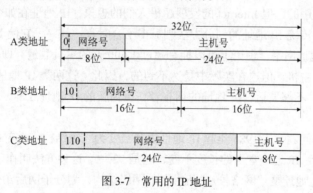

图 3-7　常用的 IP 地址

分类的依据是，IP 地址的 32 个比特看作由两部分组成：左边的若干位是网络号，剩下右边的若干位则是主机号。网络号在整个 Internet 范围内必须唯一，而主机号则是在其所在的网络内唯一，所以任何一个 IP 地址在 Internet 范围内也必定是唯一的。这就是 IP 地址的传统分类方式，在这种方式下，IP 地址变成了两级结构，即 IP 地址=网络号+主机号。

各类 IP 地址的区别在于：第一，其网络号字段的长度分别为 1 字节、2 字节和 3 字节，而主机号字段长则分别为 3 字节、2 字节和 1 字节；第二，为了更好地相互区别，A 类地址的网络号最高位固定为"1"，B 类地址最高两位固定为"10"，C 类最高 3 位固定为"110"。D 类不标识网络字段号，一般用于特殊用途，用作广播地址，E 类地址是保留地址。

下面讨论各类 IP 地址可以分配的数量。首先指出，网络号字段不能为全 0 或全 1，网络号全 0 表示"本网络"，全 1 的网络号保留为本地软件环回测试（Loopback Test）用，因此对 A 类地址来说，最大网络数为 2^7-2。B 类地址网络号前两位固定为"10"，C 类地址前 3 位固定为"110"，本来不存在网络号字段全 0 和全 1 的问题，但实际上网络号除了前面固定的两三位之外，也不能全都为 0，因此 B 类地址的网络数量为 $2^{14}-1$，C 类为 $2^{21}-1$。

另外，IP 地址的主机号字段也不能全为 0 和全为 1。主机号全 0 表示"本主机"，全 1 表示"所有主机"。因此，对于 A 类、B 类和 C 类网络，每个网络的主机数量最多为 $2^{24}-2$、$2^{16}-2$ 和 2^8-2。具体数据如表 3-1 所示。

表 3-1   IP 地址分类

网 络 类 别	最大可分配网络数	每个网络中的最大主机数	IP 地址总数	占全部 IP 地址的比例
A 类	126（2^7-2）	16777214（$2^{24}-2$）	2113928964	约 50%
B 类	16383（$2^{14}-1$）	65534（$2^{16}-2$）	1073643522	约 25%
C 类	2097151（$2^{22}-1$）	254（2^8-2）	532676354	约 12.5%

3. 划分子网

IP 地址划分为 3 个类别出于这样的考虑：Internet 中各种网络差异很大，有的网络中主机很少，有的则很多。把 IP 地址划分为 A 类、B 类和 C 类，是为了更好地满足不同用户的需求。某个单位申请到一个 IP 地址，实际上是获得了具有同样网络号的一块地址。其中具体的主机号由该单位自行分配，只要做到在该网络内部主机号不重复即可。

随着时代的发展，原来很有道理的设计却变得越来越不合理。原因在于 IP 地址的数量是有限的。当前所用的 IP 版本号为 4，即 IPv4，其重要特征就是前面所述的 32 位 IP 地址。32 位的二进制串可以有 $2^{32}\approx40$ 亿个不同的组合，也就是说 IPv4 中规定的 IP 地址最多可以有 40 多亿个，在原来的设想中这是够用的，但 Internet 的发展超乎人们的想象，IP 地址在如今显得越来越紧缺。

在这种情况下，传统 IP 地址的划分方法则显得不合时宜：其一，它使 IP 地址的利用率变得很低，如一个 A 类地址网络，理论上可以拥有超过 1 600 万的主机数量，即使是 B 类地址网络，每个也能包含 6 万台主机，但这在实际中是达不到的，因此，这两类 IP 地址会出现大量的浪费；其二，两级的 IP 地址不够灵活，IP 地址的拥有者在申请新的 IP 地址之前，不能随时增加自己的网络数量。

为了解决上述的问题，从 1985 年起 IP 地址由两级变为三级结构。改变的方法是在 IP 地址中增加"子网号"字段，IP 地址本身的长度不变，还是 32 位。这种方法叫作"划分子网"。在没有进行划分子网时，IP 地址是"网络号+主机号"的两级结构，划分子网后 IP 地址变为"网络号+子网号+主机号"的三级结构。划分子网只是把原来 IP 地址的主机号字段拿出一部分作为子网号，网络号不变。两级 IP 地址和三级 IP 地址的对比如图 3-8 所示。

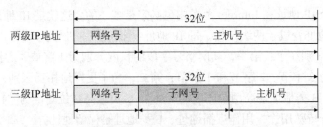

图 3-8   两级 IP 地址和三级 IP 地址的对比

子网划分中的一个非常重要的设置就是子网掩码。32 位的 IP 地址本身并不包含任何子网划分的信息，这样的信息必须另外提供，这就是使用子网掩码的原因。子网掩码也是 32 位的二进制串，由连续的 1 和连续的 0 组成。其中连续的 1 对应于网络号加上子网号，连续的 0 对应于划分子网后的主机号。如图 3-9 所示，将子网掩码和 IP 地址逐位相"与"，就可以得到子网的网络地址。这里其实是利用了二进制"与"运算的特点：任何二进数字（0 或 1）与 1 相"与"，结果是其本身；与 0 相"与"，结果则一定是 0。子网掩码设计成连续 1 和连续 0，就是为了在"与"运算之后，让连续 1 对应的网络号和子网号字段保存，而主机号清零。

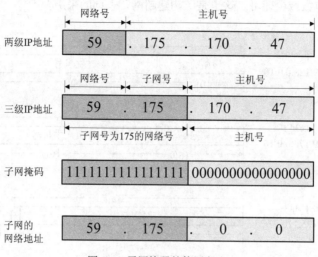

图 3-9　子网掩码的使用方法

使用子网掩码的好处是：不管网络有没有划分子网，只要把子网掩码和 IP 地址相"与"，就可以马上得到网络地址。需要强调的是，在现代计算机网络中，无论有没有进行子网划分，子网掩码都是必不可少的。在没有划分子网的情况下，使用的是默认的子网掩码，目的是为了使查找路由表的操作更加方便。传统 3 类 IP 地址的默认子网掩码如图 3-10 所示。

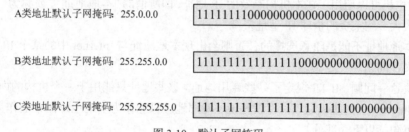

图 3-10　默认子网掩码

4. 构建超网

划分子网的应用，一定程度上缓解了 IPv4 地址数量不足的压力，但随着时间推移，IP 地址仍然面临着即将全面分配完毕的危险。于是在 1993 年，Internet 的国际机构 IETF（Internet Engineering Task Force，Internet 工程部）推出了无分类编址（Classless Inter-Domain Routing，CIDR）方法。

CIDR 是 IP 地址使用方法的又一次革新，它消除了传统 A 类、B 类、C 类地址和划分子网的概念，可以更加有效地分配 IPv4 地址。CIDR 把 32 位的 IP 地址划分成两个部分，前面的部分是"网络前缀（Network-Prefix）"，简称前缀，用来指明网络，后面的部分则用来指明主机。CIDR 使 IP 地址从三级结构又回到了两级，但这是无分类的两级结构。图 3-11 所示为 CIDR 示意图。

CIDR 使用"斜线记法"，或称为 CIDR 记法，即在 IP 地址后面加上斜线"/"，然后写上网络前缀所占的位数。每一个网络前缀代表的是一批 IP 地址，称为 IP 地址块，前缀越短，地址块包含的地址就越多。可见，CIDR 是一种非常灵活的 IP 地址分配、使用方式，利用 CIDR 不仅可以完成划分子网的功能（增加网络前缀的长度），而且可以将多个传统的网络地址"聚合"起来使用，只需要将网络前缀位数减少即可。这也是"构建超网"一词的来历。

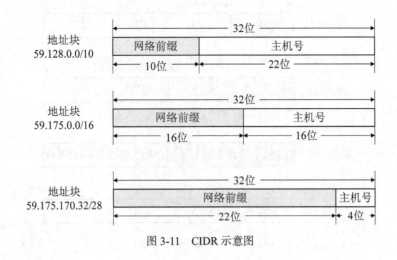

图 3-11 CIDR 示意图

5. 网络地址转换

由于 IP 地址的紧缺，一个机构能够申请到的 IP 地址数往往小于本机构所拥有的主机数。而且考虑到安全、经济等问题，每个机构也不需要把所有的主机全部接入到 Internet 中去。也就是说，某个机构内部的很多主机只需要在该机构的内部网络中通信就可以了。那么，这些不需要接入 Internet 的主机可以使用仅在本机构有效的 IP 地址，即所谓的"本地地址"，或称为"内网地址"，这样就可以大大节约宝贵的全球 IP 地址资源。

但是，本地地址不能是随意选择的，否则会出现本地地址与 Internet 中的某个 IP 地址重合，即地址的二义性问题。

为了解决这一问题，IETF 规定了一些专用地址。这些地址只能用于一个机构的内部通信，而不能用于和 Internet 上的主机通信。也就是说，专用地址只能作为本地地址而不能作为全球地址。这些专用地址包括以下 3 部分。

（1）10.0.0.0 到 10.255.255.255（或记为 10/8，又称为 24 位块）。

（2）172.16.0.0 到 172.31.255.255（或记为 17.16/12，20 位块）。

（3）192.168.0.0 到 192.168.255.255（或记为 192.168/16，16 位块）。

上面的 3 个地址块分别相当于一个 A 类网络、16 个连续的 B 类网络和 256 个连续的 C 类网络。A 类地址本来已经用完了，10.0.0.0 本来是分配给 ARPAnet 用的，但 ARPAnet 早已经关闭，因此这个地址就用作专用地址。

下面讨论另一种情况。如果某机构内部的一些主机已经使用了本地的专用 IP 地址，但还想和 Internet 上的其他主机通信，该怎么办？一个办法就是设法再申请一些 IP 地址，但 IPv4 地址在全球范围内已经所剩不多了。另外一个常用的办法是采用网络地址转换。网络地址转换（NAT）提出于 1994 年，这种方法需要在内部网连接到 Internet 的路由器上安装 NAT 软件，安装了 NAT 软件的路由器就叫作 NAT 路由器，它至少有一个有效的全球 IP 地址，所有使用本地专用地址的主机在与外界通信时，都要在 NAT 路由器上将本地地址转换成全球 IP 地址。NAT 原理示意图如图 3-12 所示。

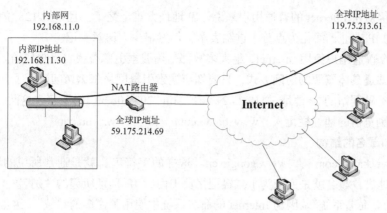

图 3-12　NAT 原理示意图

6.　IPv6

尽管多年来一直采取措施防止 IPv4 地址空间耗尽，如从 1985 年开始采用的子网划分和后来的构建超网、NAT 等，这些措施在很大程度上延缓了地址耗尽的时间，但 32 位的 IPv4 地址数量终究有限，不可避免地要全部分配完毕，因此，必须要将 20 世纪 70 年代末设计的 IPv4 替换为下一代 IP 协议，即 IPv6。

IPv6 与 IPv4 相比有很多的改变，限于篇幅这里只讨论 IPv6 的地址空间和 IPv6 地址表示法。在 IPv6 中，地址由 32 比特增加到 128 比特。这是一个重大改进，因为这样一来地址空间增大了 2^{96} 倍，这样大的地址空间在可预见的时间内是够用的。用一个形象的比喻来说，如果将 IPv4 地址平均分给地球的表面，那么每平方米可以分得大约 1 个；而 IPv6 如果也按面积分配，则每平方米有 7×10^{23} 个，接近 12 克碳物质中包含的原子个数。

由于 IPv6 地址的位数增加，点分十进制就不太方便了。比如，IPv6 地址 "0010 0000 0000 0001 0000 1101 1010 1000 0000 0000 1010 0001 0000 0000 0000 0000 0000 0000 0000 0000 0000 0000 0000 0000 0000 0000 0000 0000 0000 0010" 用点分十进制可表示为：32.1.13.168.0.169.0.0.0.0.0.0.0.0.0.2。为了更简洁，IPv6 使用冒号十六进制记法，即每 16 位二进制作为一段，每段用十六进制表示，各段之间用冒号隔开。这样一来，上述的 IPv6 地址就变成：2001:0DA8:00A1:0000:0000:0000:0000:0002。

在十六进制记法中，允许把数字前面的 0 省略，上述地址简化为：2001:DA8:A1:0000:0000:0000:0000:2。进一步观察简化后的地址编码，发现其中有大量连续的 0，可以运用十六进制记法的"零压缩"进一步化简，即连续的 0 可以用一对冒号表示。最终 IPv6 地址简写为：2001:DA8:A1::2。

这里必须指出，任何一个 IPv6 地址中只能运用一次零压缩，否则会出现混淆的情况。在 IPv6 中，CIDR 的斜线表示法仍然可用。如 64 位前缀 200102504000FFFE（十六进制表示的 16 个字符，每个字符代表 4 位二进制数字）可记为 2001:250:4000:FFFE::/64。

3.2.3　域名系统（DNS）

任何主机在 Internet 中进行通信，IP 地址是必不可少的。主机没有 IP 地址，就如同一个人没有联系方式，没有办法完成信息的接收。IP 地址对于计算机来说是非常容易接受的，因为计算机本质上就是处理二进制数字的机器，对于表现为一长二进制数字的 IP 地址，计算机可以很轻松地记录并处理。但对于 Internet 的普通用户来说，IP 地址太难记忆了。且不说 128 位的 IPv6 地址，就算是 32 位的 IP 地址，简化为点分十进制表示，仍然很少人愿意去记。

例如，当今普通用户使用 Internet，绝大多数都是用搜索引擎查找自己想要访问的资源，这样用户就可以不知道具体资源的访问方式，只要知道搜索引擎网络怎么访问就行了。但几乎没有人是通过百度和谷歌网站的 IP 地址 "119.75.213.61" 和 "203.208.33.101" 接入这两大搜索引擎的，人们更习惯在浏览器的地址栏键入 "www.baidu.com" 和 "www.sohu.com"。

1. 域名和域名的结构

诸如 "www.baidu.com"、"www.google.cn" 这样的字符串，就是通常所说的域名（Domain Name）。简单地讲，域名就是人们为了减轻记忆负担而给 IP 地址所起的 "别名"。域名系统也就是对 IP 地址的 "命名系统"。因为 Internet 的命名系统中使用了许多的 "域"，这也就是 "域名" 一词的由来。域名和 IP 地址一样，都只是逻辑上的概念，并不代表计算机所在的物理位置。域名长度可变，其中的字符串为了便于使用经常带有助记性质。

一个 Internet 域名只对应一个 IP 地址，但每个 IP 地址不一定只对应一个 Internet 域名，因此，在 Internet 中域名非常之多。为了便于域名的管理，Internet 中域名的命名采用层次结构，或称为树状结构。在这种命名机制中，名字空间被分成若干个部分，每一个部分称为一个域，每个域还可以再划分子域，子域也可以继续划分，如此反复，整个名字空间就成了一个由顶级域、二级域、三级域等构成的层次型树状结构，如图 3-13 所示。

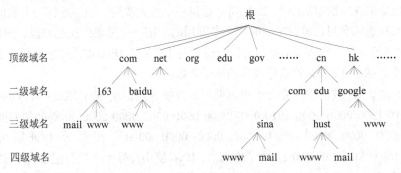

图 3-13　Internet 域名树

域名从直观上看由标号和标号之间的点组成。如图 3-14 所示，"www.baidu.com" 由 3 个标号 "www""baidu" 和 "com" 组成的。其中，标号 "com" 是顶级域名，"baidu" 和 "www" 分别是二级域名和三级域名。

每一级域名中的标号由英文和数字组成，字母不区分大小写。级别最高的顶级域名写在最右边，而级别最低的域名写在最左边。在域名的管理上，各级域名由其上一级的管理机构管理，而顶级域名则由 ICANN 管理。这种模式下的域名便于使用和查找，也保证了每一个域名在整个 Internet 中是独一无二的。

当前的顶级域名已经有 200 多个，其中最多的是国家顶级域名。国家顶级域名如表 3-2 所示。顶级域名还有一类是通用顶级域名，适用于各种机构，如表 3-3 所示。"www.google.cn"、"www.baidu.com" 中的 "cn" 和 "com"，便分别属于国家顶级域名和通用顶级域名。

表 3-2　部分国家顶级域名

域　　名	国　　家
cn	中国
de	德国
fr	法国
jp	日本
uk	英国

表 3-3　部分通用顶级域名

域　　名	适用的机构
com	公司企业
net	网络服务机构
org	非营利的组织
int	国际组织
edu	教育机构
gov	政府部门
mil	军事机构

国家顶级域名之下的二级域名由各个国家自己决定。我国的二级域名有"类别域名"和"行政区域名"等。对于类别域名的划分，参考了通用顶级域名，举例来说，二级域名 edu 指中国的教育机构（如 www.hust.edu.cn），com 指中国的公司企业（如 www.sina.com.cn）等。而"行政区域名"一共有 34 个，适用于我国的各省、自治区和直辖市，如上海市的 sh，湖北省的 hb 等。另外，我国也允许在 cn 顶级域名下注册二级域名，如 www.google.cn 不用非要注册成"www.google.com.cn"。

二级域名再往下划分就是三级域名和四级域名，即在某个二级域名下注册的机构可获得三级域名，如图 3-14 中在"edu.cn"下注册的"hust"（华中科技大学）和在"com.cn"下注册的"sina"（新浪网）。一旦这些机构获得某个级别的域名，就可以自行决定是不是要继续向下划分子域，而不用向上级部门申请批准。图中的"sina"和"hust"都分别划分了自己的下一级域名"www"及"mail"。"mail"和"www"分别表示邮件服务器和 WWW 服务器，已经精确到某台计算机，不能再划分了，在图中则表现为域名树的树叶。还有，虽然华中科技大学和新浪网都各有一台计算机取名为 mail，但是它们的域名并不一样，因为前者是"mail.hust.edu.cn"，而后者是"mail.sina.com.cn"。因此，即使全世界范围内数以万计的计算机取名为 mail，但在它们在 Internet 中的域名却都是唯一的。

2. 域名服务器

当前数十亿的 IP 地址，对应着数量更多的域名，由域名到 IP 地址的转换工作，是由 Internet 上的专门服务器来完成的，这些服务器便称为域名服务器，或称 DNS 服务器。从理论上讲，整个 Internet 可以只用一个域名服务器，让它装入所有的域名和 IP 地址的对应关系，回答全球范围内对 IP 地址的查询。然而这种方法并不能实现，因为这样的域名服务器会因负荷过重而瘫痪，从而使整个 Internet 无法正常工作。因此，伴随着 Internet 使用的层次树状域名结构，DNS 采用了分布式的结构。分布式即非集中式，由全世界范围内多台服务器完成域名解析工作，其优点是效率较高，域名的解析可以在 Internet 上就近完成，而且因为服务器数量较多，即使某一台出了问题，也不会妨碍整个 DNS 的正常运行。

下面是一个从域名到 IP 地址的解析过程的例子。一个用户在浏览器中填入一个域名并确认后，想要访问这个域名所代表的主机。用户的浏览器本身并不知道这个主机的 IP 地址，它本身不能完成域名到 IP 地址的转换工作，这是域名服务器要做的事情，因此，浏览器将待解析的域名放在 DNS 请求报文当中，以 UDP 数据报的形式发给本地域名服务器。本地域名服务器收到请求报文后对自己的数据库进行查询，如果能够找到结果，就将该域名对应的 IP 地址放在回答报文中传回，浏览器接到目的主机的 IP 地址后即可进行通信。如果本地服务器中没有存放待查询的域名，不能完成解析工作，则它会向其他的服务器发出请求，直到能够找到可以回答该请求的域名服务器为止。

是否每一级的域名都有一个相对应的域名服务器，让域名服务器也构成一个"服务器树"呢？这样会使域名服务器的数量过多，整个系统的效率也会大大降低。实际上 DNS 采用分区的方法来解决域名的解析问题，每个区的大小根据具体情况来划分，但要求其中的结点是能够连通的。每个区设置相应的域名服务器。

域名服务器可以分为根域名服务器、顶级域名服务器和本地域名服务器等。

本地域名服务器也称为默认域名服务器，它对域名系统非常重要，在计算机连入 Internet 之前进行设置时，就必须要配置默认 DNS 的 IP 地址。当一个主机发出 DNS 请求时，这个请求首先发给本地 DNS 服务器。每一个 Internet 服务提供者，或一个单位、一个部门，都可以拥有一个本地 DNS 服务器。这种服务器离用户较近，一般不超过几个路由器的距离。

顶级域名服务器负责管理在该顶级域名中注册的所有二级域名。而根域名服务器则是最高层次的域名服务器，也是最重要的域名服务器。所有的根域名服务器都知道所有的顶级域名服务器的域名和 IP 地址。根域名服务器的重要性在于，无论哪一个本地域名服务器，如果无法对 Internet 上某个域名进行解析，就要首先求助于根域名服务器。假定所有的根域名服务器都无法工作，那么整个 DNS 也就瘫痪了。Internet 中一共有 13 套不同 IP 地址的根域名服务器，分布在世界各地。整个 DNS 的工作原理如图 3-15 所示。

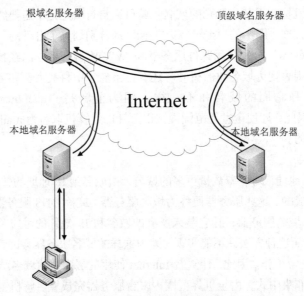

图 3-15 DNS 工作过程

3.3 Internet 的基本应用

Internet 提供形式多样、功能各异的信息服务，可以归结为共享资料、发布和获取信息等类别，具体包括最常用的 WWW 服务、E-mail 电子邮件、FTP 文件传输服务、Telnet 远程登录访问等。

下面介绍这些常用 Internet 服务的原理，它们的具体使用方法将在第 4 章中详细介绍。

3.3.1　WWW 服务

WWW（World Wide Web）译为万维网，又称为环球信息网。1989 年，瑞士日内瓦 CERN（欧洲粒子物理研究所）的科学家 Tim Berners-Lee 首次提出了 WWW 的概念，最早的目的只是为了让科学家之间能够分享和更新他们的研究结果。到 1990 年 11 月，第一个 WWW 软件在计算机上开发成功。一年后，CERN 向世界宣布 WWW 诞生。1994 年，Internet 上传送 WWW 的数据量首次超过 FTP 数据量，WWW 开始成为访问 Internet 资源最流行的方法。近年来，随着 WWW 的蓬勃发展，在 Internet 上大大小小的 Web 服务器纷纷建立，当今 WWW 成为全球关注的焦点，它为网络上流动的庞大资料找到了一条可行通道。

WWW 以超文本技术为基础，用面向文件的阅览方式替代通常的菜单和列表方式，提供具有一定格式的文本、图像、声音、动画等，将 Internet 中位于世界不同地点的相关数据有机地编织在一起。WWW 提供友好的信息查询接口，用户仅需要提出查询要求，到什么地方查询及如何查询则由 WWW 自动完成。因此，WWW 为人们带来的是面向全世界的信息服务，只要略微操纵几下计算机的鼠标和键盘，用户就可以通过 Internet 从世界各个地方调来他所希望得到的文本和多媒体信息。

WWW 获得了如此的成功，归结于它制定了一套标准的、易为人们所掌握的超文本标记语言（HTML）、信息资源的统一定位方法（URL）和超文本传输协议（HTTP）。

1. 与 WWW 相关的概念

WWW 的相关概念很多，这里介绍其中最常见的几个。

（1）Web 和 Web 服务器。

Web 一词原来指蜘蛛网，现在也用来形容计算机网络、Internet 等，尤其指 WWW，已经成为 WWW 的通用代名词。Web 服务器即 Internet 上以 WWW 方式运行的主机，数量非常多，已经成为 Internet 中最大的计算机群，也是 Internet 中提供信息的主力。

（2）网页和网站。

WWW 将信息组织成类似于图书页面的形式，称为 Web 页面网页。网页中除了包含普通文字、图像、声音、动画等媒体信息外，还可以包含指向其他网页或文件的超链接，故称为超文本。而相关网页的集合就是网站，也称为 Web 站点，存放在 Web 服务器上。每个网站都会有一个最先显示的网页，称为主页（Home Page），其作用是引导用户访问本网站或其他网站的页面，如图 3-16 所示。

（3）HTML 和 Web 浏览器。

HTML 即超文本标记语言（HyperText Markup Language），是 WWW 上描述页面内容的标准语言。Web 浏览器是显示 HTML 文件，并让用户与这些文件互动的软件。HTML 和 Web 浏览器最早均由 Tim Berners-Lee 提出。HTML 提供专用的标记符号和这些标记符号的语法，运用语法将这些符号嵌入文档中去，对文本的格式和内容进行描述。文档通过 Web 浏览器解释后，将 HTML 描述的效果展现出来，如图 3-17 所示。

早期的 HTML 局限于对文字、图片、声音、动画等的表现，以及如何建立文件之间的链接。用户只能被动地阅读网页制作者提供的信息，通常这类网页称为静态网页。静态网页的内容不容易改变的原因是因为早期的 HTML 不是一种程序语言，无法动态改变网页中的内容。随着 Internet 应用的不断深入和网页设计技术的不断进步，一方面信息的不断增加和变化，使 Web 站点不得不经常修改网页；另一方面，静态网页由于不能和用户进行交互，使人们感觉越来越乏味，甚至不愿意再次访问该页面，因此，动态网页应运而生。

图 3-16　网站主页示例

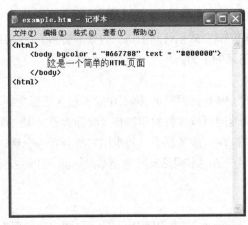

（a）HTML 源代码

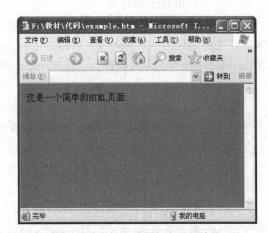

（b）源代码被浏览器解释后的效果

图 3-17　HTML 示例

要编写动态网页就必须编程，在 HTML 的基础上出现了新的编程技术，如 JavaScript、VBScript 等脚本语言，以及 ASP、JSP、PHP 等动态页面技术，传统的静态网页逐渐向更加丰富、更加互动的动态网页过渡。

（4）URL 和 HTTP。

在 Internet 中有如此之多的 Web 服务器，每台服务器又包含众多的网页，那么用户如何找到需要的网页及信息资源呢？这时，就必须用到统一资源定位器（Uniform Resource Locator，URL）。

URL 是专门为标识 Internet 上资源位置而设计的一种编址方式。Internet 中某种信息以某种方式存放在网络的某处，必须用一个唯一的 URL 进行标识，才方便查找。对于网页来说，可以简单通俗地把 URL 理解成网址。当用户在浏览器的地址栏输入一个 URL 或在网页中单击一个超链接时，URL 就确定了要浏览的地址。浏览器通过 HTTP，将 Web 服务器上站点的网页代码提取出来，并翻译成生动漂亮的网页。

URL 的格式如图 3-18 所示。

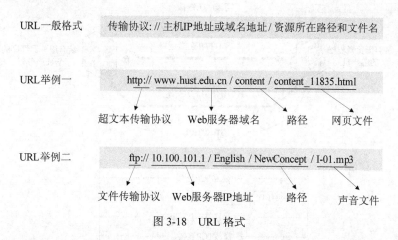

图 3-18　URL 格式

有了 URL，使用户在 Internet 中定位需要的信息资源成为可能。但信息是存放在世界各地的 Web 服务器中的，用户想用自己的浏览器查看，必须把这些信息下载到自己的计算机中，即存在如何将超文本等信息载体从服务器传输到客户机的问题。HTTP 就是用于进行这种信息传输的协议，它也是 WWW 的基本协议。

HTTP 设计简单并且灵活，使得 Web 服务器能够高效处理大量请求，客户机要连接到服务器，只需发送请求方式和 URL 路径等少量信息。HTTP 中定义了 7 种请求方式，常用的有 Get、Head 和 Post 3 种。每一种请求方式都允许客户机以不同类型的消息与 Web 服务器进行通信，Web 服务器因此可以是简单小巧的程序。HTTP 与 FTP、Telnet 等协议相比，其开销小、速度快。

HTTP 允许传送任意类型的数据，因此可以利用 HTTP 传送任何类型的对象。这充分体现了 HTTP 的灵活性。为了让客户程序能够恰当地处理这些不同的数据对象，HTTP 采用内容-类型标识来指明所传输数据的类型。

HTTP 属于应用层协议，它在运输层使用的是面向连接的协议 TCP，保证了数据传输的可靠性。但 HTTP 本身是"无连接"的，通信双方在交换 HTTP 报文之前不需要先建立所谓的 HTTP 连接。HTTP 又是"无状态"的，即服务器不会记忆哪个客户曾经访问过它，也不记得它为该客户曾经服务过多少次。HTTP 的无连接和无状态特性简化了服务器程序的设计，使服务器更容易在同一时间内支持大量的 HTTP 请求。HTTP 的工作过程如图 3-19 所示。

2. WWW 的工作原理总结

WWW 由分布在全世界的无数个 Web 站点（网站）构成，在网站所在的 Web 服务器上存有可以在 Internet 上发布的各种各样的信息，这些信息以 Web 页面（网页）的形式存储并传送。网页采用超文本（Hyper Text）格式，即可能含有指向其他网页、外部资源或本身内部特定位置的超链接。超链接使网页交织为网状，由于 Internet 上有不计其数的网页和超链接，因此构成了一个巨大的信息网。为了让每个用户都能在屏幕上正确地显示他们获取的文件，必须有一种能让所有计算机都能理解的语言，这就是超文本标记语言（HTML）。HTML 在用户计算机中由浏览器解析并显示，因此浏览器是众多互联网用户和 Web 服务器之间进行沟通的桥梁。为了在 Internet 上浩如烟海的信息资源中能够找到想要的信息，必须采用统一的资源定位方式，即 URL。URL 是 Internet 上资源的唯一标识，表明某个信息资源以某种方式存储在网络中的某处。用户通过 URL 找到需要的资源后，还要借助超文本传输协议（HTTP）将该资源获取过来。

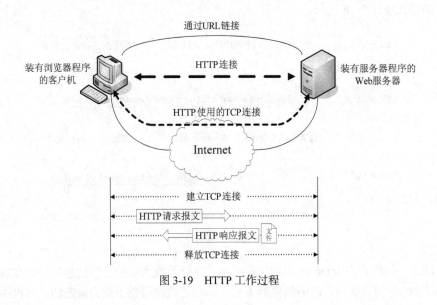

图 3-19　HTTP 工作过程

3. WWW 浏览器使用技巧

通过浏览器不仅可以浏览文本信息，还可以浏览图形、图像等多媒体信息。在查看近期浏览的网页，收藏自己喜爱的网页，加快网页的下载速度等时，需要掌握一些浏览器的使用技巧，并对浏览器进行相关设置。下面以 IE 6.0 浏览器为例，讲述在使用浏览器过程中的一些常用技巧及相关的设置。

（1）设置 IE 自动访问主页和指定语言编码。

启动 IE 后，在地址栏键入相应的网址，按回车键后就能进入相关网站的主页；在主页上单击相关的链接就能进入相应的网站和网页。如果希望每次启动 IE 后能自动访问一个网站，则可以在"Internet 属性"对话框的"常规"选项中进行设置，如图 3-20 所示。

进入"Internet 属性"对话框有两种方法：一是右键单击桌面上的 IE 快捷方式，在弹出的快捷菜单中选择"属性"命令；二是启动 IE 后，单击"工具/Internet 选项"菜单命令。在"常规"选项卡的地址栏输入要访问站点的网址，单击"确定"按钮，在每次启动 IE 后就会自动访问这个网站了。若单击"使用空白页"后，启动 IE 时只会打开一个空白的网页，不访问任何的站点。若单击

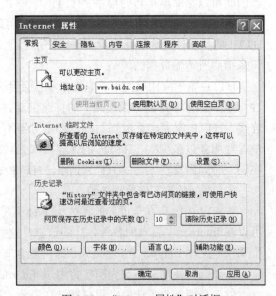

图 3-20　"Internet 属性"对话框

"使用默认页"按钮，启动 IE 后访问的是微软公司的主页。若单击"使用当前页"按钮，启动 IE 后，访问的是当前打开的站点。

如果要改变浏览器的语言编码，单击"查看/编码"菜单命令，在级联菜单中选择需要的语言，就可以指定页面的语言编码。例如，我们常用的页面编码是"简体中文"，如果要浏览韩国的网站，则选择"其他/韩文"即可。

（2）关闭多媒体信息提高网页速度。

打开 Web 页面时，里面可能包含图像、动画等多种多媒体的信息，这些信息使得页面更加漂亮，更具有吸引力。由于这些文件都很大，用户在下载这些文件时需要更多的时间，使得浏览网页的速度降低。如果只想浏览网页中的文字，可以屏蔽这些多媒体信息，具体操作如下。

① 单击"工具/Internet 选项"菜单命令，打开"Internet 属性"对话框，单击"高级"选项卡，如图 3-21 所示。

② 在"设置"列表框中，找到"多媒体"选项，将不要显示的多媒体信息前面的勾去掉，然后单击"确定"按钮。这样在打开网页时就只显示文本和没有去掉的多媒体信息，从而提高了访问网页的速度。

（3）管理收藏夹。

将自己经常访问的站点添加到收藏夹后，就可以通过收藏夹快速地访问这些站点，具体操作如下。

① 打开一个站点后，单击"收藏/添加到收藏夹"菜单命令，打开"添加到收藏夹"对话框，如图 3-22 所示。

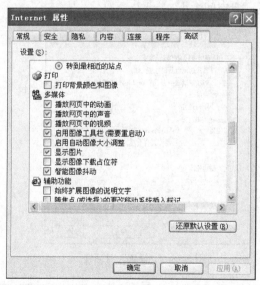

图 3-21 "Internet 属性"对话框"高级"选项卡

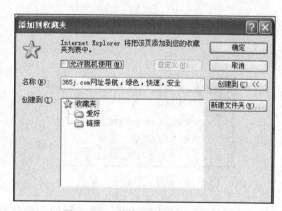

图 3-22 "添加到收藏夹"对话框

② 在"名称"文本框中输入新的名称，或者使用默认的值；在"创建到"列表框中选择一个收藏该站点的文件夹。

③ 如果要对收藏夹进行整理时，可以单击"收藏/整理收藏夹"菜单命令，弹出如图 3-23 所示的"整理收藏夹"对话框。

④ 在对话框中单击相关的按钮，可以创建新的文件夹，修改文件名，删除和移动文件夹等。

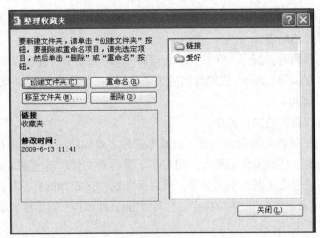

图 3-23 "整理收藏夹"对话框

（4）删除临时文件和 Cookie 信息。

浏览器在浏览网页时，会将网页的内容保存在 "c:\windows\temporary internet files" 这个临时文件夹中，以便以后可以脱机使用和访问该网页时提高浏览速度。如果在 Windows 文件夹没有找到 "temporary internet files" 这个文件夹名，可以在 "设置" 对话框中单击 "查看文件" 按钮，在打开的对话框中可以查找到存放临时文件夹的磁盘位置。在 "Internet 属性" 对话框中，可以删除临时文件夹的内容，修改临时文件夹所占磁盘空间的大小。若要删除文件，单击 "删除文件" 按钮，弹出如图 3-24 所示的对话框，单击 "确定" 就可将文件删除掉。单击 "设置" 按钮弹出如图 3-25 所示的对话框，可以设置存放临时文件夹的磁盘空间大小。

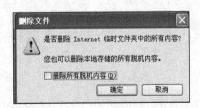

图 3-24 删除文件提示对话框　　　　　　图 3-25 "设置" 对话框

Cookies 是一种能够让网站服务器把少量数据存储到客户端的硬盘或内存中和从客户端的硬盘读取数据的一种技术。Cookies 是当浏览某网站时，可以记录用户 ID、密码、浏览过的网页和停留的时间等信息。当用户再次浏览该网站时，网站通过读取 Cookies，得知相关信息，就可以做出相应的动作。例如，进入网站时不用输入 ID、密码就直接登录等。

在 "Internet 属性" 对话框中单击 "隐私" 选项卡，可调整 Cookie 的安全级别。通常情况可以调整到 "中高" 或者 "高" 的位置。在多数的论坛站点需要使用 Cookie 信息的情况下，如果只是为了禁止个别网站的 Cookie，可以单击 "站点" 按钮，将要屏蔽的网站添加到列表中。

如果要删除 Cookie 的记录，单击"删除 Cookie"按钮即可。

（5）设置不同区域的 Web 安全级别。

为了保护计算机的安全，可以将 Web 站点定义为不同的安全级别区域。设置了不同的安全级别，可以对计算机起到有效的保护，安全级别分为高级、中级、中低极和低级 4 种。当前默认分为 4 个区域：Internet 区域、本地 Intranet 区域、受信任的站点和受限制的站点，如图 3-26 所示。

如果想修改安全级别，单击"自定义级别"按钮，弹出如图 3-27 所示的"安全设置"对话框，根据自己的要求，进行相应的设置。"Internet"区域包含没有放到其他区域中的所有站点；"本地 Intranet"区域包含组织单位的 Intranet 中的所有网站、没有列在其他区域的所有本地站点、所有不使用代理服务器的站点和所有网络路径，也可以将站点添加到该区域。"受信任的站点"区域是自己信任不会损害计算机的网站；"受限制的站点"是包含可能损害计算机的网站。受信任的站点和受限制的站点需要用户自己添加。

图 3-26　"Internet 属性"对话框"安全"选项卡

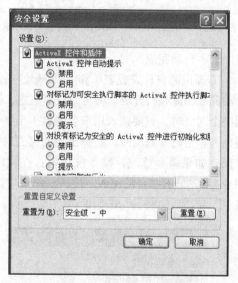

图 3-27　"安全设置"对话框

（6）分级审查。

网上除了丰富多彩的信息外，还带来了一些负面的内容，不是所有的信息对每一位浏览者都适合。通过设置分级审查功能，可帮助用户控制计算机可访问的 Internet 信息内容的类型，只有符合设置功能要求的内容才能显示。启用分级审查的操作方法是：在"Inetrnet 属性"对话框中，单击"内容"选项卡，如图 3-28 所示。单击"启用"按钮，弹出"内容审查程序"对话框，如图 3-29 所示，其中有"级别""许可站点""常规"和"高级"4 个选项卡。

在"级别"选项卡中，通过调节"滑块"来设置各级别，限定级别范围是 0～4。设置了不同的级别，就建立了其他人不能查看和能查看的 Web 站点。

在"许可站点"选项卡中，可以创建任何时候都可以查看或不论如何分级都不可以查看的站点。

在"常规"选项卡中，单击"创建密码"按钮，弹出"创建监督人密码"对话框，如图 3-30 所示，在其中可以创建密码。对于已经创建密码的设置，如果用户想修改相关的设置，就必须输入密码。对于一些受限制的站点，在访问时也必须输入密码才能访问。

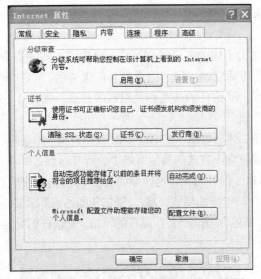

图 3-28 "Internet 属性"对话框"内容"选项卡

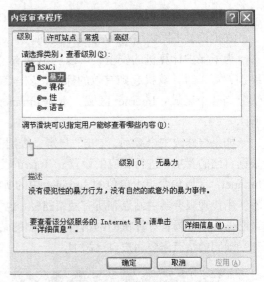

图 3-29 "内容审查程序"对话框

（7）自动完成。

IE 提供的自动完成表单和 Web 地址功能带来了便利，但同时也存在泄密的危险。默认情况下自动完成功能是打开的，填写的表单信息，都会被 IE 记录下来，包括用户名和密码。当下次打开同一个网页时，只要输入用户名的第 1 个字母，完整的用户名和密码都会自动显示出来。当输入用户名和密码并提交时，会弹出自动完成对话框。如果单击保存密码，下次登录时就不需要输入密码。如果需要修改，操作方法是：在"Internet 属性"对话框中，单击"内容"选项卡（见图 3-28），单击"自动完成"按钮，弹出"自动完成设置"对话框，如图 3-31 所示，单击"清除表单"和"清除密码"按钮即可。

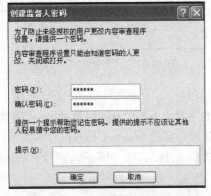

图 3-30 "创建监督人密码"对话框

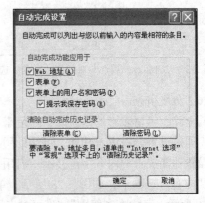

图 3-31 "自动完成设置"对话框

（8）保存网页和网页中的图片和文字。

在 Web 页中有很多丰富多彩、具有吸引力的页面，需要的话可将其下载到自己的计算机中，操作步骤是：选择"文件/另存为"菜单命令，在弹出的对话框中指定保存的路径，单击"保存"按钮即可，如图 3-32 所示。

如果在 Web 页中看到自己喜欢的链接或图片，用鼠标右键单击链接或图片，在弹出的快捷菜单中选择"目标另存为"命令，在弹出的对话框中指定保存路径，单击"保存"按钮，这时就会将链接所指向的内容或选中的图片保存到计算机中。如果要保存网页中的文字，则选中文字后，进行保存即可。在有些网页中，不管鼠标怎么拖动，都无法选中文字，解决方法是：在"安全"选项卡中单击"自定义级别"按钮，将所有的脚本全部禁用，然后刷新页面后再选取。

图 3-32　"保存网页"对话框

（9）创建连接到 Internet。

在"Internet 属性"对话框中选择"连接"选项卡，单击"建立连接"按钮，如图 3-33 所示，即可以启动"Internet 连接向导"，按照向导要求可以一步步地完成连接的任务。

如果用户处于局域网中，可以为其设置代理的服务器，其功能就是代理网络用户去取得网络信息。在一般情况下，使用网络浏览器直接去连接其他 Internet 站点取得网络信息时，是直接联系到目的站点服务器，然后由目的站点服务器把信息传送回来。代理服务器是介于浏览器和 Web 服务器之间的另一台服务器，有了它之后，浏览器不是直接到 Web 服务器去取回网页而是向代理服务器发出请求，信号会先送到代理服务器，由代理服务器来取回浏览器所需要的信息并传送给用户的浏览器。大部分代理服务器都具有缓冲

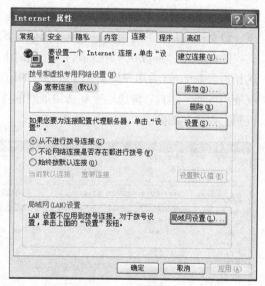

图 3-33　"连接"选项卡

的功能，就好像一个大的 Cache，它有很大的存储空间，它不断将新取得的数据存储到本机的存储器上。如果浏览器所请求的数据在它本机的存储器上已经存在而且是最新的，那么它就不重新从 Web 服务器取数据，而直接将存储器上的数据传送给用户的浏览器，这样就提高了浏览速度和效率。

设置代理服务器的操作步骤是：在图 3-33 中单击"局域网设置"按钮，弹出如图 3-34 所示的对话框，输入代理服务器的 IP 地址和共享端口号即可。

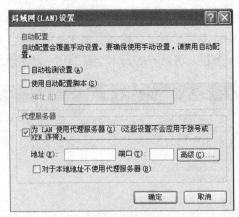

图 3-34 使用代理服务器

3.3.2 E-mail 电子邮件服务

通信有实时和非实时之分。实时通信的例子有打电话、电视实况转播等，非实时信息传递则有手机发短信、传统的信件邮寄、现代的电子邮件等。实时通信和非实时通信互有优劣，有各自的适用场合。实时通信适用于传递紧急且重要的信息，但要求较高，如通信时双方必须同时在场，因此有时候也会对人们的工作和生活带来一定的麻烦。

在非实时通信中，电子邮件（E-mail）是非常重要的一种。电子邮件是当今 Internet 上使用最多、最受用户欢迎的应用之一。电子邮件系统把邮件发送至收件人的邮件服务器中，保存到其中的收件人邮箱（Mail Box）中，收件人可随时上网到自己使用的邮件服务器中进行读取（见图 3-35）。这相当于 Internet 为用户设立了存放邮件的信箱，因此 E-mail 也被称为"电子信箱"。电子邮件不仅使用方便，还具有传递迅速和费用低廉的优点。现在的电子邮件不仅可以传递文字信息，还可以附上声音和图像。

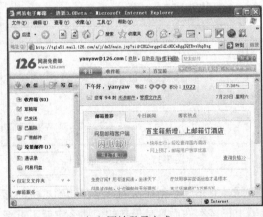

（a）网站登录方式

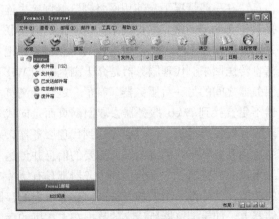

（b）邮件管理程序方式

图 3-35 电子邮件的两种常用读取方式

利用电子邮件来实现信息的交换逐步成为人们的首选，而且电子邮件系统越来越完善，功能越来越强，其主要的特点如下。

（1）操作简单。收发邮件易学易用，不需要专门的计算机知识作为基础。

（2）信息多样化。电子邮件发送的信件内容除普通文字内容外，还可以是软件、数据，以及各类多媒体信息。

（3）方便快捷。允许用户在任意时间、任意地点收发邮件，从而跨越了时间和空间的限制，电子邮件通常在几秒中内将信件传送到几乎地球上的任一角落。

（4）成本低廉。使用电子邮件的费用与电话或传真相比要低得多，经济实用。

（5）一信多发。信件可以通过网络极快地发送给网上指定的一个或多个成员，这些成员可以分布在世界各地，但发送速度则与地域无关。与任何一种其他的 Internet 服务相比，使用电子邮件可以与更多的人进行通信。

计算机之间收发电子邮件的几个重要步骤如图 3-36 所示。在 Internet 上有许多的邮件服务器可供用户使用。这些邮件服务器有些是免费的，如 163 邮箱（mail.163.com）、126 邮箱（www.126.com）、谷歌邮箱（www.gmail.com）等；有些则是需要付费的，如新浪 VIP 邮箱（vip.sina.com.cn）等；还有些是某些机构的内部邮件服务器，不能为外部所用，如一些大学和公司的内部邮箱。邮件服务器要一天 24h 不间断工作，并且要求容量很大，以存放大量的邮件。邮件服务器需要使用两种不同的协议，一种协议用于用户邮件服务器发送邮件，或一个邮件服务器向另一个邮件服务器发送邮件，如 SMTP（Simple Mail Transfer Protocol，简单邮件传送协议）；另一种协议则用于用户从邮件服务器读取邮件，如 POP3（Post Office Protocol，邮局协议）。

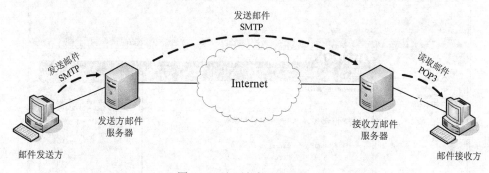

图 3-36　电子邮件原理示意图

除了直接使用 WWW 站点提供的电子邮件系统外，还可以使用专门的电子邮件系统软件，这些软件可以直接用来发送和接收邮件，使用非常方便。目前，比较常用的电子邮件软件是 Outlook Express，它界面友好，易学易用，但在使用之前，要进行一些相关的设置，操作步骤如下。

（1）单击"开始/所有程序/Outlook Express"命令，启动 Outlook Express。如果是第一次使用 Outlook Express，系统会弹出一个连接向导，如图 3-37 所示。在"显示名"文本框中添上姓名，在发信的时候就会显示在发件人的字段里面，这里输入"huazhong"，然后单击"下一步"按钮。

（2）系统弹出填写电子邮件地址的对话框，在"电子邮件地址"文本框中输入用来发送邮件的 E-mail 地址，如图 3-38 所示，这里输入"huazhong_gg@126.com"，然后单击"下一步"按钮。

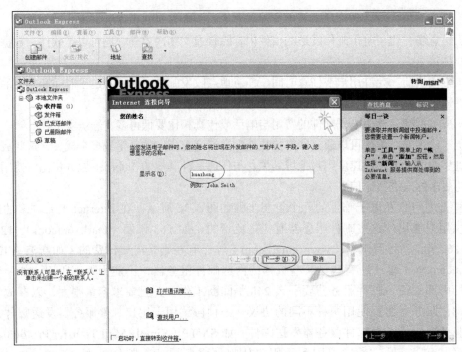

图 3-37　填写姓名对话框

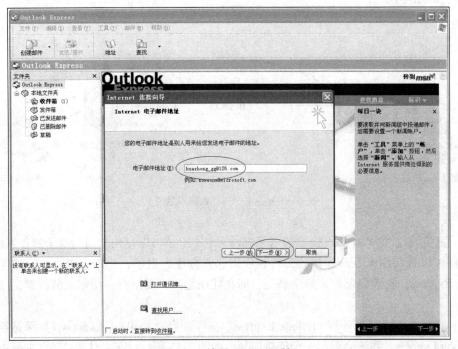

图 3-38　填写 E-mail 对话框

（3）系统弹出填写电子邮件服务器名的对话框，在这个对话框中，要分别填写接收邮件和发送邮件的服务器，在这个例子中，使用的是 126 的邮箱，所以邮件接收服务器是 "pop3.126.com"，邮件发送服务器是 "smtp.126.com"，如图 3-39 所示，然后单击 "下一步" 按钮。

（4）接下来弹出邮件登录对话框，按照提示输入邮箱密码，然后单击 "下一步" 按钮。

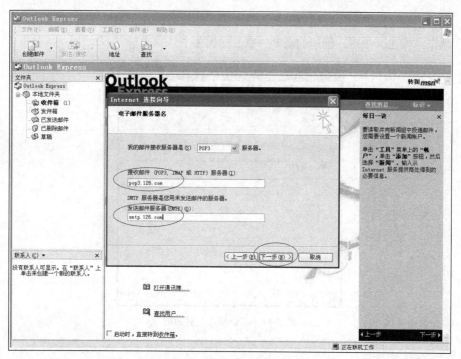

图 3-39　填写收发服务器对话框

（5）系统弹出完成对话框，单击"完成"按钮即可。

通过以上步骤，设置了一个可以进行发送和接收的邮箱地址。如果想添加用户，则单击菜单栏上的"工具/帐户/邮件/添加/邮件"命令，如图 3-40 所示。

接下来的步骤就和连接向导一样，照着上面的步骤就可完成。如果要修改设置好的属性，单击"属性"按钮，进行相应的设置修改即可。

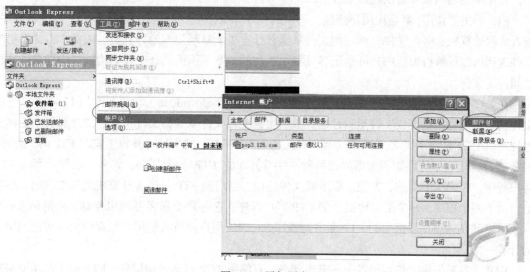

图 3-40　添加用户

用 Outlook 创建一封新邮件操作步骤如下。

（1）单击"文件/新建/邮件"命令，或者单击工具栏上的"创建邮件"按钮。

（2）在弹出的对话框中，在相应的文本框中输入相应的内容，如图 3-41 所示。

（3）单击"发送"按钮，创建的新邮件就发送出去了。

图 3-41　"新邮件"对话框

3.3.3　FTP 文件传输服务

FTP（File Transfer Protocol，文件传送协议）是一个很成熟的计算机网络应用层协议，它也是 Internet 上使用得最广泛的文件传送协议。FTP 早在 1973 年就被制定了，在 Internet 发展早期，用 FTP 传送文件约占整个 Internet 通信量的 1/3，高于电子邮件和域名系统所产生的通信量。直到 1995 年，WWW 的通信量才首次超过 FTP。

FTP 的主要作用，就是让用户连接上一个远程计算机（这些计算机上运行着 FTP 服务器程序）查看远程计算机有哪些文件，然后把文件从远程计算机上复制到本地计算机，或把本地计算机的文件送到远程计算机去。FTP 屏蔽了各计算机系统的细节，因而适合于在异构网络中任意计算机之间传送文件。

在 FTP 的使用中，用户经常遇到两个概念："下载"（Download）和"上传"（Upload）。下载文件就是从远程主机复制文件至自己的计算机上；上传文件就是将文件从自己的计算机中复制至远程主机上。FTP 采用"客户机/服务器"方式，用户要在自己的本地计算机上安装 FTP 客户程序。FTP 客户程序有字符界面和图形界面两种。字符界面的 FTP 命令复杂、繁多。图形界面的 FTP 客户程序，在操作上简洁、方便。以下载文件为例，当启动 FTP 从远程计算机复制文件时，事实上启动了两个程序：一个是本地机上的 FTP 客户程序，它向 FTP 服务器提出复制文件的请求；另一个是启动在远程计算机上的 FTP 服务器程序，它响应用户的请求把用户指定的文件传送到用户的计算机中。

FTP 本身只提供文件传送的一些基本服务，它使用 TCP 可靠传输服务。FTP 的主要功能是减少或消除在不同操作系统下处理文件的不兼容性。FTP 的工作过程如图 3-42 所示，在进行文件传输时，FTP 的客户和服务器之间要建立两个并行的 TCP 连接："控制连接"和"数据连接"。控制连接在整个会话过程中一直保持打开，负责发送传输请求等控制信息，但并不用来传送文件。实际用于传输文件的是"数据连接"。

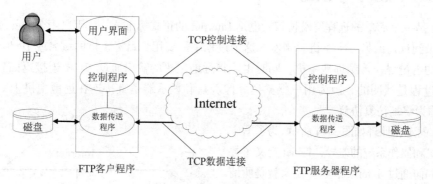

图 3-42　FTP 的工作过程

使用 FTP 时必须首先登录，在远程主机上获得相应的权限以后，方可下载或上传文件。也就是说，要想同哪一台计算机传送文件，就必须具有哪一台计算机的适当授权。换言之，除非有用户 ID 和口令，否则便无法传送文件。这种情况违背了 Internet 的开放性，Internet 上的 FTP 主机非常多，不可能要求每个用户在每一台主机上都拥有账号。匿名 FTP 就是为解决这个问题而产生的。通过匿名 FTP 机制，用户可以连接到远程主机上下载文件，而无须成为其注册用户。匿名方式的实质是服务器程序建立了一个特殊的用户 ID，名为 anonymous，Internet 上的任何人在任何地方都可使用该用户 ID。匿名 FTP 是 Internet 网上发布软件的常用方法。

需要进行远程文件传输的计算机必须安装和运行 FTP 客户程序。Windows 操作系统中包含了 FTP 客户程序。但是该程序是字符界面而不是图形界面，这就必须以命令提示符的方式进行操作，很不方便。启动 FTP 客户程序工作的另一途径是使用 IE（Internet Explorer）浏览器，用户只需要在 IE 地址栏中输入如下格式的 URL：ftp://[用户名:口令@]ftp 服务器域名[:端口号]。其中，中括号里的内容为可选项。通过 IE 浏览器启动 FTP 的方法尽管可以使用，但是速度较慢，还会将密码暴露在 IE 浏览器中而不安全。因此，一般都安装并运行专门的 FTP 客户程序。两种方式的登录界面如图 3-43 所示。

（a）IE 浏览器方式

（b）FTP 客户程序方式

图 3-43　FTP 登录界面

FTP 主要用于下载公共文件，如共享软件、各公司技术支持文件等。

3.3.4 Telnet 与 BBS

Telnet 是一个简单的远程终端协议，也是 Internet 的正式标准之一。用户用 Telnet 就可在其计算机上登录到远地的另一个主机。当然，这个过程中需要用到目标主机的域名或 IP 地址。Telnet 能将用户的击键操作传到远地主机，同时也能将远地主机的输出通过 TCP 连接返回到用户屏幕上。这个过程是透明的，因为用户感觉到好像键盘和显示器是直接连在远地主机上一样，因此 Telnet 又称为终端仿真协议。

Telnet 的工作原理如图 3-44 所示。为了适应众多计算机和操作系统的差异，Telnet 定义了数据和命令如何通过 Internet，这些定义就是所谓的网络虚拟终端（Network Virtual Terminal，NVT）。在实际应用中，客户端软件将用户的击键操作和命令转换成 NVT 格式，并传送给服务器。服务器软件则把 NVT 格式的数据转换

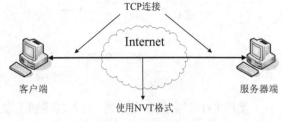

图 3-44 Telnet 原理示意图

成远地系统所需的格式；服务器向客户返回数据时，则由服务器端软件将远地系统的格式转换为 NVT 格式，用户接收到之后再将 NVT 格式转换回本地系统所支持的格式。

本小节将 Telnet 和 BBS 放在一起介绍的原因是 BBS 可以用 Telnet 登录（见图 3-45）。BBS 的英文全称是 Bulletin Board System，翻译为中文就是"电子公告板系统"。

BBS 最初是为了给计算机爱好者提供一个互相交流的地方。20 世纪 70 年代后期，计算机用户数目很少且用户之间相距很远。因此，BBS（当时全世界不到 100 个站点）提供了一个简单方便的交流方式，用户通过 BBS 可以交换信息。

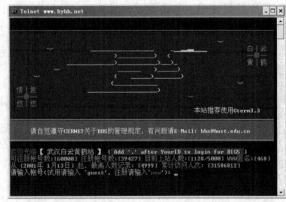

图 3-45 使用 Telnet 登录 BBS

最早的 BBS 用来公布股市价格等信息，当时 BBS 连文件传输的功能都没有，而且只能在苹果计算机上运行。早期的 BBS 与一般街头和校园内的公告板性质相同，只不过是通过计算机来传播或获得消息而已。一直到 PC 开始普及之后，有些人尝试将苹果计算机上的 BBS 转移到 PC 上，BBS 才开始渐渐普及开来。近些年来，BBS 的功能得到了很大的扩充。

目前，通过 BBS 可随时取得国际最新的软件及信息，也可以通过 BBS 来和其他人讨论计算机软件、硬件、Internet、多媒体、程序设计等各种有趣的话题，更可以利用 BBS 来刊登一些"招聘"、"廉价转让"、"公司产品"等启事。使用这些方便的服务，只需要一台能够接入 Internet 的

计算机即可。

　　除了用 Telnet 方法外，BBS 更常用的登录方式是利用 IE 登录，如图 3-46 所示。

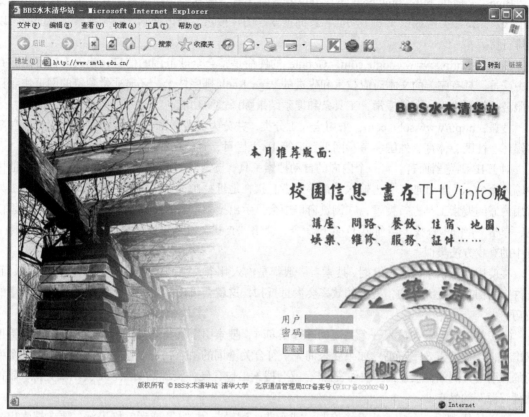

图 3-46　IE 浏览器登录 BBS 示例

　　从原理上讲，最初的 BBS 是报文处理系统，唯一的目的是在用户之间提供电子报文。随着时间的推移，BBS 的功能有了扩充，增加了文件共享功能。因此，目前的 BBS 用户还可以相互之间交换各种文件。只需简单地把文件置于 BBS，其他用户就可以方便地下载这些文件。

　　早期的 BBS 是一台配有 Modem（调制解调器）的普通 PC，上面运行了一个 BBS 程序。BBS程序有各种版本，包括单线路的简单系统到支持十几甚至上百条线路的复杂系统。最早的 BBS 把全部报文存放在一个地方，而现在的 BBS 软件却允许操作人员根据报文内容来组织报文，如基于PC 的 BBS 软件很可能包括有专用于 DOS、OS/2 和 Windows 的报文部分。

3.3.5　搜索引擎的使用技巧

　　随着网络技术的飞速发展，Internet 上的信息呈几何倍数的增长，用传统的方法来查找信息已不能满足人们的需求，为了在 Internet 上快速查找用户所需要的信息，一种在互联网上能快速查找信息的检索工具"搜索引擎"应运而生。

　　常用的搜索引擎介绍如下。

　　百度：http://www.baidu.com，是中国互联网用户最常用的搜索引擎，速度迅速，服务器规模庞大，每天完成上亿次搜索；它是全球最大的中文搜索引擎，可查询数十亿中文网页。

　　搜狗：http://www.sogou.com，搜狗是搜狐公司于 2004 年 8 月 3 日推出的全球首个第三代互动式中文搜索引擎。搜狗以搜索技术为核心，致力于中文互联网信息的深度挖掘，帮助中国上亿网民加快信息获取速度，为用户创造价值。

Bing（必应）：http://bing.com.cn，2009 年 6 月 1 日，微软公司新搜索引擎 Bing（必应）中文版上线。测试版必应提供了 6 个功能：页面搜索、图片搜索、资讯搜索、视频搜索、地图搜索以及排行榜。

Google：http://www.google.com，Google 的使命是整合全球范围的信息，使人人皆可访问并从中受益，具有完善的文本对应技术和先进的 Page Rank 排序技术，还有非常独特的网页快照目录服务、新闻检索、图像搜索、工具条和搜索结果翻译过滤功能。

搜狐：http://www.sohu.com，采用全人工分类，共分为免费资源收藏、搜狐新闻、企业集粹、多媒体、社区、体育、外国参考、网页登记等 10 个栏目，是一个访问率很高的中文网站。

对于 IE 浏览器而言，有一个内嵌的自动搜索工具，搜索网上信息时采用的方法是：在地址栏中输入命令 go、find 或？，再输入关键字或者直接在地址栏中输入关键字，按回车键后搜索工具就用内嵌的搜索工具进行搜索，在浏览窗口中会显示出搜索信息；如果在已打开的网页中搜索信息，单击 "编辑/查找（当前页）" 菜单命令，弹出 "查找" 对话框，其操作与使用 Word 文档工具中的查找方法类似。

在使用搜索引擎搜索信息时，搜索者一般都是输入几个关键词，搜索出来的资料会五花八门，有许多的信息都是无关的，搜索的效率会大打折扣，这就要求搜索者要掌握一些提高搜索效率的技巧。

（1）精确查询：在输入一个关键词进行查询时，搜索引擎就将和关键词模糊匹配的网址给搜索出来，这样搜索效率不高。如果要查询完全符合关键词的站点，可以给关键词两端加上一个半角的双引号，例如，想查询 "硬件资源"，就会搜索出包含硬件资源的站点，不会出现类似 "硬件软件资源" 的站点。

（2）使用逻辑命令：逻辑命令有与、或和非。逻辑与用 "+" 或者空格表示，要求搜索出来的信息结果中同时包含关键词的记录，逻辑或用 "，" 表示，要求搜索出来的信息结果返回所有关键词的记录，逻辑非用 "−" 表示，要求搜索出来的信息结果不包含逻辑非后面的内容。

（3）特殊的一些搜索命令：在关键词前加上 "t:"，搜索出仅含关键词的站点名称，如 "t:计算机"，只会搜索出含有 "计算机" 的站点名称；在关键词前加 "u:"，搜索仅查询 URL，如 "u:edu"，搜索出含有 edu 的网址。对于一些英文搜索引擎，还有一些特殊搜索技巧，<near>：表示寻找在一定区域范围内同时出现关键词的文档，间隔越小，排列就越靠前，如 stduy<near/5>math表示搜索 stduy 和 math 间隔不大于 5 个单词的文档；<phrase>：搜索在一个短语内同时出现关键词的文档，如 stduy<phrase>math 表示搜索在一个短语中同时出现 stduy 和 math 的文档。

3.4　Intranet

3.4.1　Intranet 的概念

Intranet 一词来源于 Intra 和 Network，即内部网络，译为 "内联网"。一般认为，Intranet 是指将 Internet 技术，特别是万维网（WWW），应用于企业或政府部门的内部专用网络。Intranet 与Internet 相比，可以说 Internet 是面向全球的网络，而 Intranet 则是 Internet 技术在企业机构内部的实现，它能够以极少的成本和时间将一个企业内部的大量信息资源高效合理地传递到每个人。Intranet 为企业提供了一种能充分利用通信线路，经济而有效地建立企业内联网的方案，目的在于提高工作效率，促进企业内部合作与沟通，增强企业的竞争力。

Intranet 最早于 1995 年提出，由于 Internet 的爆炸性增长以及 Internet 上的安全因素等原因，计算机和通信领域的一些有识之士考虑将 Internet 技术应用于集团企业的信息管理系统和政府部门的办公系统，如 WWW、E-mail 等，并将这项技术命名为 Intranet。随后，Intranet 迅速崛起。企业关注 Intranet 的原因是，它为一个企业内部专有，外部用户不能通过 Internet 对它进行访问。

利用 Intranet，企业对内可提供一个灵活、高效、宽松、快速、廉价、可靠的信息交流、信息共享和企业管理的理想环境，真正实现企业管理的电子化、科学化和自动化，企业领导人可实验各种先进的企业管理方法；对外可全面展示企业的形象，宣传和发布产品信息，保持与客户和伙伴的密切联系；还可连接到 Internet，共享丰富的信息资源。

Intranet 克服了 Internet 上的不少弱点，Intranet 定位清晰，只提供与企业业务相关的信息；需求明确，摈弃了外界与企业无关的信息垃圾和电子邮件，信息传输量大大减少；而且系统相对简单，还可采用防火墙技术与外界隔离，使网络系统有内在安全性和可控性。

Intranet 使用统一的 TCP/IP 技术标准，技术成熟，很多公司提供完整的 Intranet 解决方案。其界面统一、亲切友好，使用、培训、管理和维护都非常简单，具有很好的性能价格比，能充分地保护和利用已有的资源，通信传输、信息开发和管理维护费用低；技术先进，能适应未来信息技术的发展方向，代表了 21 世纪的企业运作方式。网络服务种类多，能提供诸如 WWW、电子邮件、文件传输、电子新闻、信息查询、信息检索、计划日程安排和多媒体通信的服务；能适应不同的企业和政府部门，也能适应不同的企业管理模式，迎接未来的挑战。

3.4.2　Intranet 的特点及组成

通过上面的概述可知，Intranet 就是利用 Internet 技术，以 TCP/IP 为基础建立的一个企业内部的信息网络。Intranet 服务于企业内部，同时又要求能与外界相互通信，所以应该具有以下特点。

（1）Intranet 是根据企业内部的需求设计的，它的规模和功能是根据企业的经营和发展需求而定。

（2）Intranet 要能与外界相连，特别是与 Internet 相连。

（3）Intranet 采用 TCP/IP 和相关的一些技术与工具，虽是一个专用网络，但却是一个开放的系统。

（4）Intranet 要根据企业的安全要求，设置防火墙、安全代理、安全通信协议等，来保护企业内部的信息，防止非法访问和内部机密泄露。

（5）Intranet 使用 WWW 工具，使企业内部用户能够方便地浏览和采掘企业内部信息以及 Internet 上的丰富信息资源。

Intranet 利用的是 Internet 的技术，所以应该实现 Internet 中能提供的功能，包括 E-mail 和 FTP 等服务，采用的结构是浏览器/服务器模式，按照 Intranet 的特点，既要满足内部用户的需求，又要防止外部的威胁，其基本组成如图 3-47 所示。

Intranet 的主要应用在以下几个方面。

1. 信息发布

利用 Internet 上最普通的应用技术，将企业的一些信息通过服务器发布出去，处于不同地理位置的子公司，员工都能通过 Intranet 浏览企业一些信息发布，这样不仅节省费用，还能节约发送通知、公告的时间，将传统的办公模式，转变为无纸化的办公模式。

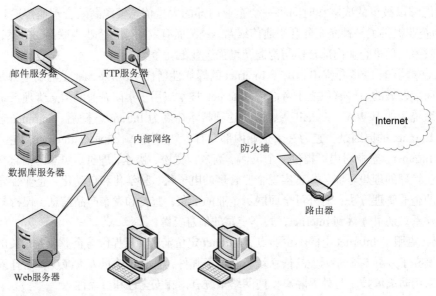

图 3-47　Intranet 的组成

2. 资源共享

对企业内部的一些软件、数据库可以使用，比如说远程用户或者一些子公司，其分支机构可以通过登录访问总公司的数据库，查询一些数据信息，进行业务操作，还可以从总部下载一些需要的软件使用。

3. 内部通信

在建立了 Intranet 后，企业内部设置了邮件服务、FTP 服务器等，员工都可以建立自己的账号进行信息通信，而且在 Intranet 内部，数据处理的速度非常之快，可以建立一些讨论组，通过权限设置，员工参加不同的讨论组，此外，还可以召开视频的会议等。

实验　Internet 接入与使用

1. 实验目的
- 掌握 Internet 的接入配置和常用服务的使用方法。
- 认识 Internet 的接入原理。
- 了解 Internet 接入故障的排除方法。

2. 实验环境
- 硬件：PC、接入 Internet 的局域网。
- 软件：Windows XP 操作系统。

3. 实验说明
- 本实验采用局域网接入 Internet 的方法，其操作系统配置方式与其他接入方式类似，只是少了安装和使用各种接入软件的过程。

4. 实验步骤
- 步骤 1：PC 接入局域网。

保证 PC 通过网线与局域网相连。可以观察网卡灯是否亮起，或查看桌面右下角系统托盘中的"网络连接"图标，以确定 PC 有没有正确接入局域网。

- 步骤 2：查看现在能否接入 Internet。

打开 IE 浏览器，单击桌面上的"Internet Explorer"图标或单击"开始/程序/Internet Explorer 命令"，在地址栏中输入"www.baidu.com"后按回车键，查看能否正常登录百度搜索引擎。访问成功的界面如图 3-48（a）所示，不能访问则如图 3-48（b）所示。

这里如果能够访问，说明 PC 已经进行了正确的 Internet 接入设置；不能访问则需要在步骤 3 中进行设置。

（a）

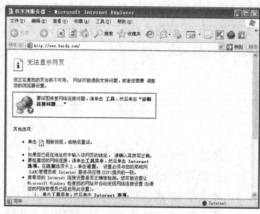

（b）

图 3-48　在浏览器中测试 Internet 连接

- 步骤 3：设置 Internet 连接。

（1）进入网络协议属性设置窗口。选择"控制面板/网络和拨号连接/本地连接/属性"选项，在弹出的对话框中选中"Internet 协议（TCP/IP）"，单击"属性"按钮，打开"Internet 协议（TCP/IP）属性"对话框。设置方法与实验二中配置 IP 地址时所用的方法相同。

（2）查看是否已有设置。如果协议并没有手动设置，即 IP 地址和 DNS 服务器地址等都是"自动获得"，如图 3-49 所示；如果有设置则将设置清空，即选择"自动获得 IP 地址"和"自动获得 DNS 服务器地址"2 个单选钮。

检查：现在能否接入 Internet？

如果能接入 Internet，说明局域网所连的路由器支持 DHCP 自动获得 IP 地址和 DNS 服务器地址。如果不能接入 Internet，则需要进行（3）中的手动设置。

（3）重新设置 IP 地址即选中"使用下面的 IP 地址"单选钮，填入 IP 地址。具体的 IP 地址可以让实验指导老师分配。

观察：子网掩码需要填吗？

检查：现在能否接入 Internet？能否 ping 通本

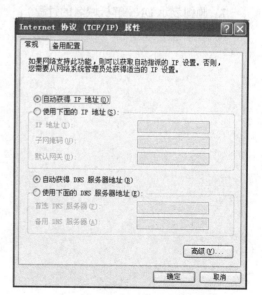

图 3-49　默认的 Internet 设置

局域网中的其他 PC？思考这是为什么？

（4）填入"默认网关"。网关地址由实验指导老师指定。

检查：现在能否接入 Internet？是否一定不能？

（5）填入"DNS 服务器"地址。地址由实验指导老师指定。再次检查能否接入 Internet。思考接入 Internet 有哪些必要条件？

（6）接入 Internet 后熟悉使用 Internet 提供的基本服务。

5．实验小结

本实验在操作上比较简单，只要设置网络协议属性中的几项即可，然后使用 Internet 提供的服务功能。但本实验的重要性在于让实验者了解接入 Internet 的最基本配置和熟悉使用功能。如果实验者能够弄清这几步设置的作用熟练掌握使用技巧，并与本书第 3 章所讲的知识联系起来，本实验的目的就完全达到了。

习　题

1．简述 Internet 的发展史。

2．中国的 Internet 是如何发展的？

3．什么是 IP 地址？IP 地址有什么作用？

4．什么是 IP 地址的点分十进制表示？请举例说明。

5．使用"零压缩"的方法表示以下的 IPv6 地址。

（1）1080:0:0:0:8:800:200C:417A

（2）FF01:0:0:0:0:0:0:101

（3）0:0:0:0:0:0:0:1

（4）0:0:0:0:0:0:0:0

6．写出一个你最熟悉的域名，并说明它由几级域名组成，各级域名是什么。

7．画图表示 DNS 解析域名的过程。

8．解释以下名词：Web，Web 服务器，Web 站点，Web 页面，URL，HTTP。

第4章
局域网与 Internet 接入技术

局域网是 20 世纪 70 年代迅速发展起来的。在计算机网络的技术当中,局域网技术占据了非常重要的地位。

4.1　局域网概述

局域网(LAN)是指在一个较小地理范围内将各种计算机网络设备连接在一起形成的通信网络,可以包含一个或多个子网,通常局限在几千米的范围之内。决定局域网优劣的主要因素是传输数据的传输介质、采用的物理拓扑结构、访问共享资源的介质访问控制方法。按照网络的标准和连接方式可以将局域网分为以太网、令牌环和 FDDI 网络等,目前最流行的是以太网。

4.1.1　局域网的特点及组成

局域网的主要特点如下。

(1)覆盖的地理范围较小,一般为 10m~10km。主要用于单位内部,范围可以是一栋大楼或者一个工厂或者是一个建筑群等。

(2)高数据传输率、低时延和低误码率。现在局域网的输出速率范围为 1~1 000 Mbit/s,传输的时延一般在几毫秒到几十毫秒之间,其误码率一般为 10^{-11}~10^{-8}。

(3)安全性好,便于管理维护。组建的局域网一般范围较小,多为一个单位拥有,所以在网络的管理、维护和扩充升级上都比较方便。

(4)费用低廉。局域网的范围有限,无论从硬件系统还是软件系统,网络的安装成本都不高。

(5)与广域网的侧重点不一样。局域网一般侧重共享信息的处理,而广域网的侧重点一般是传输的安全性和位置的准确性。

构造一个好的局域网有三大要素,第 1 是网络的结构,第 2 是组网的网络硬件,第 3 是管理网络的软件。网络硬件是建立局域网的物理连接,为局域网之间的通信设备提供一条物理通道,而网络软件和网络结构是有效控制和合理利用网络资源的分配和共享,以达到最佳的通信效果。

局域网由网络硬件和网络软件两部分组成。

(1)网络硬件。

网络硬件主要包括网络服务器、工作站、网卡、网络通信设备、传输介质等。服务器提供硬盘、文件数据、打印机共享等服务功能,是网络控制的核心;工作站是独立工作的,通过运行工作站网络软件,访问服务器共享资源;网络通信设备包括集线器,交换机等。

（2）网络软件。

网络软件通常包括网络操作系统、网络协议软件、网络通信软件等。其中，网络操作系统是为了使计算机具备正常运行和连接上网的能力；网络协议软件是为了各台计算机能够使用统一的协议；而运用协议进行实际的通信工作则是由通信软件完成的。网络软件功能的强弱直接影响到网络的性能，因为网络中的资源共享、相互通信、访问控制、文件管理等功能都是通过网络软件实现的。

4.1.2 局域网的分类及拓扑结构

由于自身的一些特点，一个局域网在分类的时候有其自身的要求和特性，一般情况有以下几种分类方法。

1. 按网络拓扑结构分类

拓扑结构不同，其分类方法也不同，可以分为总线型网络、星形网络、环形网络、树形网络等。

2. 按传输的介质和信号分类

按照传输的介质可以分为有线局域网和无线局域网，按传输的信号分可以分为基带网（传送的是数字信号）和宽带网（传送的是模拟信号）。

3. 按介质访问控制方法分类

按介质访问控制方法可以分为共享介质局域网和交换局域网。

4. 按组网的技术分类

按组网技术可以分为对等网、客户机/服务器网、专用服务器网等。

局域网的拓扑结构和选择的传输介质及介质访问控制密切相关，目前比较常用的拓扑结构有总线型拓扑、星形拓扑和环形拓扑3种结构。

1. 总线型拓扑结构

总线型拓扑结构采用的是同一媒体作为传输介质，称为总线，所有的结点都连接在该总线上。总线采用广播通信的方式，即任何一个结点的数据发送都要沿着总线传播，而且能被总线上的其他结点所接收到，如图4-1所示。同时，因为所有的结点共用一个传输媒体，所以一次只允许一个结点发送数据，否则会产生冲突。

总线型拓扑结构的优点是：结构简单，易于扩充新结点；单个结点的失效不影响其他结点的正常使用。缺点是：一次只能一个结点发送数据，其他的结点必须等待，所以不易增加过多结点；故障诊断和隔离困难，发生故障时，需检查所有结点，如果是总线故障，则影响整个网络结点通信。

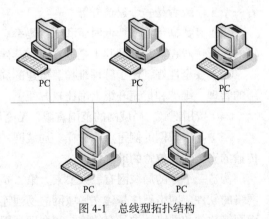

图4-1　总线型拓扑结构

2. 星形拓扑结构

星形拓扑结构是使用最多的一种结构，每个结点都与中心结点相连，如图4-2所示。结点与结点之间的通信必须通过中心结点，中心结点采用集中式通信控制策略，相当复杂，承担的负荷也比其他结点重得多。

星形拓扑结构的优点是：控制简单、便于管理，单个结点失效不影响其他结点的正常使用；故障容易检测和隔离。缺点是：中心结点负荷太重，需要很高的可靠性，一旦出现故障，整个网络就会崩溃；每个结点都要与中心结点相连，需要更多的传输介质，增加成本费用。

3. 环形拓扑结构

环形拓扑结构是通过一个环路接口将每个通信结点连接在一起，如图 4-3 所示。环路上的每个结点都能发送信息，而且发送信息的方向是唯一的，只沿着一个方向发送，依次通过每一个结点，信息的目的地址与环路上结点相同时，信息就被该结点的环路接口复制接收下来，而后信息继续传送到下一个环路接口，直到返回发送信息的环路接口为止。

环形拓扑结构的优点是：信息沿固定的方向传递，有唯一的通道，不需要进行路径选择控制；网络效率比较高。缺点是：一个结点发生故障，影响整个网络的通信；网络的管理比较复杂，不易扩充网络。

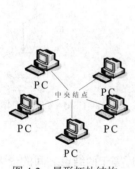

图 4-2　星形拓扑结构

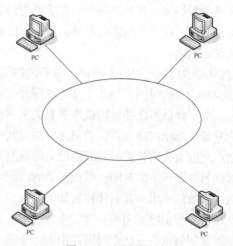

图 4-3　环形拓扑结构

4.1.3　介质访问控制方法

介质访问控制方法，是为了解决传输介质的使用问题，将传输信道更有效、更合理地分配给各个网络结点。介质访问控制方法是局域网最关键的一项基本技术，对局域网体系结构、工作过程和网络性能产生决定性的影响，目前最常用的介质访问控制方法有如下 3 种。

（1）IEEE 802.3 带有碰撞检测的载波监听多路访问（CSMA/CD）方法。

（2）IEEE 802.5 令牌环（Token Ring）方法。

（3）IEEE 802.4 令牌总线（Token Bus）方法。

1. CSMA/CD 介质访问控制方法

CSMA/CD 是一个随机争用型的控制技术，一般用于总线型网络，所有的结点都连接在一条传输信道上，结点之间处于平等的地位去占用传输线路，都能将数据帧信息发送到传输线路上，而且所有的其他结点都能检测到该数据帧信息。如果检测到目标地址是本结点地址，就接收数据帧信息，并返回一个应答给源结点；不是本结点地址，就丢弃不接收该数据帧信息。如果两个结点或者更多的结点同时发送信息，就会产生冲突，每个结点都具有检测冲突的功能，在检测到冲突后，结点就会等待一个随机时间后重发信息，来减少再次发生冲突的概率。CSMA/CD 可以分为两个过程来的完成其工作，可以概括为"先听后发，边发边听"。如图 4-4 所示，"先听后发"

是指各结点在发送数据帧之前，都在监听线路，检测线路上是否有其他的结点发送数据帧；如果没有检测到有数据帧在传送，说明线路处于空闲，就立即发送数据帧；如果检测到有数据帧在传送，表明线路不空闲，则等待并继续监听或者等待一个随机时间再监听，一直到线路空闲就将数据帧发送出去。"边发边听"是指当结点发送数据帧后，要一边发送数据一边监听，看是否有冲突发生，这是因为如果有两个或者以上的结点同时监听到线路空闲，都开始发送数据帧，就会产生冲突，或者一个结点先监听到线路空闲，开始发送数据，而有的结点的数据帧因为传输时延发送的数据帧没有传到目的结点，也会产生冲突，所以要边发边听。当发生冲突后，立即停止发送数据帧，并发送一个阻塞信号告诉其他结点线路上发生了冲突。在发送阻塞信号后，等待一段随机时间，重新尝试发送数据。

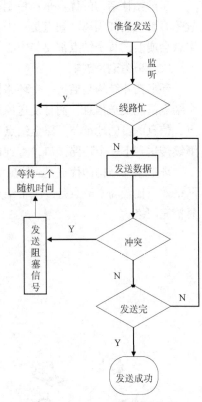

图 4-4　CSMA/CD 的工作流程

在 CSMA/CD 控制方法中，有两个重要的时间需要确定，第 1 个是检测冲突的时间，第 2 个是检测到冲突后，发完阻塞信号后，为了降低再次冲突的概率需要随机等待的一个时间。对于基带 CSMA/CD 来说，检测冲突的时间一般等于任意两个结点之间最大的传输时延的两倍，传输时延是信号从一端传播到另一端所需的时间。随机等待的时间一般采用二进制指数退避算法来求，其具体算法如下。

（1）对每个数据帧，当第一次发生冲突时，设置参数 $L=2$。

（2）退避间隔取 $1 \sim L$ 个时间片中的一个随机数，一个时间片等于两结点之间的最大传输时延的两倍。

（3）当数据帧再次发生冲突时，将参数 L 加倍。

设置一个最大重传次数，超过该次数则不再重传，并报告出错。

CSMA/CD 访问控制方法易于实现，控制简单，对实时性要求不高，通信负荷较轻的环境比较适用，当负荷增大时，冲突概率加大，网络性能下降。

2．令牌环访问控制

令牌环（Token Ring）采用的是一个环形拓扑结构，用一个特殊的令牌帧来控制网络上结点数据帧的发送权，环上的结点在获取令牌后才能发送数据帧，没有获取令牌的结点不能发送数据帧。令牌只有"忙"和"空闲"两种状态，发送结点在获取令牌发送权后就会将令牌设置成"忙"，沿着环移动，依次通过环上的其他结点，由于令牌已经被设置成"忙"状态，环上的结点不可能再获取到令牌，不能发送数据，必须等待，直到令牌处于"空闲"状态。所以令牌环技术是一种无争用型介质访问控制方法，不会发生冲突问题。

令牌环数据发送和接收的基本过程如图 4-5 所示。一个结点获取令牌后，就发送数据，将令牌置"忙"状态，以数据帧格式发送。令牌和数据帧通过环上结点时，该结点将帧的目的地址与本结点的地址相比较；不符合，将帧送回环上；地址符合，则将帧复制存放到接收缓存器中，并给出一个应答标志，数据帧已被正确接收和复制。之后将帧发送到环上，环行一周后，回到源结点，将数据帧移走，令牌置为"空闲"，传向下一个结点。

令牌环访问控制方法对负荷大的环境比较适用，而且可以设置结点的优先级别，具有高优先级别的结点可以先发送数据；负荷比较轻，要等待令牌，所以效率较低，而且令牌环管理比较复杂，实现起来困难。

3. 令牌总线访问控制

令牌总线（Token Bus）访问控制方法是结合了总线方式和令牌环方式的优点，物理上是采用总线网络，逻辑上采用令牌环方式。如图 4-6 所示，在物理上，各结点共享传输介质，发送的数据信息通过总线发送出去，并且发送的数据各结点都能接收到，与目标地址相比较，符合就接收；在逻辑上，令牌传递按顺序进行，与令牌环一样，只有获取令牌的结点才能发送数据。在正常工作时，只有当结点发送完数据后，才将令牌传递到下一个逻辑结点。

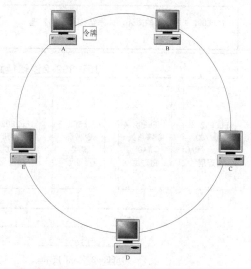

图 4-5 令牌环访问控制过程

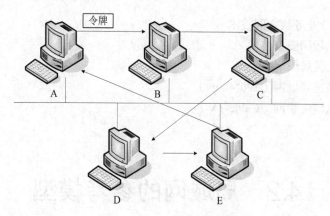

图 4-6 令牌总线访问控制原理

4.1.4 局域网技术标准

局域网的技术标准于 1980 年由 IEEE 专门成立 IEEE 802 委员会开始研究，1985 年公布了 5 项标准，同年被 ANSI 采用作为美国国家标准，ISO 也将其作为局域网的国际标准，称为 ISO 8802，后来又进行了多项标准扩展，它包含以下几个部分，如图 4-7 所示。

IEEE802.1：局域网的概述及体系结构和网络管理

IEEE802.2：逻辑链路控制 LLC

IEEE802.3：CSMA/CD 控制方法和物理层的规范

IEEE802.4：令牌总线网的访问控制方法和物理层的规范

IEEE802.5：令牌网的访问控制方法和物理层的规范

IEEE802.6：城域网和物理层的规范

IEEE802.7：宽带技术

IEEE802.8：光纤技术

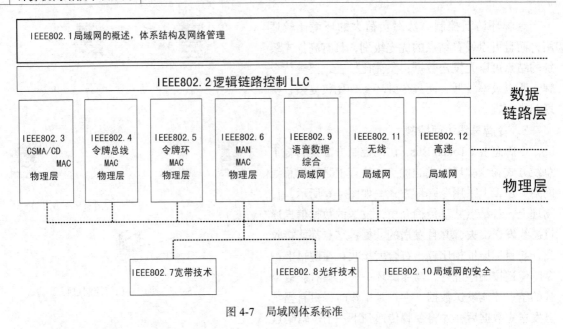

图 4-7　局域网体系标准

IEEE802.9：综合业务数字网技术

IEEE802.10：局域网安全技术

IEEE802.11：无线局域网技术

IEEE802.12：高速局域网（100Mbit/s）

IEEE802.14：电缆电视网（Cable-TV）

4.2　局域网的参考模型

局域网的体系结构相比广域网的体系结构要简单得多，只包含了最低二层，数据链路层和物理层，如图 4-8 所示。

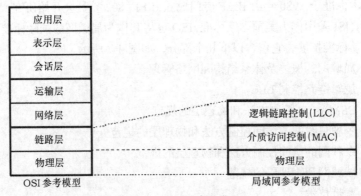

图 4-8　局域网参考模型

其中，物理层的功能是在传输介质上实现比特流的传输和接收等功能，规定所使用的信号、编码及传输介质和传输速率等规范，数据链路层又分为逻辑链路控制和介质访问控制两个子层。主要功能是将比特流组装成帧进行传输，并对其进行顺序、流量、差错控制等，将数据链路层分为二层的目的是为了让数据链路层功能中的与硬件有关和与硬件无关的部分分开，这也为以后进行功能扩充提供便利。

4.2.1　MAC

介质访问控制子层构成数据链路层的下半部，它直接与物理层相邻。MAC 子层的一个功能是支持 LLC 子层完成介质访问控制功能，MAC 子层为不同的物理介质定义了介质访问控制标准。MAC 子层的另一个主要的功能是在发送数据时，将从上一层接收的数据组装成带 MAC 地址和差错检测字段的数据帧；在接收数据时拆帧，并完成地址识别和差错检测。

4.2.2　LLC

逻辑链路控制子层构成数据链路层的上半部，与网络层和 MAC 子层相邻。LLC 子层在 MAC 子层的支持下向网络层提供服务。LLC 子层与传输介质无关，隐藏了各种局域网技术之间的差别，向网络层提供一个统一的信号格式与接口。LLC 子层的作用是在 MAC 子层提供的介质访问控制和物理层提供的比特服务的基础上，将不可靠的信道处理为可靠的信道，确保数据帧的正确传输。

LLC 子层的功能主要是建立、维持和释放数据链路，提供一个或多个服务访问点，为网络层提供面向连接的或无连接的服务。另外，LLC 子层还提供差错控制、流量控制和发送顺序控制等功能。

尽管将局域网的数据链路层分成了 LLC 和 MAC 两个子层，但这两个子层是都要参与数据的封装和拆封过程的，而不是只由其中某一个子层来完成数据链路层帧的封装及拆封。在发送方，网络层下来的数据分组首先要加上 DSAP（Destination Service AccessPoint）和 SSAP（Source Service Access Point）等控制信息在 LLC 子层被封装成 LLC 帧，然后由 LLC 子层将其交给 MAC 子层，加上 MAC 子层相关的控制信息后被封装成 MAC 帧，最后由 MAC 子层交局域网的物理层完成物理传输；在接收方，则首先将物理的原始比特流还原成 MAC 帧，在 MAC 子层完成帧检测和拆封后变成 LLC 帧交给 LLC 子层，LLC 子层完成相应的帧检验和拆封工作，将其还原成网络层的分组上交给网络层。

4.2.3　网络适配器

网络适配器又称为网络接口卡（Network Interface Card），也叫作网卡，有了它就能将计算机连接到网络。网卡的主要作用是处理计算机上发往网络上的数据并将数据分解为适当大小的数据包，然后发送出去；将网络上传送来的数据通过解包，变成计算机可以识别的数据格式。每块网卡都有一个唯一的物理地址，它是网卡生产厂家在生产时烧入 ROM（只读存储芯片）中的，我们把它叫作 MAC 地址（物理地址）。

网卡的种类很多，有不同的分类方法。按总线类型来分，可以分为 ISA、EISA、PCI、USB 和 PCMCIA 接口网卡。ISA、EISA 接口目前已经处于淘汰状态，很少使用；PCI 网卡是使用最多、最流行的网卡，用于台式 PC；PCMCIA 是一个专用于笔记本的网卡，如图 4-9 所示；USB 接口网卡既可用于台式 PC 也可以用于笔记本，如图 4-10 所示。

图 4-9　PCMCIA 网卡

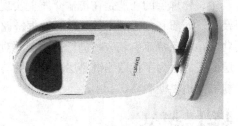

图 4-10　USB 网卡

按接口来分，网卡可以分为 4 种：RJ-45 接口，使用 RJ-45 的水晶头连接，传输介质为双绞线；BNC 接口，传输介质用细同轴电缆；AUI 接口，传输介质用粗同轴电缆；FDDI 接口，一般应用于光纤网络中。按带宽来分，可以分为 10Mbit/s、100Mbit/s、10/100Mbit/s 自适应、1 000Mbit/s 和 10Gbit/s 网卡。

网卡一般插在主板的扩展槽内。在安装网卡时必须将管理网卡的设备驱动程序安装在计算机的操作系统中。这个驱动程序告诉网卡应当从存储器的什么位置上将局域网传送过来的数据块存储下来。网卡还要能够实现常用的以太网协议。

网卡并不是独立的自治单元，因为网卡本身不带电源而是必须使用所插入的计算机的电源，并受该计算机的控制。因此，网卡可看成为一个半自治的单元。当网卡收到一个有差错的帧时，它就将这个帧丢弃而不必通知它所插入的计算机。当网卡收到一个正确的帧时，它就使用"中断"的方式来通知该计算机并交付给协议栈中的网络层。当计算机要发送一个 IP 数据包（网络层的 PDU）时，它就由协议栈向下交给网卡组装成帧后发送到局域网。

4.3　局域网技术概述

局域网技术目前成为计算机网络中一个非常重要的技术，是大型网络建立的基础，本节将对局域网技术做简单介绍，包括传统局域网、高速以太网、虚拟局域网、无线局域网等。

4.3.1　传统局域网

传统局域网中使用得最普遍、最常用、发展最迅速的是以太网技术，以太网技术成为了局域网的主流技术。一般都把局域网认为是以太网。

以太网的第一代产品在 1975 年推出，传输速率为 2.94Mbit/s，之后 Xerox、Inter 公司在 1980 年推出了 10Mbit/s 的以太网标准，1983 年，IEEE 委员会正式批准了第 1 个以太网标准 IEEE 802.3，采用 CSMA/CD 的介质访问控制方法。

传统的以太网局域网有 4 种实现的方式，即 10Base2、10Base5、10Base-T 和 10Base-F。由数据传输速率、信号方式、最大网段长度或介质类型 3 部分组成，前面的 10 表示数据传输速率为 10Mbit/s。Base 指基带信令发送，后面带有数字和字母，数字表示最大传输距离，如 2 表示最大传输距离是 200m，5 表示最大传输距离是 500m，而字母表示传输介质，T 表示传输介质是双绞线，F 表示传输介质是光纤，如果还有第 2 个字母的话，表示传输的工作方式，如 TX 中的 X 表示全双工方式。

（1）10Base5：最原始的以太网方式，使用直径 10mm 的 50Ω 粗同轴电缆，采用的是总线型拓扑结构，站点网卡的接口为 DB-15 连接器，通过 AUI 电缆，用 MAU 装置连接到同轴电缆上，末端用 50Ω/1W 的电阻端接；允许每个网段有 100 个结点，每个结点间的距离不少于 2.5m；每个网段的最大传输距离是 500m，网络的直径是 2 500m，即可由 5 个 500m 长的网段和 4 个中继器组成，但在 5 个网段里面只能有 3 个网段接连计算机，另外 2 个网段用于延长网络长度。利用基带的 10Mbit/s 传输速率，采用曼彻斯特编码传输数据。

10Base5 的优点是可靠性很高，缺点是新增结点比较麻烦，另外使用收发器装置，成本也较高，而且由于交换式网络的广泛应用，现在在局域网中已很少被采用。

（2）10Base2：它是为了降低 10Base5 的安装成本和复杂性而设计的，使用 50Ω细同轴电缆，采用总线拓扑结构，每个结点通过一个 T 形接头（见图 4-11）与电缆相连，末端用 50Ω连接器相连，允许每个网段有 30 个结点，每个结点的距离不小于 0.5m，采用基带传输技术，每个网段的最大传输距离限制为 185m，网络直径是 925m，保持了 10Base5 通过 4 个中继器扩展成 5 个网段的能力，也只能有 3 个网段接连计算机，另外 2 个网段用于延长网络长度，同样利用基带的 10Mbit/s 传输速率，采用曼彻斯特编码传输数据。

10Base2 相比 10Base5 安装更容易，成本也低，增加新结点也方便。

图 4-11　T 形连接器

（3）10Base-T：1990 年发布的以太网物理层标准，使用两对非屏蔽双绞线，一对用于发送数据，一对用于接收数据，采用星形拓扑结构，用 Hub 和交换机相连，用 RJ-45 模块作为端连接，10Base-T 任意两个结点间不能超过 5 段线，每段的最大长度是 100m，所以网络的最大延伸距离是 500m。

（4）10Base-F：使用多模光纤作为传输介质的以太网，使用双工光缆，一条用于发送数据，一条用于接收数据；使用 ST 连接器，星型拓扑结构，网络直径是 2500m，目前也很少使用。

4.3.2　高速以太网

随着网络的快速发展，对局域网的数据传输速率要求越来越高，传统的局域网技术已不能满足需求，必须采用一些新的技术来提高数据传输速率，我们一般认为传输速率大于和等于 100Mbit/s 的以太网称为高速以太网，目前的高速以太网有 100Base-T 以太网、吉比特以太网、10 吉比特以太网。

1. 100Base-T 以太网

1995 年 5 月，IEEE 正式通过了 802.3u 标准，即 100Mbit/s 以太网的标准，它是在 10Mbit/s 以太网技术上发展起来的，保留了传统局域网中的体系结构和介质控制访问方法不变，只是在物理层上做了一些调整。用户只要更换网络适配器和集线器，就可以把 10Base-T 以太网升级到 100Base-T 以太网。100Base-T 以太网制定了 3 种不同的标准：100Base-TX、100Base-FX 和 100Base-T4。

（1）100Base-TX：使用两对五类非屏蔽双绞线，最大传输距离是 100m。其中一对用于发送数据，另一对用于接收数据，发送和接收都有独立的传输通道，所以支持全双工通信方式。

（2）100Base-FX：使用的是两根光纤，其中一根用于发送数据，另一根用于接收数据。可用单模光纤或者多模光纤，在全双工情况下，单模光纤的最大传输距离是 40km，多模光纤的最大传输距离是 2km。

（3）100Base-T4：使用的是 4 对三类或五类非屏蔽双绞线，最大传送距离是 100m。其中的 3 对线用以传输数据，一对线进行冲突检验和控制信号的发送接收。

2. 吉比特以太网

吉比特以太网是 IEEE 802.3 以太网标准的扩展，传输速率为 1Gbit/s。IEEE 委员会在 1998 年正式批准了吉比特以太网标准 IEEE 802.3z，IEEE 802.3z 工作组已确定了以下几种标准。

1000Base-LX：LX 表示长波长；采用工作波长为 1300nm 的多模和单模光纤做传输介质；使用芯径 62.5μm 和 50μm 多模光纤及 9μm 的单模光纤，多模光纤传输距离为 550m，单模光纤传输距离为 5 000m。

1000Base-SX：SX 表示短波长；采用工作波长为 850nm 的多模光纤做传输介质；芯径 62.5μm 的多模光纤传输距离为 275m，芯径 50μm 的多模光纤传输距离为 550m，不支持单模光纤。

1000Base-CX：使用短距离高速率屏蔽铜缆，最大传输距离为 25m，适用于短距离交换机相连，特别是对主干交换机与主服务器的短距离连接。

1000Base-T：使用 4 对五类非屏蔽双绞线，传输最大距离为 100m。

3. 10 吉比特以太网

10 吉比特以太网的数据传输速率达到了 10Gbit/s，IEEE 委员会在 2002 年 6 月正式发布了 10 吉比特以太网标准 IEEE 802.3ae。

10 吉比特以太网只能使用光纤作为传输介质，目前支持 9μm 的单模光纤和 50μm、62.5μm 的多模 3 种光纤，且只能为全双工方式通信。采用单模光纤时传输的距离可达 40km，使用多模光纤时，传输距离为 65～300m，10 吉比特以太网不仅应用于局域网，而且还可以应用于城域网和广域网。

4.3.3 虚拟局域网

虚拟局域网（Virtual Local Area Network，VLAN）是将物理上互相连接的网络在逻辑上建立成几个独立的逻辑组网络，一个逻辑组就是一个虚拟的网络，通过这种逻辑网络可以解决交换机在进行局域网互连时无法限制广播的问题。每个 VLAN 是一个广播域，一个 VLAN 内的广播信息只能在 VLAN 内部传送，每一个 VLAN 就是一个逻辑分组，与物理上形成的 LAN 有着相同的特点。但由于它是逻辑划分而成不是物理划分，所以同一个 VLAN 内的各个结点无须处于相同的物理位置，即这些结点不一定属于同一个物理 LAN 网段。一个 VLAN 内部的广播和单播流量都不会转发到其他 VLAN 中，即使是两台计算机有着同样的网段，但是它们只要不属于同一个 VLAN，它们各自的广播流也不会相互转发。在传统的局域网中，一个网段就是一个逻辑分组，在同一个网段的的结点通信采用广播方式。网段与网段之间的通信需要用网桥或者交换机来实现数据转发，如果要将一个网段内的结点移到另外一个网段，就需要将该结点从这个网段拆出，连接到另外一个网段，受到结点所处网段物理位置的限制。

虚拟局域网就是为了使逻辑分组上的结点不受物理位置的限制，通过软件管理和控制，实现同一个逻辑组的结点不需要一定处在同一个物理网段，可以连接在同一个局域网的交换机上，也可以连接在不同局域网的交换机上，只要这些交换机是相连的，当一个结点要从一个逻辑组移到另一个逻辑组时，只需要通过软件设置实现即可，不需要改变它在网络中的物理位置。通过设计网络逻辑结构，可以将同一局域网或不同局域网的多个结点组合在一起，形成一个虚拟局域网，就好像它们是一个单独局域网，从而有助于控制流量、减少设备投资、简化网络管理、提高网络的安全性。

1. 虚拟局域网的特点

虚拟局域网的出现，能有效地提高网络的管理和安全，得到了广泛的支持和应用，成为了当前热门的网络技术之一，它具有以下特点。

（1）安全性：对于不同级别的结点，可以划分在同一个 VLAN 内，不管各个结点所处的物理位置，加强了数据的保密性。

（2）控制广播：广播域被限制在一个 VLAN 内，广播只能在 VLAN 内部传送，提高网络的性能。

（3）管理方便：同一个 VLAN 不必局限于某一固定的物理范围，网络构建和维护更方便灵活。

2. 虚拟局域网的划分

（1）根据端口来划分 VLAN。

利用交换机的端口来划分 VLAN 成员，可以把一个或多个交换机上的端口划分成一个虚拟局域网，如图 4-12 所示。目前这种根据端口来划分 VLAN 的方式是最常用的一种方式。根据端口来划分非常简单方便，但是缺点是当一个端口想重新分配到另外 VLAN 时必须重新对其进行配置。

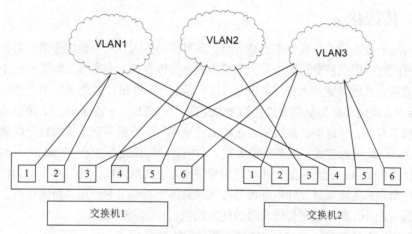

图 4-12　基于端口划分的 VLAN

（2）根据 MAC 地址划分 VLAN。

根据每个主机的 MAC 地址来划分，即对每个 MAC 地址的主机都配置它属于哪个 VLAN。这种划分 VLAN 方法的最大优点就是当用户物理位置移动时，即从一个交换机换到其他的交换机时，VLAN 不用重新配置，所以，可以认为这种根据 MAC 地址的划分方法是基于用户的 VLAN。这种方法的缺点是初始化时，所有的用户都必须进行配置，如果 VLAN 成员数量很多，配置是非常累的。而且这种划分的方法也导致了交换机执行效率的降低，因为在每一个交换机的端口都可能存在很多个 VLAN 组的成员，这样就无法限制广播包了。这种划分适合局域网内的移动办公。

（3）根据网络层划分 VLAN。

这种划分 VLAN 的方法是根据每个主机的网络层地址或协议类型（如果支持多协议）划分的。这种方法的优点是结点可以随意移动而不需要重新配置网络地址；缺点是效率低，因为检查每一个数据包的网络层地址是需要消耗处理时间的（相对于前面两种方法），速度会比较慢。

（4）根据 IP 组播划分 VLAN。

这种划分是每个 VLAN 都和一段独立的 IP 地址相对应，而且将 VLAN 扩大到了广域网。因此这种方法具有更大的灵活性，也很容易通过路由器进行扩展。当然这种方法不适合局域网，主要是效率不高。

4.4　Internet 接入技术

为了使用多种多样、功能强大的 Internet 服务，用户首先要将自己的计算机与 Internet 相连接，然后再安装相关的协议，进行相应的配置，有时还需要安装某些软件。

PC 与 Internet 相连接的方式，取决于用户所处的位置，以及用户周围的计算机网络环境，如家庭用户大多采用电话拨号接入方式或 xDSL 上网方式，年轻人则更喜欢使用手机等无线接入方式，企业用户一般使用专线接入方式等。

Internet 的接入也是 Internet 发展的重要课题，如"最后一公里"问题，就是指现在 Internet 的主干线越来越强，而最终接入住户那一段就成了瓶颈，也成为提高整个 Internet 数据吞吐率的关键之一。

4.4.1　传统接入

衡量 Internet 接入方式的重要指标是带宽，即具体的接入方式中数据传输的最大速率。一般来讲，接入方式可以根据带宽的大小分为窄带方式和宽带方式，窄带接入指带宽小于 56kbit/s 的接入方式，宽带方式的带宽则大于 56kbit/s。这个标准并不严格，因为实际中有些传输率略高于 64kbit/s 的接入方式也被称为窄带方式，如 ISDN 接入（64kbit/s～128kbit/s）。传输速率又可以细分为分上行和下行，上行速率就是数据发送出去的速率，下行速率就是接收数据的速率。

传统的 Internet 接入方式一般是窄带方式。中国互联网络信息中心（CNNIC）的中国互联网发展状况统计报告显示，截至目前，还在使用窄带接入方式的网民，已经基本成为历史。这里的窄带包括无线窄带和传统窄带，即电话拨号接入。总体上看窄带的使用率持续走低，由于无线窄带的使用比例在上升，所以以表明传统窄带的使用比例正在迅速缩小。

这里主要介绍电话拨号接入和 ISDN 接入两种传统方式。

1. 电话拨号接入

电话拨号接入是个人用户接入 Internet 最早采用的方式之一。所谓拨号是指利用 Modem 呼叫另一台计算机或网络并登录。电话拨号接入非常简单，只需要一个 Modem，一根电话线即可。但这种方式的速度很慢，理论上只能达到 33.6kbit/s 的上行速率和 56kbit/s 的下行速率，因此直接电话拨号接入属于窄带方式。

电话拨号接入通常使用的协议是 SLIP（Serial Line Internet Protocol，串行连接网际协议）或 PPP（Point to Point Protocol，点对点协议）。SLIP 是一种比较老的连接方式，优点是实现起来比较简单，缺点是 SLIP 只负责数据的封装与发送，不能检错纠错等功能，目前广泛使用的是 PPP 连接方式，相比 SLIP 而言，安全性和可靠性都大幅度提高。在电话拨号方式中，用户使用 Modem，通过电话网与 ISP 主机连接，再通过 ISP 的路由器接入 Internet。这种方式中，ISP 给拨号接入的用户主机随机分配一个可用的 IP 地址，充分地利用有限的 IP 地址，也使该用户主机获得了与 Internet 上其他主机相平等的地位，但如果 ISP 的可用地址已经暂时分配完毕，则该主机就不能接入 Internet，直到被其他主机占用的 IP 地址空闲下来为止。需要说明的是，在电话拨号上网时，不能接打电话，因为电话信道已经被数据传输业务所占据。

2. ISDN 接入

ISDN（Integrated Services Digital Network，综合业务数字网接入）俗称"一线通"，是传统电话接入和宽带接入之间的过渡方式。ISDN 接入 Internet 与使用 Modem 的普通电话拨号方式类似，也有一个拨号的过程。不同的是，ISDN 接入不用普通的 Modem，而是用 ISDN 适配器来拨号。从原理上来讲，普通电话拨号在线路上传输模拟信号，有一个 Modem 负责"调制"和"解调"的过程，而 ISDN 的传输过程是纯数字过程。

ISDN 与传统电话拨号相比有以下优点。

（1）综合的通信业务。一条电话线可当两条使用，可以使用两部电话，在上网的同时可拨打、接听电话，收发传真；还可以使用两台计算机同时上网。通过配置适当的终端设备，也可以实现可视电话或会议电视功能。

（2）呼叫速度快。通过 Modem 上网传输速率低、质量差；ISDN 呼叫连接速度快，用户线传输速率是 64kbit/s 或 128kbit/s。用 Modem 上网需 40s 左右，用 ISDN 仅需 3～10s。

（3）传输质量高。ISDN 采用端到端数字传输，接收用户端声音失真很小，而数据传输比特误码性能比传统电话线路至少改善了 10 倍。

（4）使用灵活方便。用户使用一个入网接口和普通电话号码就能从网络得到多种服务，用户可在这个接口上连接不同种类的终端。

（5）费用适宜。由于使用单一网络提供多种服务，提高了网络资源利用率，可用低廉的费用向用户提供服务。

中国电信产业发展很快，但是在 ISDN 大面积部署的时候，中国还没有引入此项技术。在欧美国家 ISDN 很普遍的时候，中国才开始安装终端设备。而此时，ADSL 技术已经成熟并向市场推广了。

在 20 世纪 90 年代中期只有在北京、上海、广州等少数几个试点城市 ISDN 的安装比较多，其他城市则只是小面积使用。推究根本原因在于运营商需要投入巨额资金用于设备改造。当时中国电信提供的 ISDN 方案是窄带 ISDN 标准，只能提供 128kbit/s 的速率。用户需要承担接近 1.5 倍普通电话的费用。而网上业务没有真正展开，用户需要的服务和内容都得不到支持。

ISDN 不像 xDSL 那样语音与数据容易分离，因此用户必须使用全部数字化的设备。ISDN 不能灵活地适应中国需求多样化的市场，只能淡出市场角逐。而 xDSL 高带宽、大容量和低廉的改造费用让运营商很快投入到 xDSL 网络建设。

4.4.2　宽带接入

宽带方式这一概念有广义和狭义之分。狭义上的宽带上网指居民用户常用的 ADSL 方式。而从广义上讲，带宽远远超过 56kbit/s 的接入方式都叫作宽带方式。当今的专线接入、ISDN 接入、xDSL 接入、HFC 接入、光纤接入等方式，都属于宽带方式。

1. xDSL 接入

传统的铜线接入技术，即普通电话拨号接入方式，带宽为 56kbit/s，不能满足用户对 Internet 服务的需求。虽然电话线的传输带宽有限，但由于电话网非常普及，其线路占据了全世界用户线的 90%以上，如何充分利用这部分宝贵资源，并想办法提高它的带宽？xDSL 给出了较好的解决方案。

xDSL 是 DSL（Digital Subscriber Line，数字用户线路）的统称，它是以普通电话线为传输介质的宽带接入技术。它可以在一根铜线上分别传送数据和语音信号，其中数据信号并不通过电话交换设备，不需要拨号，不影响通话。其最大的优势在于利用现有的电话网络架构，不需要对现有接入系统进行改造，就可以方便地开通宽带业务，也认为是解决"最后一公里"问题的最佳选择之一。

xDSL 同样使用调制解调器，只是标准和普通的 Modem 不同。先进的技术使通信速率大幅提高，最高能提供比普通 Modem 高 300 倍的带宽。常用的 xDSL 技术如表 3-4 所示，其中最流行的技术是 ADSL 和 VDSL。

表 4-1   常用的 xDSL 技术

xDSL	中文名称	下行速率（bit/s）	上行速率（bit/s）	铜线对数
HDSL（High Speed DSL）	高速数字用户线	1.544M～2M	1.544M～2M	2 或 3
SDSL（Single Line DSL）	单线路数字用户线	1M	1M	1
ADSL（Asymmetric DSL）	非对称数字用户线	1.544M～8.192M	512k～1M	1
VDSL（Very High Speed DSL）	甚高速数字用户线	12.96M～55.2M	1.5M～2.3M	2
RADSL（Rate Adaptive DSL）	速度自适应数字用户线	640k～12M	128k～1M	1
S-HDSL（Single-pair High speed DSL）	单线路高速数字用户线	768k	768k	1

按数据传输的上行速率和下行速率是否相同，上述 xDSL 技术又可分为对称（Symmetrical）和非对称（Asymmetrical）两类。在对称 DSL 技术中，上行和下行的数据速率相同，如 HDSL、SDSL 和 S-HDSL，这类技术具有线路质量要求较低、安装调试简单的特点。

非对称 DSL 技术的上、下行速率不同，上行数据速率较低，下行数据速率较高。主要有 ADSL、VDSL 和 RADSL，适用于对双向带宽要求不一样的应用，如 Web 浏览、多媒体点播、信息发布、视频点播等，因此成为 Internet 接入中很重要的一种方式。目前最常用的是 ADSL 技术。

2. HFC 接入

为了解决终端用户接入 Internet 速率较低的问题，人们一方面通过 xDSL 技术充分提高电话线路的数据速率，另一方面尝试使用目前覆盖范围广、潜力大、高带宽的有线电视网（CATV）。有线电视网是由相关部门设计，用来传输电视信号的，从用户数量看，我国已经拥有世界上最大的有线电视网，其覆盖率甚至高过电话网。充分利用这一资源、改选原来线路、变单向信道为双向信道，以实现高速接入 Internet 的思想推动了 HFC 的出现和发展。

光纤同轴电缆混合网（Hybrid Fiber Coax，HFC）是一种宽带网络，也可以说是有线电视网的延伸。它采用光纤从交换局到服务区，而在进入用户的"最后一公里"采用有线电视同轴电缆，它可以同时提供电视广播（模拟或数字电视）和数据通信服务。HFC 接入技术是以有线电视网为基础，采用模拟频分复用技术，综合应用模拟和数字传输技术、计算机技术所产生的一种宽带接入网技术。以这种方式接入 Internet 可以实现 10～40Mbit/s 的带宽，用户可享受的平均数据速率是 200～500kbit/s，最快可达 1 500kbit/s，用它可以实现宽带多媒体业务，并且可以绑定独立 IP。

在 HFC 接入方式中，用户终端系统是以电缆调制解调器（Cable Modem，CM）为代表的用户室内终端设备连接系统。Cable Modem 是一种将数据终端设备连接到 HFC 网，以使用户能访问 Internet 等信息资源的连接设备，它主要用于有线电视网进行数据传输。Cable Modem 工作在物理层和数据链路层，其主要功能是将数字信号调制到模拟信号，以及将模拟信号中的数字信号解调出来供计算机处理。除此之外，Cable Modem 还提供标准的以太网接口，部分地完成路由器、交换机和网卡的功能。

与 HFC 接入方式相关的设备还有机顶盒（Set Top Box，STB）。机顶盒是一种扩展电视机功能的家用电器，由于常放于电视机顶上，故称为机顶盒。目前的机顶盒很多是网络机顶盒，其内部包含操作系统和浏览软件，通过电话网或有线电视网接入 Internet，使用电视机作为显示器，实现了没有计算机的上网。

3. 光纤接入

光纤由于宽带宽、远距离传输能力强、保密性好、抗干扰能力强等诸多优点，得到了迅速发展和应用。近年来光纤在接入网的广泛应用也呈现出一种必然趋势。光纤接入技术实际就是在接入网中全部或部分使用光纤传输介质，实现用户宽带接入的一种方案。

光纤接入的具体方案通常称为 FTTx，其种类如表 4-2 所示。其中，FTTH 将是光纤接入网发展的必然趋势。

表 4-2　　　　　　　　　　　　　　　　　FTTx 种类

FTTx	英 文 名	中 文 名
FTTC	Fiber To The Curb	光纤到路边
FTTZ	Fiber To The Zone	光纤到小区
FTTB	Fiber To The Building	光纤到大楼
FTTF	Fiber To The Floor	光纤到楼层
FTTO	Fiber To The Office	光纤到办公室
FTTH	Fiber To The Home	光纤到户

光纤到户（FTTH）即将光纤一直铺设到用户家庭，这应该是居民用户接入网的最后解决方法。但目前将光纤铺设到每个家庭还无法普及：第一，光纤到户的费用还不是很便宜，其中包括铺设光缆的费用和安装在用户家中的光接口设备的费用，以及应交给电信公司的月租费等；第二，现在很多用户还不需要使用这么宽的带宽。当一幢大楼有较多用户需要使用宽带业务时，可采用光纤到大楼（FTTB）方案。光纤进入大楼后转换为电信号，然后用电缆或双绞线分配到各用户。这种方案可支持大中型企业高速率的宽带业务需求，它比 FTTH 也要经济些。

现在比较流行的是光纤到路边（FTTC）。从路边到各个用户可使用星形结构的双绞线作为传输媒体，因此 FTTC 实际上就是 FTTx+LAN 的技术。近年发展起来的建立在双绞线基础上的以太网技术，已成为目前使用最广泛的局域网（LAN）技术，其特点是扩展性强、投资成本低、入户带宽可达 10～100Mbit/s，具有非常高的性价格。另一方面，干线采用光纤已经成为不可阻挡的趋势，因而将光纤接入结合以太网技术可以构成高速以太网接入，即 FTTx+LAN，通过这种方式可以实现"千兆到大楼，百兆到楼层，十兆到桌面"，为实现最终光纤到户提供了一种过渡。从总体上来看，FTTx+LAN 是一种比较廉价、高速、简便的数字宽带接入技术，特别适用于我国这样的人口居住密集型国家。

4. 专线接入方式

对于上网计算机较多、业务量大的企业用户，可以采用租用线路的方式接入 Internet。我国现有的几大基础数据通信网络——中国公用数字数据网（ChinaDDN）、中国公用分组交换数据网（ChinaPAC）、中国公用帧中继宽带业务网（ChinaFRN）和无线数据通信网（ChinaWDN）均提供线路租用业务。因此，专线接入就是通过各种专用数据通信线路与 ISP 相连，借助 ISP 与骨干网的连接通路访问 Internet 的接入方式。

其中，DDN（Digital Data Network，数字数据网）专线接入最为常见，应用较广。DDN 方式利用光纤、微波、卫星等数字信道和数字交叉复用结点，传输数据信号，可以实现 2Mbit/s 以内的全透明数字传输以及高达 155Mbit/s 速率的语音、视频等多种业务。DDN 专线接入特别适用于金融、证券、保险等各类企业机构和政府部门。

4.4.3　无线接入

据调查，全球移动设备使用数量呈井喷式发展，在我国使用手机接入互联网的网民数量已超过 5 亿。无线接入在众多新兴接入技术中备受瞩目。无线接入技术是指从业务结点到用户终端之间全部或部分设备采用无线手段，向用户提供固定和移动接入服务的技术。采用无线通信技术将各用户终端接入到核心网的系统，或者用户网络部分采用无线通信技术的系统都统称为无线接入系统。由无线接入系统所构成的用户接入网称为无线接入网。

无线接入按接入方式和终端特征通常分为固定无线接入和移动无线接入两大类。固定无线接入指从业务结点到固定用户终端采用无线技术的接入方式，用户终端不含或仅含有限的移动性，主要包括卫星、微波等方式。移动无线接入，指用户终端移动时的接入，包括移动蜂窝通信网（GSM、CDMA、TDMA）、无绳电话网、卫星全球移动通信网以及个人通信网等，是当前接入研究和应用中很活跃的一个领域。

1. 卫星通信接入技术

卫星通信作为一种重要的通信方式，在数字技术的带动下得到了迅速发展。由于卫星通信具有覆盖面大、传输距离远、不受地理条件限制等优点，利用卫星通信作为宽带接入网技术，在复杂的地理条件下，是一种有效并且前景广阔的方案。目前，应用卫星通信接入 Internet 主要有两种方法：全球宽带卫星通信系统和数字直播卫星接入技术。

全球宽带卫星通信系统，将静止轨道卫星系统的多点广播功能和低轨道卫星的灵活性和实时性结合起来，可为固定用户提供 Internet 高速接入、会议电视、远程应用等多种高速的交互式业务。也就是说，全球宽带卫星系统可建成"太空 Internet"。在没有宽带地面基础设施，或者是地面基础设施不发达的地区，均可采用这种宽带无线接入方式。这种卫星通信接入网的带宽可达 2Mbit/s。

数字直播卫星接入技术利用地球同步轨道的通信卫星将高速数据发送到用户的接收天线，所以一般也称为高轨卫星通信。其特点是通信距离远，费用与距离无关，覆盖面积大且不受地理环境限制，频带宽、容量大，适用于多业务传输，可为全球用户提供大跨度、大范围、远距离的数据通信服务，通常下行速率为 400kbit/s，上行为 33.6kbit/s，比传统 Modem 高 8 倍，可以提供视频、音频多点传送服务。不过这一数据速率仍无法与 xDSL 及 Cable Modem 相比。

卫星通信接入技术不仅用于接入网，更重要的是还应用于国际、国内 Internet 骨干网的接入。我国在 1998 年年底首次采用非对称技术，开通了第一条收/发分别为 45Mbit/s 和 8Mbit/s 的 Internet 国际卫星链路，此后 ChinaNet 有了几十条国际卫星链路。目前，我国 Internet 骨干网接入即采用卫星和光缆相结合的方式。

2. 移动无线接入

作为移动无线接入最普遍的方式，这里介绍蜂窝电话接入 Internet，即俗称的手机上网。手机上网是移动互联网的一种体现形式，是传统计算机上网的延伸和补充。3G 网络的开通，使得手机

上网发展得更为迅速。据 CNNIC 的调查报告，截至 2009 年 6 月，我国使用手机上网的网民达到
1.55 亿人，半年内增长了 32.1%，手机网民规模呈现迅速增长的势头。

手机上网使用的是 WAP。WAP（Wireless Application Protocol，无线应用协议）对移动电话接
入 Internet 的发展做出了巨大的贡献。WAP 是一个开放式的标准协议，可以把网络上的信息传送
到移动电话或其他无线通信终端上。它是由爱立信（Ericsson）、诺基亚（Nokia）、摩托罗拉
（Motorola）等通信业巨头在 1997 年成立的无线应用协议论坛（WAP Forum）中所制定的。WAP
使用一种类似于 HTML 的标记式语言 WML（Wireless Markup Language），并可通过 WAP Gateway
直接访问一般的网页。通过 WAP，用户可以随时随地利用无线通信终端来获取互联网上的即时信
息或公司网站的资料，真正实现无线上网。

WAP 是向移动终端提供互联网内容和先进增值服务的全球统一的开放式协议标准，是简化了
的无线 Internet 协议。WAP 将 Internet 和移动电话技术结合起来，使随时随地访问丰富的互联网
资源成为现实。用户使用手机直接上网，通过手机"WAP 浏览器"浏览 WAP 站点的服务，可享
受新闻浏览、股票查询、邮件收发、在线游戏、聊天等多种应用服务。WAP 已成为通过移动电话
或其他无线终端访问无线信息服务的全球实施标准，它不但使现有的许多应用得到了突飞猛进的
改变，同时也催生出更多新的增值业务。

目前，WAP 在很多方面还不够成熟，但是已经足够打开一个新的通信领域，为无线网络提供
了足够的技术标准基础，让互联网能够真正无处不在。

4.4.4　局域网接入方式

局域网接入方式主要是用交换机或者路由器作为中心结点将多个用户连接起来，组成一个局
域网，在采用技术使交换机或者路由器与 ISP 相连，交换机或路由器连接到 ISP 的方式很多，可
以采用 ADSL、DDN、ISDN、X.25 和光纤接入等。LAN 接入方式可以很好地解决传统拨号低速
率问题，而且成本很低，局域网接入方式一般用于家庭、企业和小区宽带的共享接入。

随着 Internet 应用的不断扩展，各种应用层出不穷，也迫使人们不断地改进已有的接入方式，
同时寻找更合适的新接入方式。在各种新兴的 Internet 接入技术中，电力线接入是比较引人注目
的一种。

电力线用于高速数据接入和室内组网，即通过电力线载波方式传送语音和数据信息，可大大
节省通信网络的建设成本。电力线通信是接入网的一种替代方案，因为电话线、有线电视网相对
于电力线，其线路覆盖范围要小得多。在国内，除了特别偏僻的山区外，电力线几乎无处不在。
在每个家庭，每个房间，至少都有一个以上的电源插座，这对开展接入业务十分方便。在室内组
网方面，计算机、打印机、电话和各种智能控制设备都可以通过普通的电源插座，由电力线连接
起来，组成局域网。现有的各种网络应用，如语音、电视等多媒体业务，都可通过电力线向用户
提供，以实现接入网和室内组网的多网合一。

电力线接入把户外通信设备插入到变压器侧的输出电力线上，该通信设备可以通过光纤与主
干网相连，向用户提供多媒体业务。户外设备与各用户端设备之间的所有连接都可以看作是具有
不同特性和通信质量的信道，如果通信系统支持室内组网，则室内任何两个电源插座间的连接都
是一个通信信道。

总之，电力线接入将是未来接入技术的一大发展方向。电力网作为宽带接入媒介，除了可以
提供 Internet 接入的新选择，还能够帮助解决"最后一公里"问题。当然，目前电力线接入的技
术方面还有待于进一步研究，各种相关问题也有待于进一步解决。

实验　网卡的安装与配置

1. 实验目的

- 掌握网卡的安装、接连与设置的方法。

2. 实验环境

- 硬件：PC、网卡、螺钉旋具、网线。
- 软件：Windows XP 操作系统。

3. 实验说明

- 实验者必须掌握网卡的工作原理，理解网卡在网络中的作用。

4. 实验步骤

- 步骤 1：查看网卡的外观，看清网卡的接口，掌握网卡的连接方式。
- 步骤 2：打开机箱，观察 PC 主机主板上的扩展槽，找到与网卡配套的插槽，将网卡插入到插槽中，注意插的方向不能相反，并固定螺钉。
- 步骤 3：将网线接入到网卡上，另一端接入局域网设备上（交换机或者路由器上）。
- 步骤 4：启动 PC，在网络邻居里面设置 IP 地址，设置方法参考实验二。
- 步骤 5：在 dos 环境命令下用 ping 命令测试网卡是否安装好（ping 127.0.0.1）。
- 步骤 6：用 ipconfig 命令查看本机的 IP 地址，物理地址等参数。

5. 实验小结

本实验的是连接到网络重要的一环，必须掌握好。

习　　题

1. 局域网有哪些特点？
2. 局域网中常用的拓扑结构有几种方式？各种方式各具有哪些特点？
3. 简述 CSMA/CD 介质访问控制方法的工作过程。
4. 局域网常用的有线传输介质有哪几种？每种传输介质各有什么特点？
5. 虚拟局域网具有哪些特点？划分的方法有哪几种？

第5章
网络的互联

随着计算机网络技术和通信技术的发展，计算机网络日益深入到社会的各个方面，计算机网络所提供的应用也越来越多，单一的网络环境已远远不够满足社会的需求，需要将多个网络环境互联在一起形成更大的网络来实现信息交换和资源共享，要实现网络的互联需要使用相应的硬件和软件。

5.1　网络互联的概念

网络互联是将分布在不同地理位置的网络、网络设备连接起来，构成更大规模的网络，以实现网络资源共享和数据通信。相互连接的网络可以是同种类型的网络，也可以是运行不同网络协议的异型系统。网络互联可以提高和改善网络的性能，降低获取网络资源的成本，增加网络地理覆盖范围，增强网络的安全性和可靠性等。

5.1.1　网络互联的类型

网络互联将分布在不同地理位置的网络连接起来，构成更大的网络，这些网络可以是一个小型网络，也可以是一些中型和大型的网络，因此网络互联的类型主要有以下几种：

1. LAN-LAN 互联

LAN-LAN 互联是日常生活中最常见的一种互联方式，例如学校或公司里面就有多个LAN-LAN互联。LAN互联又分为同种LAN互联和异种LAN互联。同种网络互联是指符合相同协议局域网的互联，主要采用的设备有中继器、集线器、网桥、交换机等。而异种网的互联是指不同协议局域网的互联，主要采用的设备为网桥、路由器等设备。

2. LAN-WAN 互联

LAN-WAN 互联也是常见的互联方式之一，可以扩大局域网的数据通信范围，使局域网连接到更大的网络范围中，同时也可以采用 LAN-WAN-LAN 互联方式将两个分布在不同地理位置的LAN 通过 WAN 实现互联，LAN-WAN 互联设备主要有路由器和网关。

3. WAN-WAN 互联

WAN-WAN 互联是将不同地区的多个广域网互联起来构成更大的网络，可以使分别连入各个广域网的主机资源能够共享，互联的设备主要是通过路由器和网关。

5.1.2　网络互联的层次

根据网络协议所属的层次，可以将网络互联的层次分为以下四层：

（1）物理层互联。

用于增加网络信号的范围的互联。主要的网络互联设备是中继器和集线器。作用是将网络上传输的信号进行放大，用于延长网络覆盖的范围。

（2）数据链路层互联。

用于互联两个或多个同一类型的局域网，工作在数据链路层的网络设备是网桥和交换机。作用是对数据进行存储、物理地址过滤和数据转发来完成网络数据的通信。

（3）网络层互联。

主要用于广域网的互联中，实现不同网络之间的数据交换，工作在网络层的网络设备是路由器和第三层交换机。作用是解决路由选择、拥塞控制、差错处理和分段技术等。

（4）高层互联。

用于在传输层及以上各层协议不同的网络互联，工作在高层的网络设备是网关，一般是应用层网关。

5.2 网络互联的设备

5.2.1 中继器与集线器

中继器与集线器都工作在物理层。

中继器（Repeater）的概念较为宽泛，工业中很多地方都会用到这种设备。一般来讲，只要是将线路中已经衰减的信号进行放大，使其传送更远的距离，这样的设备都叫中继器，中继器的外观如图 5-1 所示。

在计算机网络中，由于存在损耗，通信线路上传输的信号功率会逐渐衰减，衰减到一定程度时将造成信号失真，导致接收错误。中继器就是为解决这一问题而设计的。它对衰减的信号进行放大，保持与原数据相同。从其简单地将信号放大的工作方式看，中继器是网络体系结构中物理层的连接设备，它可以说是最简单的网络互联设备。一般情况下，中继器的两端连接的是相同的媒体，但有的中继器也可以完成不同媒体的转接工作。

正是因为中继器连接网络线路，在两个网络结点之间的双向转发物理信号，完成信号的复制、调整和放大功能，单个网络的范围才能够得以加大。从理论上讲，中继器的使用是无限的，网络也因此可以无限延长。事实上这是不可能的，因为网络标准中都对信号的延迟范围做出了具体的规定，中继器只能在规定范围内工作，否则会引起网络故障。

集线器（Hub）如图 5-2 所示，集线器的英文称为"Hub"。"Hub"是"中心"的意思，集线器的主要功能也是对接收到的信号进行再生整形放大，以扩大网络的传输距离，同时把所有结点集中在以它为中心的结点上。集线器按照对输入信号的处理方式上，可以分为无源 Hub、有源 Hub。

无源 Hub：不对信号做任何的处理，对介质的传输距离没有扩展，并且对信号有一定的影响。连接在这种 Hub 上的每台计算机，都能收到来自同一 Hub 上所有其他计算机发出的信号。

有源 Hub：有源 Hub 与无源 Hub 的区别就在于它能对信号放大或再生，这样它就延长了两台主机间的有效传输距离，从这一点上说有源 Hub 具备了中继器的功能。

图 5-1 中继器外观

图 5-2 集线器外形图

基于集线器工作的网络是一个共享介质的网络，共享介质网络的特点是每个结点都平等地使用公共传输介质，一个集线器端口收到一个数据信息，收到的信息将会被其他所有端口都接收。对于一个确定的带宽网络，如果集线器上接入了 N 台 PC，那么每台的带宽就变成了只接入一台 PC 时的 1/N，如果结点继续增加，则每个结点的带宽就越来越小，甚至造成整个网络的瘫痪。

这种广播发送数据方式还有几方面不足：①用户数据包向所有结点发送，很可能带来数据通信的不安全因素，如一些别有用心的人很容易就能非法截获他人的数据包；②由于所有数据包都是向所有结点同时发送，加上以上所介绍的共享带宽方式，就更加可能造成网络塞车现象，更加降低了网络执行效率；③非双工传输，网络通信效率低，集线器的同一时刻每一个端口只能进行一个方向的数据通信，而不能像交换机那样进行双向双工传输，网络执行效率低，不能满足较大型网络通信需求。

5.2.2 网桥

网桥工作在 OSI 参考模型中的第 2 层数据链路层，它将多个独立的局域网互连起来，且局域网的结构和类型标准可以不同，形成一个逻辑的局域网，以实现相互局域网之间的通信。网桥主要是依据数据帧中的 MAC 地址来对数据接收、地址过滤与数据转发。

网桥的工作原理可以简单地描述为：当一个结点向另外一个结点发送数据信息时，网桥收到信息后，对照其存储器中 MAC 地址映射表；如果两个结点处于同一个网段，网桥就会删除该数据帧，不进行转发到其他的网段；如果处于不同的网段，网桥根据 MAC 地址映射表，进行路径选择，将数据帧转发到目的网段。网桥最显著的一个优点就是对数据信息进行过滤，减少网络之间的通信量，提高整个网络的性能。图 5-3 所示为网桥工作模型图。

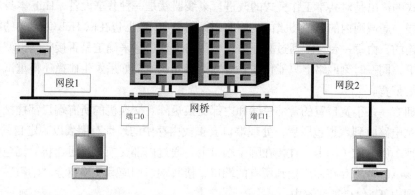

图 5-3 网桥工作模型图

网桥相比集线器而言，有许多的优点，归纳如下。

（1）能进行数据分析、过滤寻址、进行数据的转发或丢弃，更智能化。

（2）将网络隔离成几个独立的网络，减少发生冲突的概率。

（3）可将较大范围的局域网络连接成一个大的逻辑网络。

最常用的网桥有透明网桥和源路由网桥两种。

所谓透明网桥，指的是拥有多个 LAN 的服务用户在买回这种网桥之后，只需把连接插头插入网桥，不需要改动硬件和软件，无须设置地址，无须装入参数。已有 LAN 的运行完全不受网桥的任何影响。透明网桥以混杂方式工作，它接收与之连接的所有 LAN 传送的每一帧。当一帧到达时，网桥必须决定将其丢弃还是转发。如果要转发，则必须决定发往哪个 LAN。这需要通过查询网桥中一张大型表中的目的地址而做出决定。该表可列出每个可能的目的地，以及它属于哪一条输出线路。在插入网桥之初，所有的表均为空。由于网桥不知道任何目的地的位置，因而采用特定算法：把每个到来的、目的地不明的帧输出到连在此网桥的所有 LAN 中，发送该帧的 LAN除外。随着时间的推移，网桥将了解每个目的地的位置。一旦知道了目的地位置，发往该处的帧就只放到适当的 LAN 上，而不再散发，通过不断地转发就可逐步将 MAC 地址映射表建立起来。

透明网桥容易安装，但网络资源的利用不充分。源路由（Source Route）网桥在发送帧时将详细的路由信息放在帧的首部中。源站以广播方式向欲通信的目的站发送一个发现帧，每个发现帧都记录所经过的路由。发现帧到达目的站时就沿各自的路由返回源站。源站在得知这些路由后，从所有可能的路由中选择出一个最佳路由。凡从该源站向该目的站发送的帧的首部，都必须携带源站所确定的这一路由信息。

需要指出的是，所有的标准网桥都必须支持透明网桥，而源路由则被作为一个可选配的附加特性。

5.2.3　交换机

交换机如图 5-4 所示，和网桥一样一般工作在 OSI 参考模型中的第 2 层数据链路层，称为二层交换机。交换机和集线器一样作为网络的连接中心，但是集线器只是简单地将信号进行放大广播式的转发，而交换机会根据 MAC 地址来进行数据的转发，不符合目的地址的端口不会收到数据。

图 5-4　交换机外观图

交换模式的提出是对共享工作模式的改进。集线器就是一种共享设备，Hub 本身不能识别目的地址，当同一局域网内的 A 主机给 B 主机传输数据时，数据包在以 Hub 为架构的网络上是以广播方式传输的，由每一台终端通过验证数据包头的地址信息来确定是否接收。也就是说，在这种工作方式下，同一时刻网络上只能传输一组数据帧的通信，如果发生碰撞还得重试。这种方式就是共享网络带宽。

交换机拥有一条很宽带宽的背部总线和内部交换矩阵。交换机的所有端口都挂接在这条背部总线上。控制电路收到数据包以后，处理端口会查找内存中的地址对照表以确定目的 MAC（网卡的硬件地址）的 NIC（网卡）挂接在哪个端口上，通过内部交换矩阵迅速将数据包传送到目的端口，目的 MAC 若不存在才广播到所有的端口，接收端口回应后交换机会"学习"新的地址，并把它添加到内部 MAC 地址表中。

使用二层交换机也可以把网络"分段"，通过对照 MAC 地址表，交换机只允许必要的网络流量通过交换机。通过交换机的过滤和转发，可以有效地隔离广播风暴，减少误包和错包的出现，避免共享冲突。所谓"虚拟局域网"构建也是基于这种技术。

交换机在同一时刻可进行多个端口对之间的数据传输。每一端口都可视为独立的网段，连接在其上的网络设备独自享有全部的带宽，无须同其他设备竞争使用。比如，当结点 A 向结点 D 发送数据时，结点 B 可同时向结点 C 发送数据，而且这两个传输都享有网络的全部带宽，都有着自己的虚拟连接。

交换机是一种基于 MAC 地址识别，能完成封装转发数据包功能的网络设备。交换机可以"学习" MAC 地址，并把其存放在内部地址表中，通过在数据帧的始发者和目标接收者之间建立临时的交换路径，使数据帧直接由源地址到达目的地址。

每台交换机虽然具有很多端口，但对于大型网络的组建，一台交换机显然是不够的，这就需要把很多的交换机互相连接起来，构成一个"大交换机"，这样就相当于扩展了交换机的插口、控制区域，甚至传输速度。扩展的方式主要有两种，就是所谓的"堆叠"和"级联"。级联是通过集线器的某个端口（如 Uplink 口）与其他集线器相连，而堆叠是通过设备的"背板"连接起来的。它是通过几根高速的特殊电缆将几个交换机的内部总线连接起来实现数据的传送，连接的端口也不是 RJ-45 端口，如图 5-5 所示。虽然级联和堆叠都可以实现端口数量的扩充，但是级联后每台集线器或交换机在逻辑上仍是多个设备，而堆叠后的数台集线器或交换机在逻辑上是一个设备，而且一般和路由器一起结合起来使用。

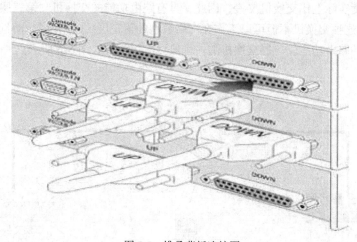

图 5-5　堆叠背板连接图

堆叠与级联的区别如下。

（1）对设备要求不同。级联可通过一根双绞线在任何网络设备厂家的交换机之间，或者交换机与集线器之间完成。而堆叠只有在自己厂家的设备之间，并且该交换机必须具有堆叠功能才可实现。

（2）对连接介质要求不同。级联时只需一根网线，而堆叠则需要专用的堆叠模块和堆叠线缆，堆叠模块是需要另外订购。

（3）最大连接数不同。交换机间的级联，在理论上没有级联数的限制。但是，叠堆内可容纳的交换机数量，各厂商都会明确地进行限制。

（4）管理方式不同。堆叠后的数台交换机在逻辑上是一个被网管的设备，可以对所有交换机进行统一的配置与管理。而相互级联的交换机在逻辑上是各自独立的，必须依次对其进行配置和管理每台交换机。

（5）设备间连接带宽不同。多台交换机级联时会产生级联瓶颈，并将导致较大的转发延迟。

例如，4 台百兆位交换机通过跳线级联时，彼此之间的连接带宽也是 100Mbit/s。当连接至不同交换机上的计算机之间通信时，也只能通过这条百兆位跳线连接，从而成为传输的瓶颈。同时，随着转发次数的增加，网络延迟也将变得很大。而 4 台交换机通过堆叠连接在一起时，堆叠线缆将能提供高于 1Gbit/s 的背板带宽，从而可以实现所有交换机之间的高速连接。尽管级联时交换机之间可以借助链路汇聚技术来增加带宽，但是，这是以牺牲可用端口为代价的（带宽的概念见第 2 章）。

（6）网络覆盖范围不同。交换机可以通过级联成倍地扩展网络覆盖范围。例如，以双绞线网络为例，1 台交换机所覆盖的网络直径为 100m，2 台交换机级联所覆盖的网络直径就是 300m，而 3 台交换机级联时的直径就可达 400m。而堆叠线缆通常只有 0.5～1m，仅仅能够满足交换机之间互连的需要，不会对网络覆盖范围产生影响。

从广义上来看，交换机分为两种：广域网交换机和局域网交换机。广域网交换机主要应用于电信领域，提供通信用的基础平台。而局域网交换机则应用于局域网络，用于连接终端设备，如 PC、网络打印机等。一般所说的交换机指的是局域网交换机。

交换机的速度比较快，但它只能工作在数据链路层，只能连接相同类型的网络，而对不同类型网络的连接就需要用到路由器这种网络连接设备。路由器每一次的转发都要查看庞大的路由表，造成路由器的速度实际上比交换机要慢，因此，具有路由功能的交换机"第三层交换机"就产生了。"第三层"指这种交换机不但可以工作在网络模型的第三层"网络层"，而且兼有普通交换机的高速和路由器的路由功能。三层交换机的一个典型应用模型如图 5-6 所示。

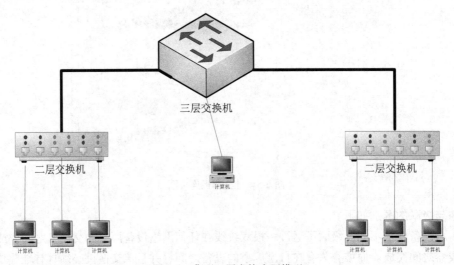

图 5-6　典型三层交换应用模型

第三层交换就是在网络层实现数据分组的转发过程，将网络层的功能融入到交换机里。一个三层交换机是带有二层交换机功能的设备，把二层桥和三层的路由合二为一，其工作原理是：一个结点发送数据信息时，目的结点如果与其处于同一个网段内，三层交换机就充当一个二层交换机实现数据信息转发，如果不在一个网段，就像三层交换机发送一个 ARP 请求（ARP 是一个地址解析协议，负责将某个 IP 地址解析成对应的 MAC 地址，在主机中一般都有个 ARP 的存储器，存放自身和与其通信的主机 MAC 地址，这些地址都通过 ARP 广播获取，是不可路由协议），三层交换机收到请求后，就向目的结点的网段发送一个 ARP 请求，获取目的结点的 MAC 地址，获取后保存下来并发送给源结点，源结点就能和目的结点进行数据通信。

5.2.4　网关

从一个房间走到另一个房间，必然要经过一扇门。同样，从一个网络向另一个网络发送信息，也必须经过一道"关口"，这道关口就是网关（如图 5-7 所示）。顾名思义，网关就是一个网络连接到另一个网络的"关口"。

网关（Gateway）又称网间连接器、协议转换器。网关在传输层以上实现网络互联，是最复杂的网络互联设备，仅用于高层协议不同的网络之间的互联。网关既可以用于广域网互联，也可以用于局域网互联，是一种充当转换重任的计算机系统或设备。在使用不同的通信协议、数据格式甚至体系结

图 5-7　网关外观图

构完全不同的两种系统之间，网关是一个翻译器。与网桥只是简单地传达信息不同，网关对收到的信息要重新打包，以适应目的系统的需求。同时，网关也可以提供过滤和安全功能。大多数网关运行在 OSI 参考模型的最顶层——应用层。

利用局域网连接 Internet 的时候，需要设置所谓的"默认网关"。如果搞清了什么是网关，默认网关也就好理解了。就好像一个房间可以有多扇门一样，一台主机可以有多个网关。默认网关的意思是一台主机如果找不到可用的网关，就把数据发给默认指定的网关，由这个网关来处理数据。

5.2.5　路由器

路由器（如图 5-8 所示）工作在 OSI 参考模型中的第 3 层——网络层，实现不同网络或网段之间的连接。主要的任务是将发送结点的信息进行数据分组，选择合适的路径发送到目的结点。路由器是网络互联中非常重要的网络通信设备，主要应用于局域网与广域网或广域网与广域网之间的连接，全球最大的 Internet 就是由许多路由器互相连接而成的网络。

路由器最主要的功能可以概括为路由选择、数据转发和数据过滤。路由选择就是选择最优的路径将数据包从源结点送到目的结点。路由器中配有路由表，路由表中包含网络所有的结点及结点间的路径选择。数据转发就是数据包通过路由器时，

图 5-8　路由器外观

根据数据分组中的目的 IP 地址，查看路由表，将数据包从最佳对应的端口发送出去；如果这一端口的网络发生故障，路由器会选择另一条路径将数据包进行转发。数据过滤是数据包经过路由器时，将不需要的数据包拦截或者通过对网络地址过滤，抑制"广播风暴"，提高整个网络的性能。

路由器具体的工作流程：当 IP 子网中的一台主机发送 IP 分组给同一 IP 子网的另一台主机时，它将直接把 IP 分组送到网络上，对方就能收到。而要送给不同子网 IP 上的主机时，它要选择一个能到达目的子网上的路由器，把 IP 分组送给该路由器，由路由器负责把 IP 分组送到目的地。

路由器转发 IP 分组时，只根据 IP 分组目的 IP 地址的网络号部分，选择合适的端口，把 IP 分组送出去。同主机一样，路由器也要判定端口所接的是否是目的子网，如果是，就直接把分组通过端口送到网络上，否则，也要选择下一个路由器来传送分组。这样一级级地传送，IP 分组最终将送到目的地，送不到目的地的 IP 分组则被网络丢弃了。

图 5-9 所示为路由器的工作过程。

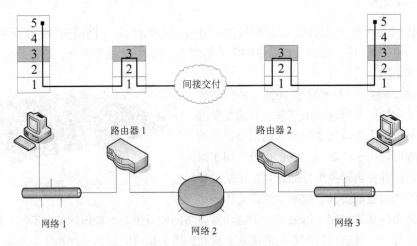

图 5-9　路由器的工作过程

5.3　路　由　协　议

　　路由协议主要运行于路由器上，路由器支持异种网的互联，实现将一个网络的数据包发送到另一个网络，路由协议主要用来进行路径选择从而确定到达目标网络，起到一个路径导航的作用。它工作在网络层。路由协议与路由器协同工作，路由信息在相邻路由器之间传递，确保所有路由器知道到其他路由器的路径，从而执行路由选择和数据包转发功能。对于相同的目的地，不同的路由协议可能会发现不同的路由。

　　路由协议在路由器中保存着各种选择路径的数据———路由表，供路由选择时使用，路由表一般分为静态路由表和动态路由表，静态路由表由网络管理员在系统安装时根据网络的配置情况预先设定，网络发生变化后由网络管理员手工修改路由表。动态路由随网络运行情况的变化而变化，路由器根据路由协议提供的功能自动计算数据传输的最佳路径，由此得到动态路由表。

　　互联网上现在大量运行的路由协议有 RIP（Routing Information Protocol，路由信息协议）、OSPF（Open Shortest Path First，开放式最短路优先）和BGP（Border Gateway Protocol，边界网关协议）。RIP、OSPF是内部网关协议，适用于单个自治系统（如图 5-10 所示）的统一路由协议的运行。例如由一个 ISP 运营的网络可称为一个自治系统，当源站和目的站点不在一个自治系统间时，就需要使用是一种外部网关协议来传递路由选择信息。BGP 是自治系统间的路由协议。

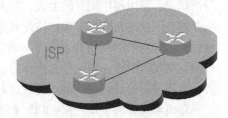

图 5-10　单个自治系统图

5.3.1　内部网关协议

　　路由信息协议（RIP）是内部网关协议（IGP）中最先得到广泛使用的协议，RIP 是一个分布式的基于距离向量的路由选择协议，也是最简单的动态路由协议，其最大优点就是简单。

　　RIP 最初是为 Xerox 网络系统的 Xerox parc 通用协议而设计的，RIP 采用距离向量算法，即路由器根据距离选择路由，所以也称为距离向量协议。路由器收集所有可到达目的地的不同路径，并且保存有关到达每个目的地的最少站点数的路径信息，除到达目的地的最佳路径外，任何其他信息均予以丢弃。同时路由器也把所收集的路由信息用 RIP 通知相邻的其他路由器。这样，正确的路由信息逐渐扩散到了全网。

RIP 使用非常广泛，它简单、可靠，便于配置。但是 RIP 只适用于小型的同构网络，因为它允许的最大站点数为 15，也就是路径上只能包含 15 个路由器，任何超过 15 个站点的目的地均被标记为不可达。而且 RIP 每隔 30s 一次的路由信息广播也是造成网络的广播风暴的重要原因之一。

OSPF 路由协议是一种典型的链路状态（Link-state）的路由协议，一般用于同一个路由域内。在这里，路由域是指一个自治系统（Autonomous System），即 AS，每台路由器通过使用报文与它的邻居之间建立邻接关系，每台路由器向每个邻居发送链路状态通告，有时叫链路状态报文. 每个邻居在收到通告之后要依次向它的邻居转发这些报文，每台路由器要在数据库中保存一份它所收到的报文的备份，所有路由器的数据库应该相同，依照拓扑数据库每台路由器使用 Dijkstra 算法计算出到每个网络的最短路径，并将结果输出到路由选择表中。因为 OSPF 路由器之间会将所有的链路状态报文相互交换，毫不保留，当网络规模达到一定程度时，报文将形成一个庞大的数据库，势必会给 OSPF 计算带来巨大的压力；为了能够降低 OSPF 计算的复杂程度，缓存计算压力，OSPF 采用分区域计算，将网络中所有 OSPF 路由器划分成不同的区域，每个区域负责各自区域精确的链路状态传递与路由计算，然后再将一个区域的链路状态简化和汇总之后转发到另外一个区域，这样一来，在区域内部，拥有网络精确的链路状态，而在不同区域，则传递简化的链路状态。

5.3.2 外部网关协议

两个交换路由选择信息的路由器如果分别属于两个自治系统，称为外部邻站，这时就需要使用外部路由协议来实现多个自治系统间的路由交换，如图 5-11 所示

早期较为著名的外部路由协议是 Exterior Gateway Protocol，简称 EGP，EGP 假定在两个任意自治系统之间只有单一的主干，因此也只存在单一的路径，因此 EGP 限制了网络的规模，在真正的网络运用中，EGP 已经逐渐被边界网关协议（BGP）所替代。BGP 在工作时，当有多条路径时会选择最优的给自己使用，而且只会把自己的路由信息通告给相连的路由器，不会将自治系统中所有的路由信息进行转发。

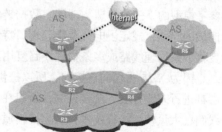

图 5-11 外部网关协议使用图

5.4 广域网的常用技术

广域网是一种跨地区的数据通信网络，是基于电信运营商的通信网络作为平台建立远程接连，覆盖的范围一般从几十千米到几千千米，广域网与局域网的侧重点不同，局域网主要侧重于网内的资源共享，而广域网主要侧重于更大范围的数据通信。因此广域网在网络特性和技术实现上与局域网存在明显的差异。广域网主要的连接方式有专线方式、电路交换方式、分组交换方式，如

图 5-12 所示

专线接入是用户独占一条永久性、点对点、速率不变、独享带宽的专用线路，对于传输大量数据具有延迟小，安全性高等有优点，主要技术有 DDN，电路交换方式是按需连接的，用户需要传输数据时建立连接，不需要传输时断开连接，充分利用传统的电路交换网，主要的技术有 PSDN、ISDN、XDSL，这些技术第 4 章已简要介绍过，在这就不多加叙述。分组交换技术是用户通过运营商提供的分组交换网按需建立或永久建立点到对的虚电路（虚电路是由分组交换通信所提供的面向连接的通信服

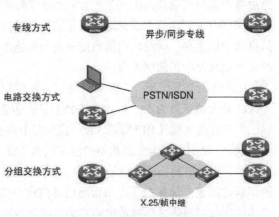

图 5-12 广域网的连接连接方式

务。在两个结点或应用进程之间建立起一个逻辑上的连接或虚电路后，就可以在两个结点之间传输数据），可以利用一条物理线路同时建立多个虚电路到多个目的用户。典型的技术有 X.25 和帧中继。

5.4.1 X.25

在 20 世纪 70 年代，许多公用数据网络事实上属于一些私人公司和政府机构。在大多数情况下，一家公司或者政府机构的 WAN 是唯一的，并且常常和另一家公司或者政府机构的 WAN 不兼容。当然，当这些公司需要相互连接彼此的网络时，就需要某种形式的通用网络接口协议。

1976 年，CCITT（现在的 ITU）推荐了 X.25。X.25 是包交换网络，在不必支付每条租用线路费用的情况下，它允许远程设备通过数字链路和另一个设备进行通信。X.25 只是一个对公用分组交换网接口的规约，它不涉及网络内部，网络内部由各个网络自己决定，X.25 规范对应于 OSI 参考模型的下三层，即物理层、数据链路层、网络层。物理层主要解决网络结点与物理信道如何连接的问题，规定了电气及物理端口特性等；数据链路层规定传输数据帧的格式；网络层主要负责将一条物理线路或多条物理线路复用建立多条逻辑信道。

因为 X.25 是面向连接的，所以提供可靠的网络服务质量，但由于 X.25 在数据链路层和网络层都进行差错控制、流量控制，所以在延时方面稍有欠缺，而且由于 20 世纪 90 年代，通信主干线路已大量使用光纤技术，数据传输质量大大提高，使得误码率降低了好几个数量级，差错控制显得不太必要，所以现在帧中继网络已经逐步取代了许多 X.25 网络，但是，X.25 依然在 IBM 网络中使用，并且可以在不能使用帧中继服务的区域将 LAN 互联起来。X.25 还普遍用于银行 ATM 连接、信用卡验证等应用。

5.4.2 帧中继

帧中继（Frame Relay）也是一种用于连接计算机系统的面向连接的通信方法，如图 5-13 所示。通信之前也需要建议虚连接，可以认为是 X.25 的改进版，它主要用在公共或专用网上的局域网互联以及广域网连接。大多数公共电信局都提供帧中继服务，把它作为建立高性能的虚拟广域连接的一种途径。帧中继在 OSI 参考模型中的物理层和数据链路层运行。它省略了 X.25 的一些功能，网络不进行纠错、重发和流量控制等，帧无需确认，如果检测出错误帧直接丢弃，将重传丢弃信息的任务丢给高层协议去解决，这样会大大提高数据的传输速率。

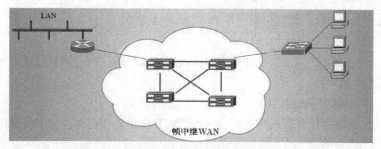

图 5-13　帧中继网

实验　利用交换机组建局域网

1. 实验目的

- 掌握小型星形局域网的组建方法。
- 了解局域网互联的方法。
- 了解局域网接入 Internet 的方法。

2. 实验环境

- 硬件：五类双绞线、多功能压线钳、RJ-45 水晶头、网线测试仪、小型交换机、PC、卷尺、标签。
- 软件：Windows XP 操作系统。

3. 实验说明

- 可以让实验者主动提供自己的家用交换机参与实验。
- 实验指导老师根据自身情况安排实验的具体内容。如果可行，建议将本实验分成两个部分，或者省略步骤 8 至步骤 11。

4. 实验步骤

- 步骤 1：分组。

将实验者分为多个小组，每个小组不超过 10 个人，每个小组推荐 1～2 名负责人。

- 步骤 2：指定各小组使用的 PC。

PC 的分配采用就近原则，相互之间不要太远，以节约双绞线的使用。

- 步骤 3：各小组进行网络规划。

每个小组在负责人的协调下，讨论交换机的放置位置、使用双绞线的根数、每根双绞线的长度等。最后将讨论的结果用草图画出。

- 步骤 4：制作网线。

小组成员利用实验一和实验二中所学的网线制作等知识，根据步骤 3 中的规划，一起动手制作直通网线，同时制作个别交叉网线备用。注意交叉网线要贴上标签以示区别，每根网线都要用测试仪确认其连通性。

- 步骤 5：使用网线连接各台 PC。

根据步骤 3 中设计的草图和步骤 4 中制作的网线，将各台 PC 连接起来。

- 步骤 6：设置各台 PC 的 IP 地址。

IP 地址由各小组成员讨论后决定，自行分配。设置方法同实验二和实验三。

- 步骤 7：用 ping 命令测试局域网各 PC 之间的连通性。

方法见实验二。

- 步骤 8：将连接 PC 与交换机的直通网线改用交叉网线代替，测试能否连通。如果不能连通，请思考原因。
- 步骤 9：局域网之间的互联。

由各组组长出面协商制作较长的网线，将各组的交换机连接起来。分别尝试用 uplink 口连接和普通口连接。

- 步骤 10：测试连接起来的大局域网中 PC 之间能否通信。

还是使用 ping 命令测试网络中 PC 之间的连通性。如果不能连通，请思考原因。

- 步骤 11：将局域网与 Internet 连接。

其方法可以是将大局域网中的某个交换机与机房的总交换机连接，然后配置局域网中 PC 的 IP 地址等，实现 Internet 接入。

5．实验小结

本实验的内容较多，也比较重要。

习　题

1．网络互联的定义？
2．网络互联的类型有几种方式？各种方式各具有哪些特点？
3．简述集线器和交换机的工作机制及区别？
4．常用的网络互联设备有哪些？
5．路由协议有哪些？
6．简要叙述广域网有哪些主要技术？
7．交换机怎么实现数据信息的发送？二层交换机和三层交换机在功能上有什么不同？
8．简述路由器的工作机制。

第6章
网络设计与维护

要创建一个好的网络，就必须保证创建的网络具有完善的功能，具有较高的安全性和可扩展性，因此在网络设计时，针对每一个设计环节都要统一协调、详细地规划和部署，保证网络能够有效运行和维护便捷。

6.1 网 络 设 计

网络设计是一项复杂的工作，涉及的知识面广，专业知识要求高，管理复杂，要求设计人员对各种相关的网络技术有深入的了解，设计时要通过一套系统、科学的设计方法，只有这样才能设计出低成本、高质量的网络系统。

6.1.1 网络规划

网络规划是一个网络工程项目的开始，有一般的步骤和设计原则。

1. 网络规划的一般步骤

（1）需求分析：确定网络的目的，所要完成的工作以及采用的方法措施。还应分析网络系统是否具有可行性，分析创建网络系统所需的成本和效益，分析应用的环境所需的硬件配置。

（2）总体方案设计：应包含网络系统模式的设计，网络拓扑结构、网络结点的规模、数据采用的传输方式、结构化布线系统的设计，以及软件与硬件的配置等。我们一般设计方案时会设计出几种不同的方案，相互比较，最终确定一种。

（3）分层设计：对整体方案分解，将复杂的整体方案分解成几个小的问题，逐个解决。

（4）设备选型：创建网络系统需要的设备很多，像传输的介质、数据转发的设备等，而且对于不同网段上设备的需求是不一样的，同时要保证选用的设备能适应网络技术的发展和扩展，所以设备选定的好坏对于网络性能的优良有着很重要的影响。

（5）文档说明：网络设计的最后一项工作就是对网络进行文档说明，包括网络规划技术性文档、网络的体系结构、拓扑结构等。

2. 网络规划的设计原则

（1）实用性和经济性：设计网络系统的目的在于应用，所以要求建成就能使用，并且不要盲目追求一些最新的设备，要尽可能地利用现有的设备，力求使网络既满足目前需要，又能适应未来发展，同时达到较好的性价比。

（2）技术先进性：计算机网络技术的发展非常迅速，在计算机应用领域占有越来越重要的地位。必须认识到，建立计算机网络是一个动态的过程，在这个过程中将不断有新技术和新产品出现。因此，一定要采用最先进的组网技术，选用先进、可靠和高质量的网络设备。

（3）开放性和可扩展性：能很好地与其他网络互联，设计时考虑到网络的发展和网络规模的扩大，采用易扩展的网络结构。

（4）安全可靠性：网络的安全可靠性是网络的一个重要的指标。计算机网络系统必须绝对可靠，特别是现在网络上各种安全问题的出现，对网络安全的性能可靠要求日益增加。

（5）便捷的管理和维护。

6.1.2　网络拓扑结构的选择

确定好了网络拓扑的结构，才能进行更详细的设计，要确定一个网络拓扑就必须考虑两点，一是选择的结构是建立在原有网络资源基础和所应实现的功能之上，二是考虑先进和成熟的网络技术，以求设计出周期短、见效快、性能优的网络。

在选择网络结构的时候可以依据以下原则来进行选取。

（1）经济性：选择合适的传输介质和网络通信设备，不能一味地追求高端产品，在满足网络功能的前提下，选择费用不高的结构设计。

（2）适应性：适应性表示选取的结构要适应地理环境和应用的需要，如对于结点比较多的采用星形结构就比较合理，结点分散的采用总线型结构，有时候还要采用混合的拓扑结构。

（3）可靠性：选取的拓扑结构要具有良好的故障诊断能力和故障隔离功能，不能因为一些小的故障影响到整个网络的通信。

（4）易扩展性：确定网络结构时，要考虑到以后的扩展，让选择的结构能够适应一些新的配置。

（5）安全性：提高数据传送的安全性是至关重要的，这是选择拓扑结构时不可忽略的因素。

6.1.3　网络设备的选择

网络的结构确定之后，就要选择网络系统中所需要的一些网络设备，如确定网络中服务器的数量，网络中工作站的数量和类型，网络中共享设备的数量和类型等。一般选取网络设备时要注重两点，一是要从应用的实际出发，确定必须的网络设备；二是从性价比来考虑，不追求最好的，但要适合本网络的。

（1）服务器：服务器是网络系统中最为重要的设备之一，对整个网络的有序运行起着决定性作用，是整个网络的枢纽，提供资源的共享和对整个网络实现管理，所承担的工作也是最繁重的，所以要求服务器性能可靠。

在选择服务器时要考虑服务器的实用性和先进性，还要考虑服务器 CPU 的数据处理能力，以及存储能力的大小、升级功能容量等。

（2）工作站：对于处理不同类型任务选择合适的工作站。

（3）传输介质：目前使用五类双绞线是最为普遍的传输介质，具有很好的性价比，但是它的传输距离不能超过 100m；当超过时，就要考虑使用六类或七类双绞线。对于网络的主干部分，为了提高传输的性能，一般选用光纤作为传输介质，传输距离又远、又快，数据的丢失可能性也大大降低。

（4）网卡：网卡是连接计算机和传输介质的接口，选择时应根据网络的类型和总线类型来选择相对应的网卡，根据服务器或工作站的带宽需求并结合物理传输介质所能提供的最大传输速率来选择网卡的传输速率。一般都选择 10/100Mbit/s 自适应的网卡，这样可以很方便地兼容早期的网络。在通信方式上，选择全双工的网卡，在理论上全双工比半双工速度要快一倍。对于一些特殊的场合，可能要用到一些特殊的网卡，如无线网络，就必须使用无线网卡。

（5）交换机：交换机是对共享工作模式的改进，根据内部交换矩阵来实现端口对应的映射，实现数据的传送。对于不同规模的网络，选取交换机也有所不同。对于小型网络，选取共享型交换机即可；对于大型的网络，就要选择可管理型的交换机；对于有特殊规划工作需求任务的，就选择具有特殊功能的交换机，如划分 VLAN。

（6）路由器：路由器一般应用于大型网络，主要作用是连通不同的网络和选择信息传送的线路。使用路由器能大大提高通信速度，减轻网络系统通信负荷，节约网络系统资源，提高网络系统畅通率。一般选择品牌好的路由器，在性能和服务上都有保证，如 Cisco 路由器是目前业界评价最好的路由器。

6.1.4　结构化综合布线系统概述

结构化布线系统是一个能够支持任何用户选择数据、图形图像应用的电信布线系统。在网络规划和建设中，结构化布线是网络实现的基础，对提高网络系统的可靠性起到了很重要的作用。结构化布线是建筑物的信息传输系统，成为现今和未来的计算机网络和通信系统有力的支撑环境。

结构化布线系统包括 6 个子系统：工作区子系统、水平干线子系统、垂直干线子系统、管理子系统、设备子系统和建筑群子系统。

（1）工作区子系统：工作区是终端或工作站到信息插座之间的连接。

（2）水平干线子系统：连接管理子系统至工作区，包括水平布线、信息插座、电缆终端等。拓扑结构一般为星形拓扑，与垂直干线子系统的区别在于水平干线子系统总是在一个楼层上，并与信息插座相连。

（3）垂直干线子系统：是建筑物中布线系统的主干线路，网络系统的中枢，将各楼层配线间的管理子系统连接到主控房的配线间。

（4）管理子系统：基本功能是把水平干线子系统与垂直干线子系统连接起来。一般设置在楼层配线间内，由互连和 I/O 设备组成，为连接其他子系统提供连接支撑。

（5）设备子系统：由电缆、连接器和相关的支持硬件组成，把各种公共系统设备连接起来，主要包括连接内部网或公用网络所需要的各种设备和线缆。

（6）建筑群子系统：提供外部建筑物与大楼内布线的连接点，是将一个建筑物中的电缆延伸到建筑群中的另外一个建筑物的通信设备和装置上，通常是由光缆和相应的设备组成。

结构化布线系统具有以下特点。

（1）实用性：能支持多种数据通信、多媒体技术、信息管理系统等，能够适应现代和未来技术的发展。

（2）灵活性：任意信息点能够连接不同类型的设备，如微机、打印机、终端、服务器、监视器等。

（3）开放性：能够支持任何厂家的任意网络产品，支持任意网络结构，如总线型、星形、环形等。

（4）模块化：所有的接插件都是积木式的标准件，方便使用、管理和扩充。

（5）扩展性：实施后的结构化布线系统是可扩充的，以便将来有更大需求时，很容易将设备安装接入。

（6）经济性：一次性投资，长期受益，维护费用低，使整体投资达到最少。

6.2 网络组建方法

对于不同的网络有不同的需求，对于不同的需求组建网络的方法又各有不同，采用科学合理的方法，能节约资源，提高网络性能。

6.2.1 组建小型宿舍网络

组建宿舍网络，一般都采用星形结构，除相应的计算机、传输介质、硬件设施外，还应该有一个集线器或交换机，连接方式如图 6-1 所示。

计算机通过通信设备连接之后并不能马上进行相互的通信，需要设置 IP 地址，有时候还需要添加通信协议。计算机在安装网卡驱动的时候，系统一般会自动安装 TCP/IP，如果用户要添加其他协议，可以单击"网上邻居"，然后用鼠标右键单击"本地连接"，在弹出的快捷菜单中选择"属性"命令，弹出对话框如图 6-2 所示。在列表中列出计算机已经安装的组件，如果没有相应的通信协议，单击"安装"按钮，选择"协议"，弹出如图 6-3 所示的对话框。选择"协议"，单击"添加"按钮，在弹出的对话框中选中相应的协议即可。

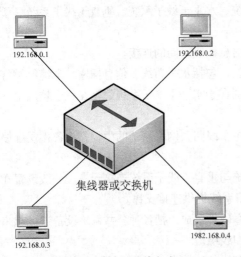

图 6-1 宿舍网连接方式

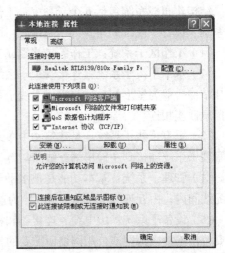

图 6-2 "本地连接 属性"对话框

设置 IP 地址是网络中计算机相互通信非常重要的一个环节，网络中的计算机要相互通信，必须分配给每个计算机唯一的地址标识，即 IP 地址来实现。设置 IP 地址的方法是在"本地连接 属性"对话框中，双击列表框中的"Internet 协议（TCP/IP）"，或者将其选定后，单击"属性"按钮，弹出如图 6-4 所示的对话框。

选中"使用下面 IP 地址"单选钮，在相应的文本框中输入 IP 地址和子网掩码。如果是单独的局域网，

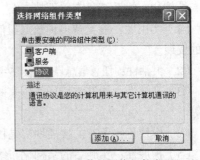

图 6-3 "选择要安装的网络组件类型"对话框

不需要填写默认网关和 DNS 服务器；如果要连接到 Internet，就需要填写。在宿舍中接入到 Internet，

一般都是通过 ADSL 上网，如果要几个人用同一条 ADSL 线，只需要通过拨号上网的计算机将网络共享即可。其他通过这台共享上网的计算机在默认网关填写的 IP 地址填上拨号上网计算机的 IP 地址。提供共享网络的具体操作是在拨号上网之后在网络邻居中会出现一个宽带连接，单击鼠标右键，选择"属性"命令，单击"高级"选项卡，如图 6-5 所示。选中"Internet 连接共享"栏中的"允许其他网络用户通过此计算机的 Internet 连接来连接"复选框，单击"确定"按钮。

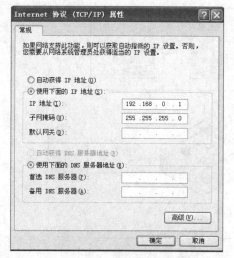

图 6-4　"Internet 协议（TCP/IP）属性"对话框

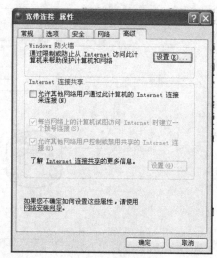

图 6-5　共享网络

6.2.2　组建大型办公网络

办公网络最大的特点就是资源共享，下面介绍目前比较常用的几种办公网络结构。

1. 单个小型的办公网络

对于一个小型的办公网络，因为传输的数据量相对来说不是很大，所以在连接外网和内部主干网上传输介质采用多模光纤就能满足要求，信息各结点采用五类双绞线，目前集线器已处于淘汰产品，通信设备选交换机，如图 6-6 所示。对于有多个结点的情况，可以采用级连交换机方式。

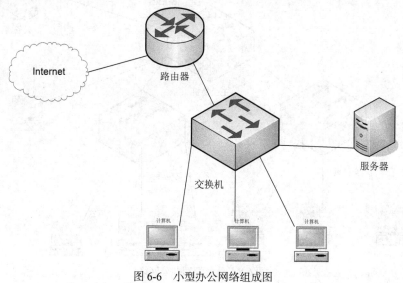

图 6-6　小型办公网络组成图

2. 多个小型办公网络

多个办公网络相比单个办公网络而言，在数据传输速率和传输范围上要求都要较高，所以连接外网选用的传输介质是单模光纤，内部主干网传输介质是多模光纤，信息各结点采用五类或五类以上的双绞线。多个小型办公网络又可分为集中管理和分散管理两种，分别如图 6-7 和图 6-8 所示。

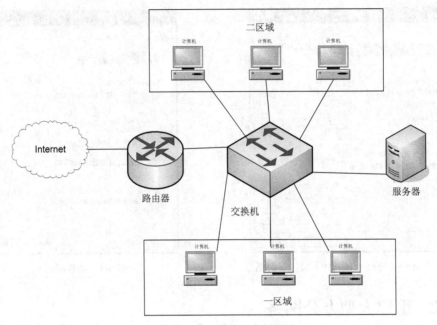

图 6-7 集中管理办公网络

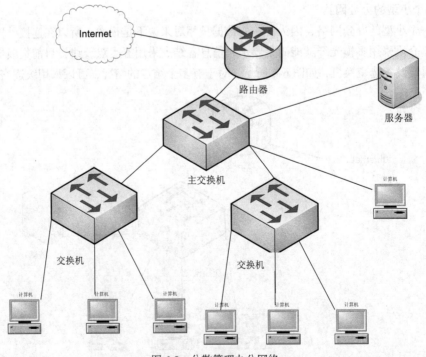

图 6-8 分散管理办公网络

结构组建完并连接好之后，还需要进行网络服务器的设置，请参见第 7 章。

6.2.3　组建网吧网络

网吧组网建立对等网络在本质上和宿舍组网没有什么区别，只是网络规模变大了，根据不同的规模，在网络设备上选取有所差别，下面给出几种不同规模的网吧设备选取。

（1）计算机在 100 台以下。采用 ADSL Modem + 宽带路由器 + 交换机组合。ADSL Modem 连接互联网，宽带路由器直接接入 ADSL Modem，宽带路由器则连接交换机，然后计算机与交换机连接即可实现同步上网。

（2）在 100 台以上 300 台以下。选择光纤与 ADSL 组合，选择双 WLAN 接口的宽带路由器，这种宽带路由器提供了两个 WLAN 接口，允许用户在一个局域网内共享两条宽带外线，不必把内部网络按照 WAN 口接入数量分成独立的几个部分，这样扩宽了整个局域网的出口带宽，起到了带宽成倍增加的作用。

（3）计算机在 300 台以上。采用两条吉比特光纤接入，两条光纤为不同的企业所有，以解决双方之间访问受阻的问题，选择双 WLAN 接口的宽带路由器。

现在网吧为了节约成本，提高利润，更多地采用服务器/无盘客户机，服务器一般要求具有较高配置，客户机就是普通的计算机，只是没有硬盘，但是在机器的网卡上有个启动引导芯片。

6.3　网络故障检测及网络维护

网络布线和网络设备连接完成后，就构成了一个网络系统，组成一个网络系统最终的目的是为了通信，但网络通信时，常常会出现一些网络故障，造成网络通信的中断。

6.3.1　网络故障的分类

网络故障按照性质可以划分为物理故障和逻辑故障。

（1）物理故障指的是由网络设备或网络连接引起的故障，通常指设备或线路损坏，插头松动，接触不良，线路受到严重电磁干扰等情况。

（2）逻辑故障指的是由软件引起的故障，通常由配置错误引起，如计算机协议的配置错误、网卡参数配置错误、交换机和路由器配置错误等。另外，一些网络服务进程端口关闭或网络攻击也会引起网络故障。

网络故障按照网络故障的对象可以划分为线路故障、路由器故障和主机故障。

（1）线路故障就是线路不通，通信被中断，引起故障的原因有可能是线路本身的损坏或路由器配置错误。

（2）路由器故障是路由器被损坏或配置不当无法正常使用造成的故障。

（3）主机故障是由主机本身引起的故障，最常见的就是主机的配置不当，如主机配置的 IP 地址与其他主机冲突或 IP 地址根本就不在子网范围内。

6.3.2　网络故障检测及排除

引起网络故障的原因多种多样，没有一种方法能排除所有的网络故障，当出现网络故障后，首先要查看故障的现象，然后再推断出引起故障的原因，根据原因找到解决的方法，排除故障，恢复网络通信。

计算机网络故障分析与诊断的原则可归纳为：首先检查服务器，特别是工作站不能接入网络时，先检查服务器是否出错，再查看网络通信连接设备，如交换机或路由器是否出现故障；然后检查软件，如操作系统、网络协议、驱动程序及配置是否得当；最后检查硬件设备是否损坏。

目前最常见的网络硬件故障是由网络连线和网卡引起的，排除的方法是首先检查网线接口是否松动，网线是否已损坏，查看网卡指示灯、集线器指示灯显示是否连通插好，再检查网络的设置是否得当，如驱动程序是否安装。

网络软件引起的网络故障是最常见的，其原因很多，解决起来也比较复杂，需要查看软件的各项配置是否正确，还要根据出现的错误信息和现象查出原因。例如，在实际工作中经常会出现在"网上邻居"中看不到其他计算机或只能看到部分计算机，无法找到指定的计算机等现象。排除方法是检查网络中每个域、每台计算机的名称是否唯一，检查网络中的计算机名是否和域名或工作组名重复，使用 TCP/IP 时，检查分配给网络适配器的 IP 地址有无重复。出现无法在局域网里实现共享文件时，大多数情况下是由本地安全设置配置不当所造成的。

6.3.3　常用网络检测命令及使用

检测网络故障时，可以使用系统自带的一些网络命令，为网络故障的检测提供了良好的手段。

1．ping 命令

ping 是个使用频率极高的实用命令，用来检测网络是否畅通或者网络的连接速度，根据返回的信息，就可以推断 TCP/IP 参数是否设置得正确以及运行是否正常。ping 命令的原理是网络上的计算机都有唯一的 IP 地址，通过给目的地址发送一个数据包，对方就返回一个数据包，来确定双方能互相通信。

需要注意的是，只有安装了 TCP/IP 才能使用 ping 命令，ping 命令的格式是"ping<IP>"或者"ping<主机域名>"，运行命令后就能在屏幕上显示出结果，如果出现"Reply from"表示连接成功，如图 6-9 所示，出现"Request time out"表示与对方不连接，如图 6-10 所示，如果出现"Destination host unreachble"表示与网关不通，如图 6-11 所示。

图 6-9　与主机相通示意图

图 6-10　与主机不相通示意图

图 6-11　与网关不相通示意图

使用 ping 命令也可以带参数，想知道参数信息，可以使用帮助命令，运行 "ping/？"按回车键后出现如图 6-12 所示的窗口。

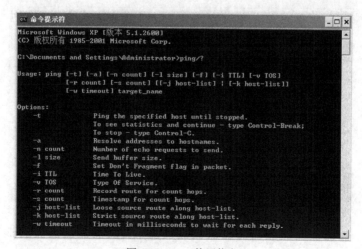

图 6-12　ping 使用信息

其中最常用的几个参数说明如下。

-t：表示连续对 IP 地址执行 ping 命令，使用 Ctrl+Break 中断并显示统计信息，使用 Ctrl+C 中断退出 ping 命令。

-l size：表示指定 ping 命令中的发送的数据长度，而不是默认的 32 字节。

-n count：表示执行特定次数的 ping 命令。

-w timeout：表示指定等待响应的时间，在指定时间内没有收到回送的信息，显示请求超时，默认时间为 4 000ms。

2. tracert 命令

当数据包从计算机经过多个网关传送到目的地时，tracert 命令可以用来跟踪数据包使用的路由及每个路由所需的时间，如果不能将数据包传送给目标地址，tracert 命令会显示转发数据包的最后一个路由器 IP 地址。

例如，从本地计算机连通到 IP 地址为 192.168.1.100 的主机，如图 6-13 所示。

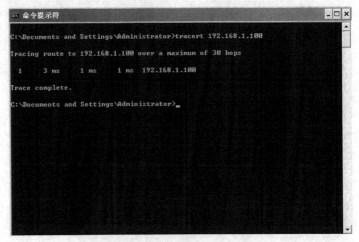

图 6-13　tracert 命令使用示意图

同样使用 tracert 命令也可以带参数，使用方法和 ping 命令一样，运行 "tracert/?"，按回车键后出现如图 6-14 所示的窗口。

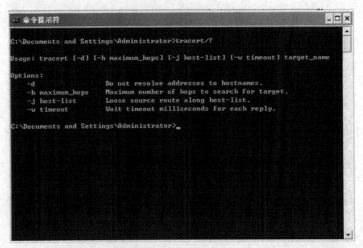

图 6-14　tracert 使用信息

-d：不将 IP 地址解析为域名，可以加速显示 tracert 结果。

-h maximun_hops：指定搜索跳过的最大路径数，默认值是 30。

3. arp 命令

arp 可以用来显示本地计算机上的 ARP 表，常用命令选项如下。

arp -a 或 arp -g：用于查看高速缓存中的 ARP 表，-a 和-g 参数的结果是一样的。

arp -a ip：如果计算机中有多个网卡，那么使用 arp -a 加上接口的 IP 地址，就可以只显示与该接口相关的 ARP 缓存项目。

arp -s ip 物理地址：用户可以向 ARP 高速缓存中人工输入一个静态项目。该项目在计算机引导过程中将保持有效状态，或者在出现错误时，人工配置的物理地址将自动更新该项目。

arp -d ip：使用本命令能够人工删除一个静态项目。

例如，查看本地计算机的 ARP 表，如图 6-15 所示。

图 6-15 查看本地计算机的 ARP 表

4. ipconfig 命令

ipconfig 显示当前计算机的网络配置，可以用来检验人工配置是否正确。如果在局域网中使用了动态主机配置协议，使用该命令可以显示相关的信息。

运行"ipconfig/?"，按回车键后出现如图 6-16 所示的窗口。

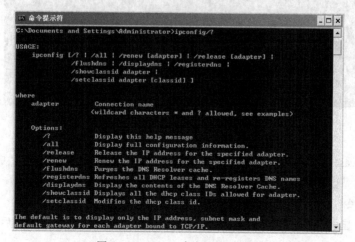

图 6-16 ipconfig 命令的使用信息

ipconfig：当使用 ipconfig 时不带任何参数选项，那么它为每个已经配置了的接口显示 IP 地址、子网掩码和默认网关值。查看本地计算机上网络适配器的 IP 地址、子网掩码和默认网关值，运行"ipconfig"，按回车键后出现如图 6-17 所示的窗口。

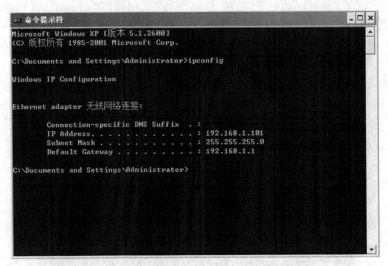

图 6-17　运行 ipconfig 命令示意图

ipconfig /all：当使用 all 选项时，显示网络适配器完整的 TCP/IP 配置信息。运行"ipconfig/all"，按回车键后弹出如图 6-18 所示的窗口。

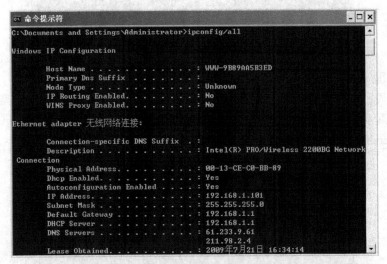

图 6-18　运行 ipconfig/all 命令示意图

ipconfig /release 是释放当前适配器的 DHCP 地址租约，ipconfig /renew 是更新当前适配器的 DHCP 地址租约，这两个命令只能在配置了自动获取 IP 地址的适配器上使用。

5. route 命令

route 是用来显示、添加和修改路由表项目的。运行"route/?"，按回车键后弹出如图 6-19 所示的窗口。

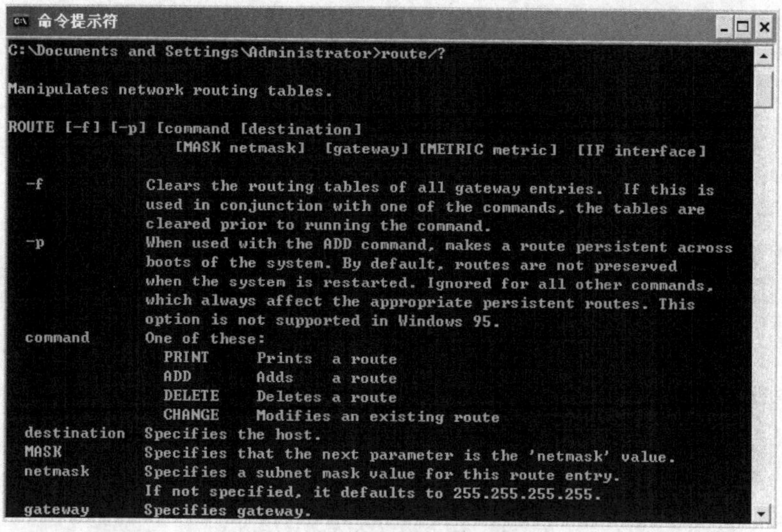

图 6-19　route 命令的使用信息

在 command 选项中常用的命令如下。

route print：用于显示路由表中的当前表项，如果使用静态 IP 地址配置网卡，计算机中路由表的表项都是自动添加的。

route add：可以将新路由项目添加给路由表。

route change：用来修改数据的传输路由，但是不能使用本命令来改变数据的目标地址。

实验　网络命令的使用

1．实验目的
- 理解、验证网络命令的原理和功能。
- 合理使用相关命令解决一些实际问题。

2．实验环境
- 硬件：连接到 Internet 的局域网。
- 软件：Windows XP 操作系统。

3．实验说明
- 本实验列出了基本上常用的网络命令。
- 使用网络命令要在命令行方式下进行（单击"开始/运行"命令，在"运行"对话框的"打开"文本框中输入"cmd"后按回车键）。
- 在命令行方式下可以查看每个命令的用法，方法是输入"命令名 /?"，如图 6-20 所示。

4．实验步骤
- 步骤 1：ping 127.0.0.1。

这个 ping 命令用来测试本机 TCP/IP。如果不通，则表示 TCP/IP 的安装或运行存在某些最基本的问题。

图 6-20　查看 ping 命令的具体用法

● 步骤 2：ping 本机 IP。

这个命令用来测试本机网络配置。计算机始终都应该对该 ping 命令做出应答，如果没有应答，则表示本地配置或安装存在问题。出现此问题时，先断开网络电缆，然后重新发送该命令。如果网线断开后本命令正确，则表示另一台计算机可能配置了相同的 IP 地址。

● 步骤 3：ping 局域网内其他计算机的 IP。

这个命令离开本机，经过网卡及网络电缆到达其他计算机，然后再返回。收到回送应答表明本地网络运行正确。但如果没有收到回送应答，那么表示子网掩码不正确，或网卡配置错误，或传输网络有问题。

● 步骤 4：ping 网关 IP。

这个命令如果应答正确，表示局域网中的网关路由器正在运行并能够做出应答。

● 步骤 5：ping 远程 IP。

如果收到 4 个应答，表示成功地使用了默认网关。

● 步骤 6：ping localhost。

localhost 指本机，它是 127.0.0.1 的别名。每台计算机都应该能够将该名字转换成该地址。如果没有做到这一点，则表示主机文件（/windows/host）中存在问题。

● 步骤 7：ping www.baidu.com。

对域名执行 ping 命令，通常是通过 DNS 服务器。如果这里出现故障，则表示 DNS 服务器的 IP 地址配置不正确或 DNS 服务器有故障。也可以利用该命令实现域名对 IP 地址的转换功能。

● 步骤 8：ping 参数。

ping 命令的常用参数选项如下。

ping IP -t：连续对 IP 地址执行 ping 命令，直到被用户按 Ctrl+C 组合键中断。

ping IP -l 3000：指定 ping 命令中的数据长度为 3 000 字节，而不是默认的 32 字节。

ping IP -n：执行特定次数的 ping 命令。

● 步骤 9：使用 netstat 命令。

netstat 用于显示与 IP、TCP、UDP 和 ICMP 相关的统计数据，一般用于检验本机各端口的网络连接情况。

netstat 命令的一些常用选项如下。

netstat -s：本选项能够按照各个协议分别显示其统计数据。如果应用程序（如 Web 浏览器）运行速度比较慢，或者不能显示 Web 页之类的数据，可以用本选项来查看一下所显示的信息。仔细查看统计数据的各行，找到出错的关键字，进而确定问题所在。

netstat -e：本选项用于显示关于以太网的统计数据。它列出的项目包括传送的数据报的总字节数、错误数、删除数、数据报的数量和广播的数量。这些统计数据既有发送的数据报数量，也有接收的数据报数量。这个选项可以用来统计一些基本的网络流量。

netstat -r：本选项可以显示关于路由表的信息。除了显示有效路由外，还显示当前有效的连接。

netstat -a：本选项显示一个所有的有效连接信息列表，包括已建立的连接（ESTABLISHED），也包括监听连接请求（LISTENING）的那些连接。

netstat -n：显示所有已建立的有效连接。

- 步骤 10：使用 ipconfig 命令。

ipconfig 命令用于显示当前 TCP/IP 配置的设置值。这些信息一般用来检验人工配置的 TCP/IP 设置是否正确。

ipconfig 常用的选项。

ipconfig：当使用 ipconfig 命令时不带任何参数选项，显示为每个已经配置了的接口的 IP 地址、子网掩码和默认网关值。

ipconfig /all：当使用 all 选项时，ipconfig 能为 DNS 和 WINS 服务器显示已配置且所要使用的附加信息（如 IP 地址等），并且显示内置于本地网卡中的物理地址（MAC）。如果 IP 地址是从 DHCP 服务器租用的，ipconfig 将显示 DHCP 服务器的 IP 地址和租用地址预计失效的日期。

ipconfig /release 和 ipconfig /renew：这是两个附加选项，只能在向 DHCP 服务器租用其 IP 地址的计算机上起作用。如果输入 ipconfig /release，那么所有接口的租用 IP 地址便重新交付给 DHCP 服务器（归还 IP 地址）。如果输入 ipconfig /renew，那么本地计算机便设法与 DHCP 服务器取得联系，并租用一个 IP 地址。请注意，大多数情况下网卡将被重新赋予和以前所赋予的相同的 IP 地址。

- 步骤 11：使用 arp 命令。

arp 是一个重要的 TCP/IP，并且用于确定对应 IP 地址的网卡物理地址。使用 arp 命令，能够查看本地计算机或另一台计算机的 ARP 高速缓存中的当前内容。此外，使用 arp 命令，也可以用人工方式输入静态的网卡物理/IP 地址对。可以使用这种方式为默认网关、本地服务器等常用主机进行操作，有助于减少网络上的信息量。

arp 常用命令选项如下。

arp -a 或 arp -g：用于查看高速缓存中的所有项目。

arp -a IP：如果有多个网卡，那么使用 arp -a 加上接口的 IP 地址，则只显示与该接口相关的 ARP 缓存项目。

arp -s IP 物理地址 ：向 ARP 高速缓存中人工输入一个静态项目。该项目在计算机引导过程中将保持有效状态，或者在出现错误时，人工配置的物理地址将自动更新该项目。

arp -d IP：人工删除一个静态项目。

- 步骤 12：使用 tracert 命令。

如果有网络连通性问题,可以使用 tracert 命令来检查到达的目标 IP 地址的路径并记录结果。tracert 命令显示用于将数据包从计算机传递到目标位置的一组 IP 路由器,以及数据包在路由器之间每次跳跃所需的时间。如果数据包不能传递到目标,tracert 命令将显示成功转发数据包的最后一个路由器。tracert 命令一般用来检测故障的位置,可以用 tracert IP 确定在哪个环节上出了问题。

tracert 常用命令选项如下。

tracert IP address [-d]:该命令返回到达 IP 地址所经过的路由器列表。通过使用 -d 选项,将更快地显示路由器路径,因为 tracert 不会尝试解析路径中路由器的名称。

● 步骤 13:使用 route 命令。

当对外网络上拥有两个或多个路由器时,不一定只依赖默认网关,还可以让某些远程 IP 地址通过某个特定的路由器来传递,而其他的远程 IP 则通过另一个路由器来传递。在这种情况下,需要相应的路由信息,这些信息存储在路由表中,每个主机和每个路由器都配有自己独一无二的路由表。大多数路由器使用专门的路由协议来交换和动态更新路由器之间的路由表。但在有些情况下,必须人工将项目添加到路由器和主机上的路由表中。route 命令就是用来显示人工添加和修改路由表项目的。

常用的命令选项如下。

route print:本命令用于显示路由表中的当前项目。

route add:使用本命令,可以将路由项目添加给路由表。例如,如果要设定一个到目的网络 www.lyct.edu.cn 的路由,其间要经过 7 个路由器网段,首先要经过本地网络上的一个路由器,IP 地址为 202.196.201.129,子网掩码为 255.255.255.128,那么应该输入以下命令:

route add 202.196.192.5 mask 255.255.255.128 202.196.201.129 metric 7

route change:可以使用本命令来修改数据的传输路由,但不能使用本命令来改变数据的目的地。

route delete:使用本命令可以从路由表中删除路由。

● 步骤 14:使用 nbtstat 命令。

使用 nbtstat 命令释放和刷新 NetBIOS 名称。nbtstat(TCP/IP 上的 NetBIOS 统计数据)实用程序用于提供关于 NetBIOS 的统计数据。运用 NetBIOS,可以查看本地计算机或远程计算机上的 NetBIOS 名字表格。

常用命令选项如下。

nbtstat -n:显示寄存在本地的名字和服务程序。

nbtstat -c:本命令用于显示 NetBIOS 名字高速缓存的内容。NetBIOS 名字高速缓存用于存放与本计算机最近进行通信的其他计算机的 NetBIOS 名字和 IP 地址对。

nbtstat -r:本命令用于清除和重新加载 NetBIOS 名字高速缓存。

nbtstat -a IP:通过 IP 显示另一台计算机的物理地址和名字列表,所显示的内容就像对方计算机自己运行 nbtstat -n 一样。

nbtstat -s IP:显示使用其 IP 地址的另一台计算机的 NetBIOS 连接表。

5. 实验小结

本实验的命令较多,但还是建议实验者将每个命令都使用一下。网络命令对测试网络、发现网络故障等操作非常重要,也是个人对计算机网络掌握程度的标志。

习 题

1. 简述网络规划的一般步骤，具体规划时遵循的原则。
2. 选择网络设备时应注意哪些问题？
3. 结构化布线包括哪几个方面？有什么样的特点？
4. 组建一个小型的局域网络基本需要哪些设备？一般选择哪种拓扑结构？
5. 自己动手在实际生活中设置宿舍网络接入 Internet。
6. 网络故障的分类有哪几种？
7. 网络故障排除的一般原则是什么？
8. 在计算机上操作常用的网络命令有哪些？

第7章
服务器架设与管理

计算机网络服务中，Web 服务、FTP 服务、邮件服务、DNS 服务是应用非常广泛的网络服务，用户要使用这些服务，必须安装相应的服务器软件，进行相应的配置。本章详细讲述建立这些服务所要做的工作。

要建立 Web 服务、FTP 服务和邮件服务，首先必须安装 Internet 信息服务（Internet Information Service，IIS）组件，IIS 是一种 Web（网页）服务组件，安装了此组件，就能很方便地创建 Web 服务器、FTP 服务器、邮件服务器等。

下面以 Windows Server 2003 企业版为例来说明 IIS 的安装，在安装 Windows Server 2003 企业版时，系统默认下是没有安装 IIS 组件，需要手动添加，操作的步骤如下。

（1）将安装系统光盘放入光驱内。

（2）单击"开始/控制面板/添加或删除程序/添加/删除 Windows 组件"命令，弹出如图 7-1 所示的对话框。选中列表框中的"应用程序服务器"并双击，或单击"详细信息"按钮，弹出如图 7-2 所示的对话框。勾选"Internet 信息服务（IIS）"复选框，单击"详细信息"按钮，弹出如图 7-3 所示的对话框。勾选"万维网服务"和"文件传输协议（FTP）服务"2 个复选框，单击"确定"按钮，就可完成相应的安装过程。

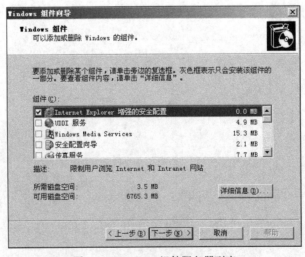

图 7-1　Windows 组件服务器列表

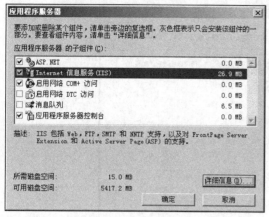

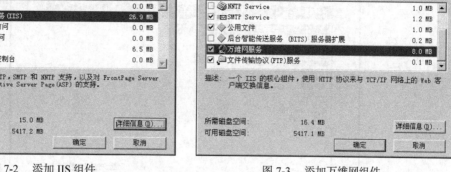

图 7-2　添加 IIS 组件　　　　　　　　　　图 7-3　添加万维网组件

上述操作过程也可以单击"开始/管理工具/管理您的服务器"命令，弹出如图 7-4 所示的对话框。

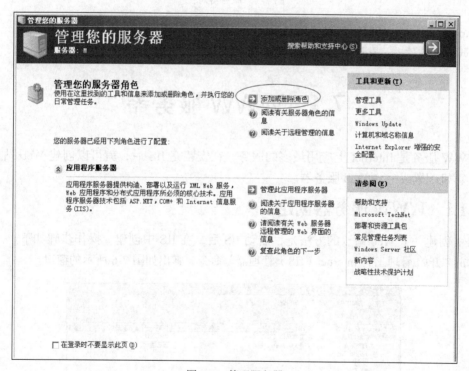

图 7-4　管理服务器

单击"添加或删除角色"选项，弹出如图 7-5 所示的对话框。如果在列表框中没有找到要安装的程序，单击"添加或删除程序"按钮，弹出如图 7-1 所示的对话框，操作和上面一样完成安装。

通过上述步骤，在根目录下会增加一个 Inetpub 的文件夹，主要有：

inScripts 文件夹：存储 CGI 脚本的根目录；

ftproot 文件夹：FTP 服务根目录；

mailroot 文件夹：SMTP 服务器根目录；

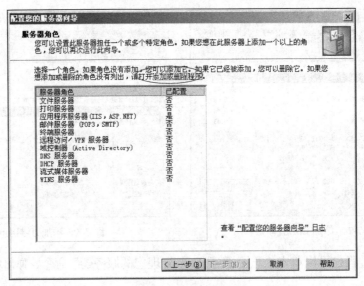

图 7-5　服务器列表

nntpfile 文件夹：新闻组信息的根目录；

wwwroot 文件夹：默认 Web 站点的根目录。

7.1　WWW 服务器

WWW 服务是 Internet 上应用最多的服务，在安装完 IIS 后，就可以创建 Web 站点，将本地计算机配置成一台 Web 服务器。

7.1.1　WWW 服务器创建

（1）创建一个 Web 站点的方法是，启动 IIS 后，在 IIS 中创建。操作步骤如下。

单击"开始/管理工具/Internet（IIS）管理器"命令，弹出如图 7-6 所示的窗口。

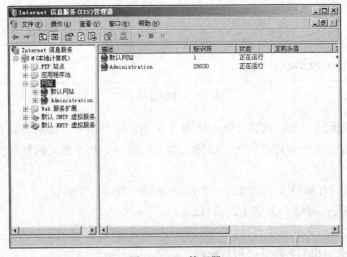

图 7-6　IIS 管理器

（2）用鼠标右键单击"网站"选项，在弹出的快捷菜单中选择"新建/网站"命令，弹出"网站创建向导"对话框，在"描述"文本框中输入网站描述信息，如图 7-7 所示。单击"下一步"按钮，弹出"IP 地址和端口设置"对话框，本机如果作为服务器，输入"网站 IP 地址"为 10.10.30.230，端口和网站主机头都是默认状态，如图 7-8 所示。

（3）单击"下一步"按钮，在"网站主目录"对话框中输入网站主目录的路径，或者通过单击"浏览"按钮来确定主目录的路径，目录中保存了 Web 数据。勾选"允许匿名访问网站"复选框，则用户不需要输入账号和密码就可以浏览该站点的内容，如图 7-9 所示。

（4）单击"下一步"按钮，在弹出的对话框中设定访问权限。一般情况下，允许"读取"和"运行脚本"，如图 7-10 所示。单击"下一步"按钮，单击"完成"按钮，即表示新站点建立成功。在 Internet 信息服务管理器中即显示新建立的站点"new"，单击该站点，在右边的窗口中可以查看该站点下的内容。

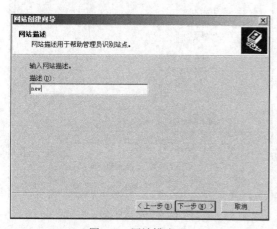

图 7-7　网站描述

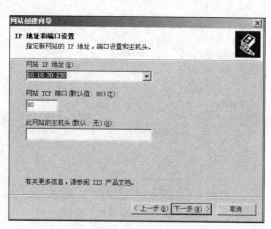

图 7-8　设置 IP 地址和端口

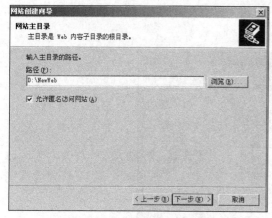

图 7-9　设置网站主目录

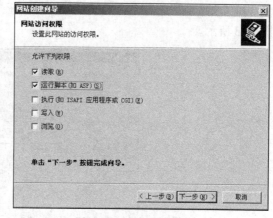

图 7-10　网站访问权限

7.1.2　WWW 服务器配置

1．Web 站点属性配置

用鼠标右键单击"new"站点，在弹出的对话框中选择"属性"命令，弹出如图 7-11 所示的对话框。在该窗口中详细显示出了 new 站点的各个属性。

（1）网站。

在"网站标识"栏中，可以输入网站的描述信息、IP 地址和端口号。单击"高级"按钮，弹出"高级网站"对话框，选中当前记录，单击"编辑"按钮，弹出"添加/编辑网站标识"对话框，在其中可设置 IP 地址、TCP 端口和主机头值。在"连接"栏中，设定连接超时时间。勾选"启动日志记录"复选框，单击"属性"按钮，弹出"日志记录属性"对话框，在其中可以设置建立新日志的时间、改变日志文件存储的路径等，如图 7-12 所示。单击"高级"选项卡可以指定记录事件及相关细节。

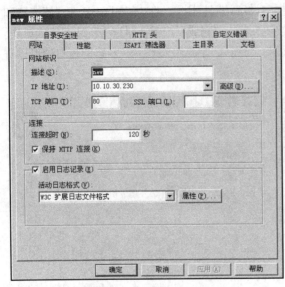

图 7-11　"new 属性"对话框

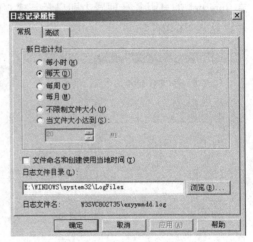

图 7-12　设置日志记录属性

（2）主目录。

在"主目录"选项卡中可设置网站目录路径、允许对站点文件和应用程序执行的权限等，如图 7-13 所示。

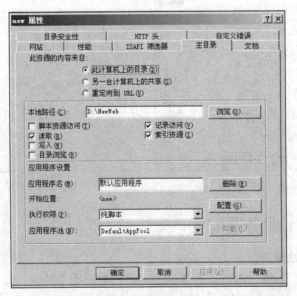

图 7-13　设置主目录

（3）目录安全性。

在"目录安全性"选项卡中主要是设置对站点安全性访问，如图 7-14 所示。

在该对话框中可以设置 IP 地址和域名限制，可以拒绝特定的 IP 地址访问本站点，单击"IP 地址和域名限制"栏中的"编辑"按钮，弹出如图 7-15 所示的对话框。单击"添加"按钮可以设置授权或拒绝访问该站点的 IP 地址，当用户的 IP 地址属于被拒绝访问限制时，客户浏览器端会收到"您没有权限查看网页"的提示。

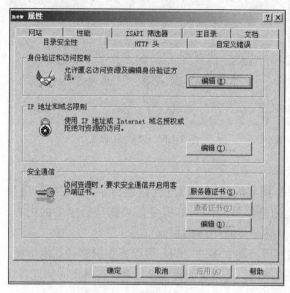

图 7-14 目录安全性设置

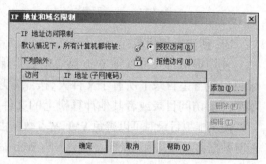

图 7-15 设置 IP 地址和域名限制

（4）文档。

在"文档"选项卡中可以添加站点的默认文档，即站点的首页。一般有 index.htm、index.html、index.asp、index.aspx、index.php、index.jsp、Default.htm、Default.html、Default.asp、Default.aspx、Default.php 和 Default.jsp 等，当用户通过浏览器访问站点时，没有指定要浏览的文档，站点就会将默认文档传递给用户浏览器。单击"添加"按钮或"删除"按钮可增加或删除默认文档，如图 7-16 所示。如果有多个默认文档，系统将把第 1 个文档优先传送给客户浏览器。勾选"启用文档页脚"复选框，服务器在传送网页前，会在文档的底部插入页脚，然后再传送。

（5）性能。

在"性能"选项卡中可以设置网站使用的最大带宽和网站的最大连接数目，如图 7-17 所示。

（6）HTTP 头。

在"HTTP 头"选项卡中可以设置站点内容的过期时限，保证浏览的内容处于最新，如图 7-18 所示。

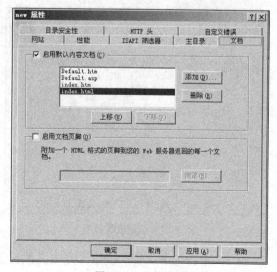

图 7-16 文档设置

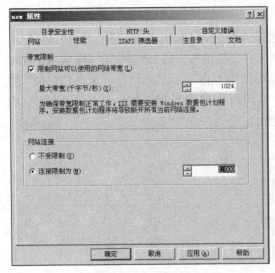

图 7-17 性能设置   图 7-18 HTTP 头设置

2. 创建虚拟目录

使用虚拟目录可以将 Web 站点的数据保存到本机主目录以外的物理目录,创建的物理目录可以包含主目录下所有子文件夹,按照常理浏览器只能访问本机主目录物理目录中的内容,如果想要访问目录或者其他计算机上的文件,就需要使用虚拟目录。

使用虚拟目录时可以避免 Web 站点数据占用服务器太多的空间。可以将数据移到其他位置,而且数据移动到其他地址时,不会影响 Web 站点结构,只需要设置虚拟目录,将其指向物理目录即可。

创建虚拟目录的操作步骤如下。

(1)在创建的"new"站点上单击鼠标右键,弹出快捷菜单,选择"新建/虚拟目录"命令,弹出如图 7-19 所示的对话框,在"别名"文本框中输入"mynew"。

(2)单击"下一步"按钮,设置虚拟目录的实际路径,如图 7-20 所示。

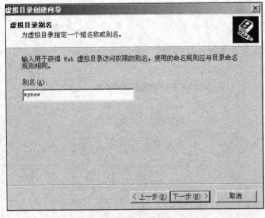

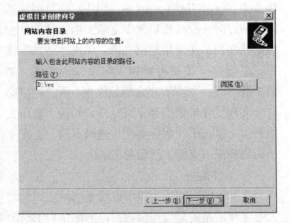

图 7-19 新建虚拟目录   图 7-20 虚拟目录路径

(3)单击"下一步"按钮,完成虚拟目录的设置,如图 7-21 所示。

单击"下一步"按钮,按照提示完成虚拟目录创建过程,在此站点网址的后面加上虚拟目录名称"mynew"就可以浏览其中的网页了。

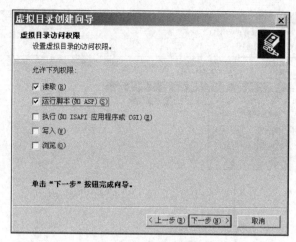

图 7-21 虚拟目录访问权限

7.1.3 WWW 服务器管理

在"Internet 信息服务管理器"控制台中，鼠标右键单击"网站"中的"new"站点，如果要将停止的 Web 站点启动，在快捷菜单中，选择"启动"命令，该站点将被启动。如果要停止一个 Web 站点，在快捷菜单中，单击"停止"命令，该站点将被停止。

如果用户试图连接一个暂停的站点，客户端浏览器显示"找不到该网页"消息（HTTP 404–未找到文件）。如果试图连接一个停止的站点，客户端浏览器显示"该页面无法显示"的消息（找不到服务器或 DNS 错误）。

7.2 FTP 服务器

FTP 是 Internet 上文件传输非常好的服务协议，效率非常高，可以实现不同平台、不同环境下的数据传输和共享。

7.2.1 FTP 服务器创建

在安装了 IIS 之后，默认的 FTP 就已经安装建立了，创建 FTP 服务器和创建 Web 服务器类似，操作步骤如下。

（1）在"Internet 信息服务（IIS）管理器"控制台中，用鼠标右键单击"FTP 站点"，弹出快捷菜单，选择"新建/FTP 站点"命令，如图 7-22 所示。

（2）弹出"FTP 站点创建向导"对话框，在"描述"文本框中输入"newftp"，如图 7-23所示。

（3）单击"下一步"按钮，进行 IP 地址和端口设置，端口号默认为 21，如图 7-24 所示。

（4）单击"下一步"按钮，出现 FTP 用户隔离选项，可以选择不隔离用户和隔离用户，因为 FTP 可能有多个用户，为了安全可以为用户指定目录，如图 7-25 所示。

（5）单击"下一步"按钮，设置 FTP 站点的主目录路径，用户存放站点的一些主要文件，如图 7-26 所示。

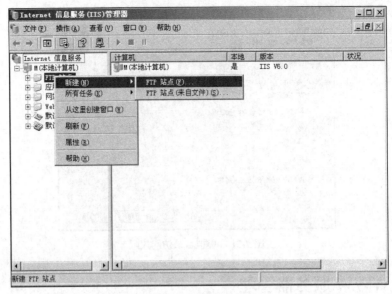

图 7-22 创建 FTP 站点

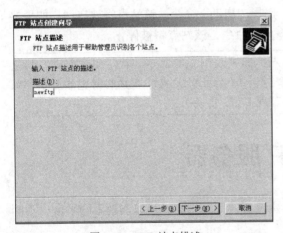

图 7-23 FTP 站点描述

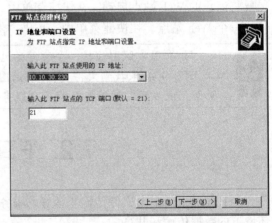

图 7-24 IP 地址和端口设置

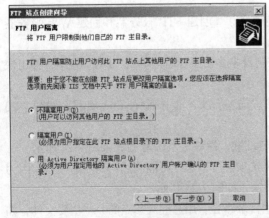

图 7-25 设置 FTP 用户隔离

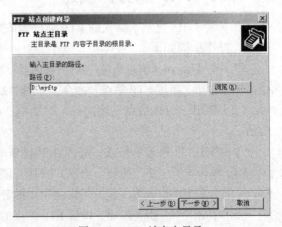

图 7-26 FTP 站点主目录

（6）单击"下一步"按钮，设置 FTP 站点的访问权限，有"读取"和"写入"两个复选框，读取是用户能从 FTP 站点上下载文件，写入是用户能上传文件到 FTP 站点，如图 7-27 所示。

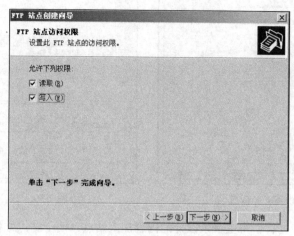

图 7-27　FTP 站点访问权限设置

（7）单击"下一步"按钮，在弹出的对话框中单击"完成"按钮，FTP 站点就创建完成了。

7.2.2　FTP 服务器配置

1．FTP 站点属性配置

和 Web 服务器配置一样，用鼠标右键单击 FTP 服务器的"newftp"站点，在弹出的快捷菜单中选择"属性"命令，弹出如图 7-28 所示的对话框。相比 Web 服务器而言，FTP 的配置简单一些。

在"newftp 属性"对话框中，只有 FTP 站点、安全帐户、消息、主目录和目录安全性 5 个基本属性。

（1）FTP 站点、主目录和目录安全性。

这 3 个属性设置和 Web 站点类似，在这不再重复。

（2）安全帐户。

在"安全帐户"选项卡中可以设置站点是否允许匿名连接，设置了匿名连接，用户在连接 FTP 站点时，不需要输入账号和密码，如图 7-29 所示。

（3）消息。

"消息"选项卡中提供了一些提示信息给用

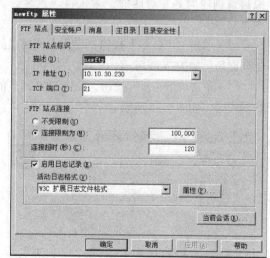

图 7-28　"newftp 属性"对话框

户，如进入站点时，可以告知用户使用本站点有哪些文件，退出时给访问者一些信息，或者连接不上时给出一些提示信息等，如图 7-30 所示。

2．创建并使用虚拟目录

FTP 站点类似 Web 站点也可以使用虚拟目录。

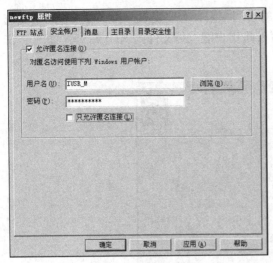

图 7-29　设置安全帐户

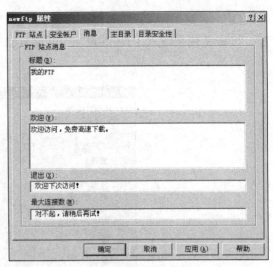

图 7-30　设置消息信息

　　使用虚拟目录的好处有：将主目录以外的内容加入站点，便于站点维护；虚拟目录使得每个用户在 FTP 站点上都有一个主文件夹，存放私人数据；当客户端用自己的帐户连接到 FTP 站点时，系统自动切换到相应的虚拟目录中（它不能切换到上层的 FTP 站点目录，也不能切换到其他的虚拟目录中），从而有效地将用户私有空间隔离；为用户建立专用存储空间。

　　要建立自己的文件夹，必须为该文件夹建立与用户帐户同名的虚拟目录。例如，要为一个 student 用户建立一个自己的文件夹，操作步骤如下。

　　（1）用鼠标右键单击"FTP 站点"，在弹出的快捷菜单中选择"新建/虚拟目录"命令，弹出"虚拟目录创建向导"对话框，输入目录别名，如图 7-31 所示。

　　（2）单击"下一步"按钮，设置虚拟目录的访问路径，如图 7-32 所示。

　　（3）单击"下一步"按钮，设置 FTP 站点的访问权限，如图 7-33 所示。

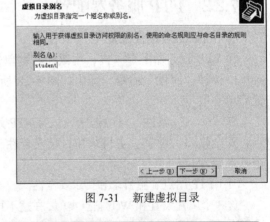

图 7-31　新建虚拟目录

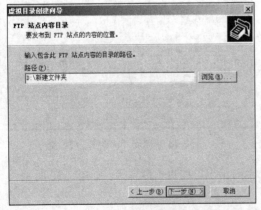

图 7-32　设置虚拟路径

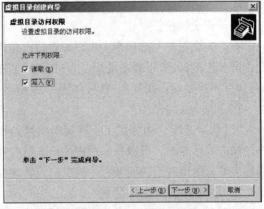

图 7-33　设置访问权限

（4）单击"下一步"按钮，完成虚拟目录创建，返回到"Internet 信息服务（IIS）管理器"窗口，如图 7-34 所示。

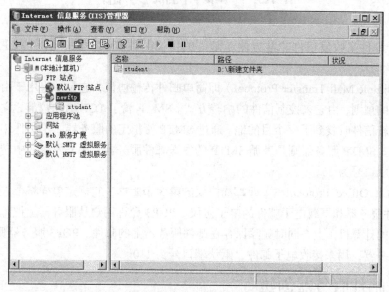

图 7-34　虚拟目录创建完成显示

使用 FTP 虚拟目录首先要取消匿名接连，在"安全帐户"中设置站点不允许匿名连接。只有输入用户账号，FTP 站点才能切换到对应的虚拟目录。

取消 FTP 站点的匿名连接后，在浏览器地址栏中输入 FTP://10.10.30.230，按回车键，显示"登录身份"对话框。输入相应的用户名和密码后才能访问相应私人空间，如图 7-35 所示。

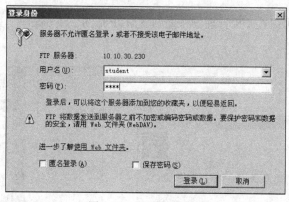

图 7-35　"登录身份"

7.2.3　FTP 服务器管理

在"Internet 信息服务（IIS）管理器"控制台中，用鼠标右键单击"FTP 站点"中相应的站点按钮，如果要将停止的 FTP 站点启动，在弹出的快捷菜单中，选择"启动"命令，该站点将被启动。如果要停止一个 FTP 站点，在弹出的快捷菜单中，选择"停止"命令，该站点将被停止。

7.3　邮件服务器

使用电子邮件来收发信件非常方便，邮件的传输是由 SMTP 服务器和 POP3 服务器共同完成的。

SMTP（Simple Mail Transfer Protocol）即简单邮件传输协议，它是一组用于由源地址到目的地址传送邮件的规则，由它来控制信件的中转方式。SMTP 属于 TCP/IP 协议族，它帮助每台计算机在发送或中转信件时找到下一个目的地。通过 SMTP 所指定的服务器，可以把 E-mail 寄到收信人的服务器上。SMTP 服务器则是遵循 SMTP 的发送邮件服务器，用来发送或中转用户发出的电子邮件，默认端口号为 25。

POP3（Post Office Protocol 3）即邮局协议的第 3 个版本，它规定怎样将个人计算机连接到 Internet 的邮件服务器和下载电子邮件的电子协议。POP3 允许用户从服务器上把邮件存储到本地主机（即自己的计算机）上，同时删除保存在邮件服务器上的邮件。POP3 服务器则是遵循 POP3 的接收邮件服务器，用来接收电子邮件，默认端口号为 110。

7.3.1　邮件服务器创建

前面安装"添加/删除 Windows 组件/应用程序服务器/详细信息/Internet 信息服务（IIS）"中已经选中安装了 SMTP Service（见图 7-3），这里不再赘述。

安装 POP3 服务组件操作基本上和安装 SMTP 组件一样，选择"控制面板/添加或删除程序/添加/删除 Windows 组件"，弹出"Windows 组件向导"对话框，选择"电子邮件服务"，如图 7-36 所示，单击"详细信息"按钮可以看到该选项包括两部分内容，分别是"POP3 服务"和"POP3 服务 Web 管理"。

安装完成之后就可以在 IIS 管理器中看到 SMTP 服务，在"管理工具"菜单中看到"POP3 服务"，如图 7-37 所示。

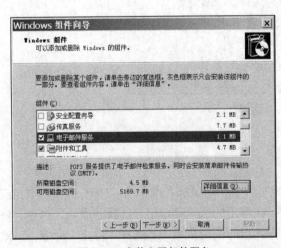

图 7-36　安装电子邮件服务

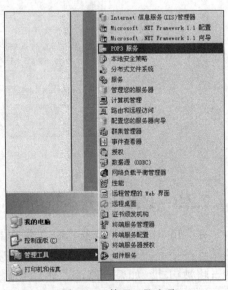

图 7-37　管理工具选项

7.3.2　邮件服务器配置

对 SMTP 服务器组件的配置操作如下：选择"开始/管理工具 Internet 信息服务（IIS）管理器"，右键单击选择"属性"，打开"默认 SMTP 虚拟服务器 属性"对话框，如图 7-38 所示，在对话框中可以对 SMTP 组件进行一些相应的设置。

对 POP3 服务器组件进行如下配置。

- 创建域名：选择"开始/管理工具/POP3 服务"选项，弹出"POP3 服务"控制台对话框。选中左栏中的"POP3 服务"，单击"新域"按钮，弹出"添加域"对话框，如图 7-39 所示，创建"youjian.com"域。
- 创建邮箱：选中新建的"youjian.com"域，单击"添加邮箱"按钮，在弹出的对话框中输入邮箱名，然后设置用户密码，最后单击"确定"按钮，完成邮箱的创建，如图 7-40 所示。

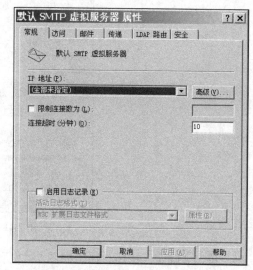

图 7-38　设置 SMTP 虚拟服务器属性

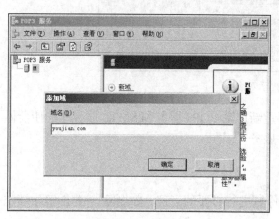

图 7-39　创建新域

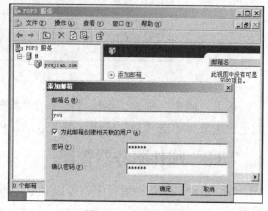

图 7-40　创建邮箱

- 设置邮件存储位置：默认状态下，用户邮件保存在 C:\Inetpub\mailroot\Mailbox 文件夹中。由于系统分区的容量十分有限，因此通常需要将邮件存储位置修改为其他磁盘分区。如果想设置邮件的存储位置，则必须是本地计算机 Administrators 组中的成员或者必须被授予适当的权限。如果将计算机加入到一个域中，则 Domain Admins 组的成员也可以执行该项设置。

选择"开始/管理工具/POP3 服务"命令，用鼠标右键单击"POP3 服务"，选择"属性"命令，在弹出的对话框中输入新的邮件存储文件夹和路径，如"D:\新建文件夹"，如图 7-41 所示。

从图 7-41 中可以看出，邮件服务器有身份验证的方法，对于 POP3 服务来说，提供了 3 种不同的身份验证方法来验证连接到邮件服务器的用户：本地 Windows 帐户，加密的密码文件，Active Directory 集成验证。在邮件服务器上创建任何电子邮件域之前，必须选择一种身份验证方法。只有在邮件服务器上没有电子邮件域时，才可以更改身份验证方法。

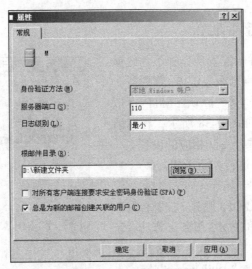

图 7-41　设置根邮件目录

单击"确定"按钮，弹出如图 7-42 所示的提示对话框，提示已有的域将无法正确存储邮件，必须将域目录复制到新邮件目录以保留当前帐户。

图 7-42　提示对话框

单击"确定"按钮，系统将提醒用户需要重新启动 POP3 服务和 SMTP 服务才能使所做的更改生效，单击"是"按钮，重新启动邮件服务。

7.3.3　邮件服务器管理

在"POP3 服务"窗口中，可以对电子邮件域进行必要的管理，如删除、锁定/解除锁定控制。

- 删除域：在"POP3 服务"窗口中，打开邮件服务器内所设置的域，然后选择"删除"命令，将显示确认删除该域的提示框。单击该提示框中的"确定"按钮，将删除该域、域中所有邮箱以及存储在域中的所有邮件。
- 锁定/解除锁定域：用鼠标右键单击要锁定的域，在弹出的对话框中选择"锁定"命令锁定该域。在解除锁定域时，只需在弹出的快捷菜单中选择"解除锁定"命令即可。
- 删除邮箱：在"POP3 服务"窗口中，选择要删除邮箱的所在电子邮件域。右键单击需要删除的邮箱，选择"删除"命令，弹出"删除邮箱"对话框，如果选中"删除与此邮箱相关联的用户帐户"复选框，则 Users 组中的该用户同时被删除。也就是说，将同时取消该用户访问发送电子邮件服务器和登录到域的权限。单击"是"按钮，删除该邮箱，同时也将删除该邮箱的邮件存储目录以及该目录中存储的所有电子邮件。
- 锁定/解除锁定邮箱：如果需要暂时禁用某个邮箱帐户，但又没有必要删除，以备日后重新启用时，可以暂时锁定该邮箱帐户。当一个邮箱被锁定时，仍然能接收发送到邮件存储区的电子邮件。但是，该用户却不能连接到服务器检索电子邮件。锁定一个邮箱只是限制了该用户使其不能连接到服务器，但是管理员仍然可以执行所有的管理任务，如删除邮箱、更改邮箱密码等。

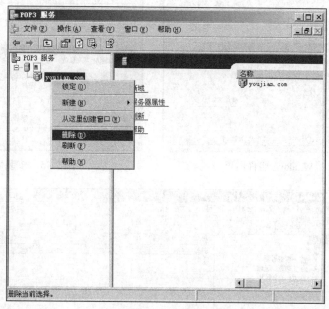

图 7-43　删除选项

在"POP3 服务"窗口中，选择要锁定的信箱，右键单击选择"锁定"命令，即可锁定该信箱。若要解除对该邮箱锁定，可以在弹出的快捷菜单中选择"解除锁定"命令。

7.4　DNS 服务器

域名是用于标识和定位 Internet 上一台计算机具有层次结构的计算机命名方式，与计算机的 IP 地址相对应。相对于 IP 地址而言，计算机域名更便于理解和记忆。

DNS 服务器和前面介绍的 3 种服务器一样，安装操作系统时都没有默认的安装，都需要手动安装服务组件，并且要将 DNS 服务器的 IP 地址设置为静态的。

在"Windows 组件对话框中，选择"网络服务"，如图 7-44 所示，单击"详细信息"按钮，选择"域名服务（DNS）"（见图 7-45），来完成 DNS 服务的安装。安装完成后，在"管理工具"文件夹中将增加 DNS 图标。

单击"管理工具/DNS"选项，启动 DNS 服务器，弹出如图 7-46 所示的窗口。

安装了 DNS 服务组件后，还要进行相应的配置才能使用，主要有正向查找区域和反向查找区域。正向查找区域存储 DNS 名称与 IP 地址对应，反向查找区域是 IP 地址与 DNS 名称相对应。

1. 正向查找

（1）用鼠标右键单击"正向查找区域"，选择新建区域"命令，弹出"新建区域向导"对话框，如图 7-47 所示。

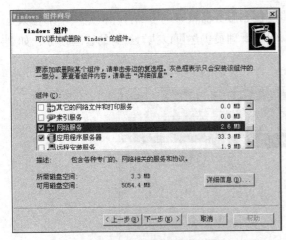

图 7-44 Windows 组件向导

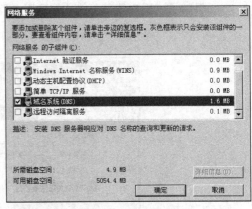

图 7-45 安装域名系统

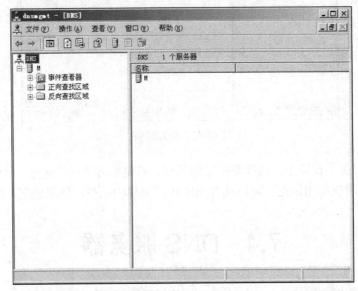

图 7-46 DNS 控制台

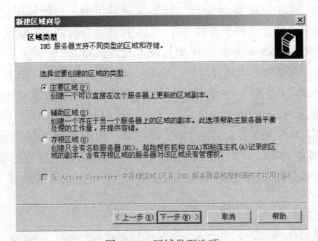

图 7-47 区域类型选项

（2）选择"主要区域"单选钮，单击"下一步"按钮，弹出如图 7-48 所示的对话框，在"区域名称"文本框中输入创建的区域名。

（3）单击"下一步"按钮，出现如图 7-49 所示的对话框，创建区域文件。

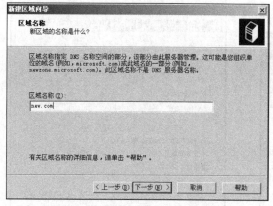

图 7-48　设置区域名称

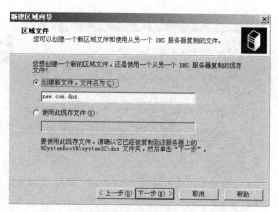

图 7-49　创建区域文件

（4）单击"下一步"按钮，弹出如图 7-50 所示的对话框，选择"允许非安全和安全动态更新"单选钮，单击"下一步"按钮。最后单击"完成"按钮，完成区域的创建。

新建主机记录：新建主机就是增加主机记录，与 IP 地址相对应，在 new.com 增加主机记录，右键单击"new.com"选择"新建主机"命令，弹出如图 7-51 所示的对话框。在"名称"文本框中输入主机名，在"IP 地址"文本框中输入主机对应的 IP 地址，单击"添加主机"按钮，主机记录增加成功。

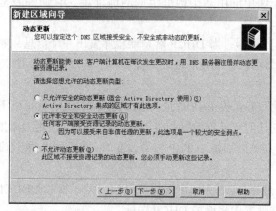

图 7-50　动态更新

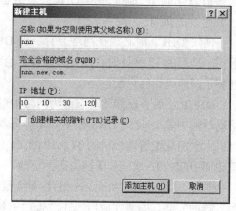

图 7-51　新建主机

2. 反向查找

用鼠标右键单击"反向查找区域"，选择"新建区域"命令，弹出如图 7-52 所示的对话框，输入网络地址，单击"下一步"按钮，按照要求完成反向查找区域的建立。

和正向查找一样，在反向查找区域中，可以新建指针记录，操作和正向查找一样，在此不再重复。

3. 客户端设置

在客户端计算机的"本地连接/属性/Internet 协议（TCP/IP）/属性"对话框中，在"首选

DNS 服务器"框中输入 DNS 服务器的 IP 地址，如果还有其他的 DNS 服务器提供服务的话，在"备用 DNS 服务器"处输入另外一台 DNS 服务器的 IP 地址，如图 7-53 所示。

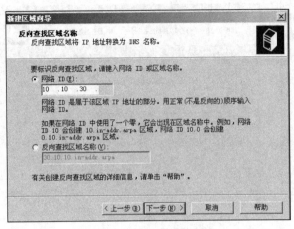

图 7-52　设置反向查找区域

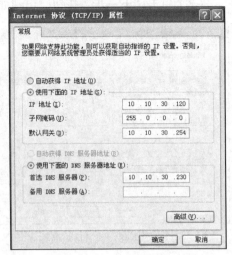

图 7-53　DNS 服务器设置

7.5　DHCP 服务器

DHCP(Dynamic Host Configuration Protocol)主要用来给网络客户机分配动态的 IP 地址。这些被分配的 IP 地址都是 DHCP 服务器预先保留的由多个地址组成的地址集，它们一般是一段连续的地址。

使用 DHCP 时必须在网络上有一台 DHCP 服务器，当 DHCP 客户端程序发出一个信息，要求一个动态的 IP 地址时，DHCP 服务器会根据目前已经配置的地址，提供一个可供使用的 IP 地址和子网掩码给客户端。

DHCP 使服务器能够动态地为网络中的其他服务器提供 IP 地址，通过使用 DHCP，就可以不给局域网中除 DHCP、DNS 和 WINS 服务器外的任何服务器设置和维护静态 IP 地址。使用 DHCP 可以大大简化配置客户机的 TCP/IP 的工作，尤其是当某些 TCP/IP 参数改变时，如网络的大规模重建而引起的 IP 地址和子网掩码的更改。

选择"添加/删除 Windows 组件/网络服务"，选择"动态主机配置协议(DHCP)"，来完成 DHCP 服务器的安装。安装完成后，在"管理工具"文件夹中将增加 DHCP 图标。

启动"管理工具/DHCP"，如果计算机是在域环境下，那么安装好的 DHCP 服务器需要授权后才可以使用，如果看到有一个红色的向下箭头，证明此服务器还没经过授权。用鼠标右键单击服务器，在弹出的快捷菜单中选"授权"命令。这时可看到红色向下箭头变成了绿色向上箭头，证明此服务器已经经过了授权，可以使用。

1．新建作用域

（1）作用域用来分配 IP 地址，用鼠标右键单击服务器，在弹出的快捷菜单中选择"新建作用域"命令，打开"新建作用域向导"对话框，如图 7-54 所示，按图中所示进行设置。

（2）单击"下一步"按钮，弹出如图 7-55 所示的对话框，设置 IP 地址范围。

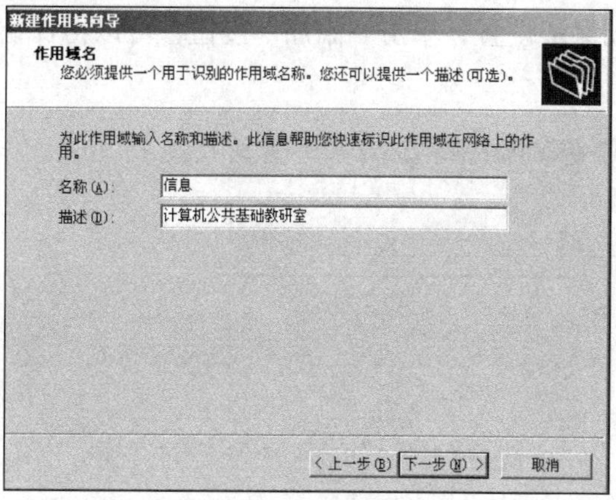

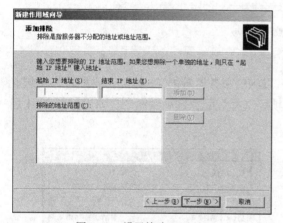

图 7-54　描述作用域

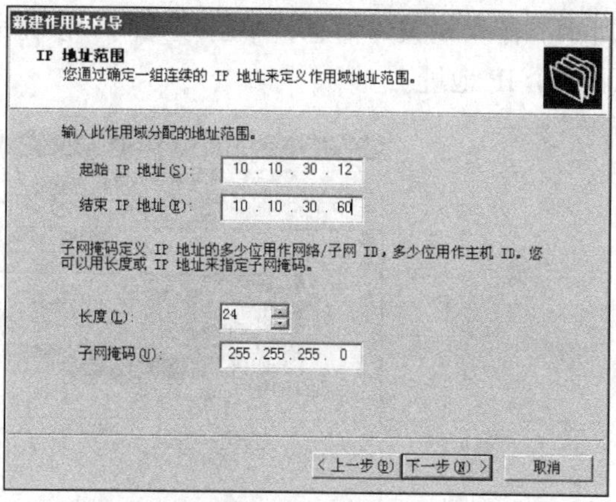

图 7-55　设置 IP 范围

（3）单击"下一步"按钮，弹出如图 7-56 所示的对话框，添加排除的 IP 地址。

（4）单击"下一步"按钮，弹出如图 7-57 所示的对话框，设置租约期限。

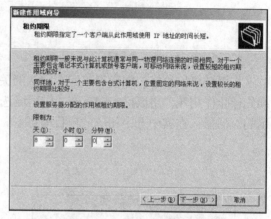

图 7-56　设置特殊 IP 地址

图 7-57　设置租约期限

（5）单击"下一步"按钮，弹出如图 7-58 所示的对话框。如果想配置 DHCP 作用域的一些选项，选"是，我想现在配置这些选项"单选钮。

按照提示，就可以完成新建作用域的任务，建立之后，在 DHCP 服务器窗口中会显示出来。在"作用域"前面有个红色向下箭头，表示刚建立的作用域还没有被激活，不能给客户机分配 IP 地址。用鼠标右键单击"作用域"，选择"激活"命令，如图 7-59 所示。

2. 保留特定 IP

在局域网中，某些特定的客户机必须使

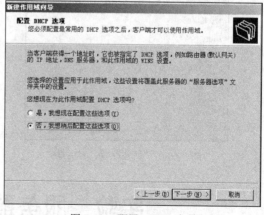

图 7-58　配置 DHCP 选项

用特定的 IP 地址，如 DNS 服务器等，而不是由 DHCP 自动分配的 IP 地址，则必须使用保留功能。用鼠标右键单击"保留"，选择"新建"命令，弹出"新建保留"对话框，如图 7-60

所示。输入相关的信息，单击"关闭"按钮完成保留设置，单击"添加"按钮，可以再保留下一个 IP 地址。

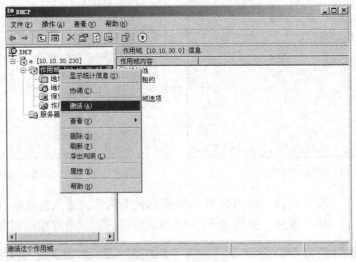

图 7-59　激活作用域

3. 设置作用域

作用域可以给客户端计算机配置默认网关、DNS 服务器等的 IP 地址，要配置作用域必须先停止作用域。用鼠标右键单击"作用域选项'选择'配置选项"命令，弹出如图 7-61 所示的对话框，在其中选中相应的项目即可。

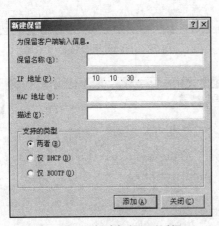

图 7-60　"新建保留"对话框

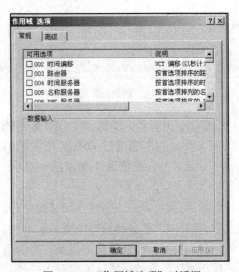

图 7-61　"作用域选项"对话框

实验　服务器的构建与应用

1. 实验目的

● 掌握 WWW 服务器和 FTP 服务器的基本架构方法。

- 了解 WWW 服务器和 FTP 服务器的基本工作原理。

2. 实验环境

- 硬件：接入局域网的 PC（不一定非要接入 Internet）。
- 软件：Windows Server 2003 操作系统。

3. 实验说明

本实验在 Window XP 操作系统下也可以完成。为了功能更强，推荐使用 Windows Server 2003。

4. 实验步骤

- 步骤 1：创建 WWW 服务器。

参见本书第 7 章 7.1.1 小节。

- 步骤 2：配置 WWW 服务器。

参见本书第 7 章 7.1.2 小节。

- 步骤 3：管理 WWW 服务器。

参见本书第 7 章 7.1.3 小节。

- 步骤 4：创建 FTP 服务器。

参见本书第 7 章 7.2.1 小节

- 步骤 5：配置 FTP 服务器。

参见本书第 7 章 7.2.2 小节。

- 步骤 6：管理 FTP 服务器。

参见本书第 7 章 7.2.3 小节。

5. 实验小结

Windows 操作系统自带的 WWW 服务器功能和 FTP 服务器功能，虽然不是最强大、最流行的，但优点在于容易获取、技术支持较多，在实现一些简单应用的时候不失为很好的选择。在本实验的基础上实现对两种服务器的了解和掌握，可以为实验者进一步认识和学习其他的服务器架设工具打下基础。

习　　题

1. 简述安装 IIS 的操作步骤。
2. 管理和修改 Web 站点的配置可以通过哪些属性来完成？
3. 怎样建立 Web 虚拟目录？建立虚拟目录的好处有哪些？
4. 在 FTP 站点建立虚拟目录的作用是什么？
5. 在邮件服务器中，SMTP 和 POP3 有什么不同？
6. DNS 服务器建立正向查找和反向查找的步骤有哪些作用？
7. 建立 DHCP 服务器有什么作用？
8. 在 DHCP 服务器中设置作用域，可以设置哪些选项？

第8章
网页设计与制作

Web 站点（网站）是 Internet 的重要组成部分，是 Internet 上存放信息的主要方式之一。当今网站的应用领域越来越广泛，通过网上订票的网站，人们可以坐在家里预订去世界各地的飞机票、火车票、船票；通过金融资讯网站可了解世界各地的证券、股市行情；通过网站可以对企业进行宣传、形象推广等，不一而足。

没有网站，WWW 服务就不能实现。随着 Internet 上的大量网站的出现以及 Web 技术的高速发展，Internet 上的网站提供的服务和娱乐更加全面、完善、体贴和人性化。网站已经成为人们生活中不可缺少的重要部分。

Internet 的发展呼唤众多使用者掌握网页制作技术和工具，来共同丰富网上的信息资源。另外，凡是通过 Internet 发布信息的公司和企业，无不希望自己的网站能够精彩纷呈，以充分展示本企业的形象、实力与产品，希望自己的网站能够带来源源不断的市场需求与商机。对应着这样的网络需求，本章介绍建立和管理一个简单网站的基本流程。

8.1　网页设计概述

网站设计是一个系统工程，它由多项工作组成，各项工作之间互相依赖。在开始设计之前，设计者应该对网站的设计流程有一个总体性的把握，即设计者应遵循一定的原则设计网站，并在设计之前先对网站有一个整体的规划，进行各种准备工作。在一个 Web 站点，网页是信息的主要载体，也是实现客户与服务器信息交互的平台。创建一个完整的 Web 站点，大致上可以分为 5 个阶段。

1. 分析阶段

创建站点之前需要一定的时间和精力对站点进行规划设计，确定站点的目标、客户群、主题、规模、站点结构、栏目、界面风格等，制订出详细的计划。

2. 设计阶段

制定主页的结构、连接方式和站点的模块划分方式，并收集相关的素材，制作必要的组件。如果网站中用到数据库，则还要进行数据库的选择与数据库的结构设计。

3. 实现阶段

选择适当的网页设计工具、网页设计语言创建网页，编写或制作出各个不同功能网页的代码，确定网页之间的关系，建立网页之间的链接。

4. 测试阶段

利用浏览器测试网页文档的正确性、可用性和健壮性，及时纠正错误，杜绝漏洞。

5．维护阶段

在站点运行过程中，需要经常对制作好的网页文档进行更新和完善。

在选择网站题材时，最好选择自己擅长或喜欢的内容，这些内容要富有魅力、激动人心，以吸引新的访问者。在网站的设计阶段，需要考虑站点内容的动态性，内容不能一成不变，要根据实际情况经常进行调整，不断地为站点增加新内容，以提高网站访问量。

8.1.1　网页设计的基本原则

建设站点的主要工作就是设计网页。在网页的设计过程中要遵循以下原则。

1．速度优先原则

客户访问一个页面，一般不愿意等待太久。据统计，访问者可忍受的时间大约为 20s，一旦等待时间太长，多数访问者会放弃对该页面的访问。因此，设计网页时要考虑到用户的下载速率，网页不能做得太大，图片要尽可能小些，或者采用压缩格式的图像文件，减少可有可无的内容，以便使访问者能用最短的时间看到本网页的主要内容。

2．标题设计原则

设计网页的标题时，应同时兼顾用户的注意力和搜索引擎的需要。第一，网页标题不宜过短或过长，一般来说6~10个汉字比较理想，最好不超过 30 个汉字；第二，网页标题应能概括网页的核心内容；第三，网页标题中应含有丰富的关键字。

3．内容更新原则

这一点在主页的设计上尤为重要，因为没有人愿意重复访问内容总是一成不变的站点主页。第一，要注意内容的动态性，让客户每一次访问都可以发现一些新的内容；第二，界面要经常变化，每隔一段时间可以考虑对主页进行改版，经常给出一些新栏目或者服务项目，以吸引客户经常访问本站点。

4．艺术处理原则

网页的设计者都希望自己的网页漂亮，以吸引客户的访问，但如果过分地强调艺术效果，冲淡了网页的主题就会得不偿失。在网页的艺术处理上应遵循的原则如下。

（1）网络统一：与站点的整体网络统一，与网页的主题、栏目的类型相一致。

（2）版面编排：要主次分明、中心突出、大小搭配及图文并茂。

（3）总体性：线条和形状与文字、标题、图片等相组合，构成网页的总体艺术效果。

（4）色彩处理：总的原则是"总体协调，局部对比"。在色彩的运用上，可以根据网页内容的需要，分别采用不同的主色调。充分运用色彩，可以使主页具有深刻的艺术内涵，从而提升主页的文化品位。

5．操作简便原则

在很多网页中包含了用于客户与服务器进行交互的表单。在这些表单的设计中应充分考虑用户操作的简单性，原则上越简单越好，可以从以下几个方面考虑。

（1）操作步骤清楚。在页面上增加必要的文字说明，提示下一步的操作及要求。

（2）交互的项目尽可能少，没有多余的操作。

（3）减少用户操作出错的可能性：对一些输入数据增加必要的约束，并且在文字说明中清楚地解释这些约束；尽量多使用单选按钮、复选框、列表等选择控件，少用文本框等键盘输入控件。

6．易于维护原则

网页的维护是网站管理中的一项经常性工作，因此在网页设计过程中应考虑到网页的维护工作。在编写网页代码时应注意以下几点。

（1）书写程序时注意每行的正确缩进，以使程序更加清晰，可读性更强。

（2）在程序文档中的适当位置应增加注释文本，以便于将来阅读。

（3）脚本程序与 HTML 代码应尽可能分开放置。

（4）脚本程序中变量和函数的命名要与它的功能一致，可以考虑使用英文单词或者汉语拼音，使得任何时候都可以由名字联想到它们的功能。

8.1.2　网页设计的常用工具

在 WWW 出现的初期，制作网页都是在文本编辑器中使用 HTML 编写的，网页制作人员要有一定的编程基础，并且需要记住 HTML 标记的含义。后来虽然又出现了类似 HotDog 的网页编辑器，但还是基于 HTML 标记来编写网页。直到 Dreamweaver 等"所见即所得"的网页制作工具出现之后，不是专业程序员的使用者才开始能够制作精美、漂亮的网页。如果用户还需要制作交互式的或具有某些特殊效果的网页，还需要使用 JavaSript、CGI、JSP、ASP、PHP 等来完成，但要求是使用它们的开发人员必须具有一定的编程基础。

1. Dreamweaver

Dreamweaver 最早是由 Macromedia 公司推出的一款网页制作软件，由于 Macromedia 2005 年被 Adobe 并购，故此软件现在是 Adobe 旗下产品。Dreamweaver 具有可视化的编辑界面，用户不必编写复杂的 HTML 代码就可以生成网页，不仅适用于专业的网页制作人员，也容易被普通用户掌握，经过多年的发展已经成为网页设计者的首选工具。Dreamweaver 支持动态 HTML，并采用了 Roundtrip HTML 技术，从而奠定了它在网页高级功能设计方面的领先地位。在设计过程中，动态 HTML 技术能够让用户轻松设计复杂的交互式网页，产生动态效果；而 Roundtrip HTML 技术则可以真正支持 HTML 编辑模式，不会产生冗余代码，加快了网页的执行速度。因此，Dreamweaver 是一款可以满足多层次需求、功能强大的可视化专业级网页设计与制作工具。目前，Dreamweaver 的最高版本为 Dreamweaver CS4，但用得较多的版本是 Dreamweaver MX2004 和 Dreamweaver CS3。图 8-1 所示为 Dreamweaver CS3 界面。

2. 脚本语言

为了增加网页的动态性和交互性，网页中经常需要加入一些程序代码。这些程序一般都比较简单，称为"脚本语言"程序。用户访问含有脚本程序的网页时，服务器将程序代码与其他内容一起发送到客户端，由客户端浏览器的脚本语言解释器解释执行。这种脚本程序减少了客户机和服务器之间的通信开销，占用服务器的资源少，执行灵活快速，已经成为网页中不缺少的组成部分。目前广泛应用的脚本语言有两种：JavaScript 和 VBScript，两种脚本语言从功能上来说是一样的。

3. 动态网页技术

动态网页有两个含义，可以指网页中的图片、文字等元素不是静止的、富有动态效果，也可以指网页并不是事先设计好保存在网站当中的，而是由服务器根据用户的需求动态生成的。这里所指的"动态网页"指的是后者，目前的服务器端动态网页技术有 CGI、ASP、JSP 和 PHP。

（1）CGI。

CGI（Common Gateway Interface，公共网关接口）是第 1 个用于建立动态网页的实用技术。使用 CGI 服务器可以调用某一程序来响应客户的请求，这样就实现了页面的动态。CGI 技术成熟而且功能强大，但由于编程困难、效率低下、修改复杂等缺陷，所以有逐渐被新技术取代的趋势。

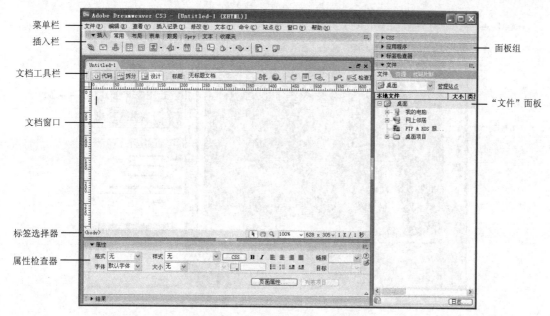

菜单栏
插入栏
文档工具栏
文档窗口
标签选择器
属性检查器

面板组
"文件"面板

图 8-1　Dreamweaver CS3 界面

（2）ASP。

ASP（Active Server Pages）是微软公司开发的用于制作动态 Web 页面的技术。它的核心是在 HTML 中嵌入 VBScript、JavaScript 等脚本语言代码，这些代码由服务器执行，并把执行结果返回给客户。ASP 技术是目前广泛应用的生成小型网页的最佳工具，但在处理较大网页时效率欠佳。

（3）JSP。

JSP（JAVA Server Pages）页面由 HTML 代码和嵌入其中的 Java 代码所组成。服务器在页面被客户端请求以后对这些 Java 代码进行处理，然后将生成的 HTML 页面返回给客户端的浏览器。JSP 具备了 Java 技术的简单易用、完全面向对象，具有平台无关性且安全可靠等优点。JSP 的缺点是比较复杂，不太容易被掌握。

（4）PHP。

PHP（HyperText Preprocessor）使用类似 C 的语法结构，功能与前几种技术类似。不同之处在于，PHP 是开源（开放源代码）产品，像其他开源产品（如 Apache WWW 服务器、MySQL 数据库等）一样，它最大的特点是支持多种平台，与 Windows、Linux、UNIX 等各类操作系统兼容，PHP 的缺点是目前它还比较缺乏正规的商业支持。

为了使制作的网页更为美观，使用者在利用网页制作工具制作网页时，还需使用网页美化工具对网页进行美化。利用这些网页美化工具的目的主要是制作网页中需要的图片和动画，如网页中的按钮、标志（Logo）、背景、横幅广告（Banner）等。目前最常用的图片处理软件和动画制作软件分别是 Photoshop 和 Flash。

1．Photoshop

Photoshop 是由 Adobe 公司开发的图像处理软件，它是目前公认的 PC 上最好的平面美术设计软件。它功能完善、性能稳定、使用方便，占据了平面设计市场的主流。

目前，Photoshop 的最高版本为 PhotoshopCS4。常用的版本是 PhotoshopCS3，其界面外观如图 8-2 所示。

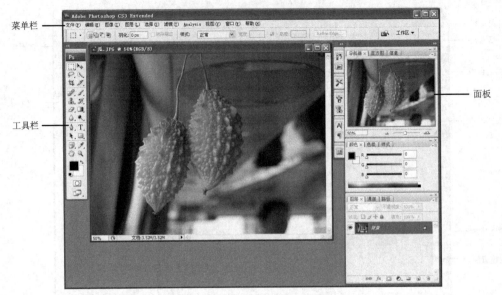

图 8-2　Photoshop CS3 界面

2. Flash

Flash 与 Dreamweaver 一样，也是由 Macromedia 公司最早开发，现在为 Adobe 公司所有。Flash 是矢量图形编辑与动画创作的专业软件，是一种交互式动画设计工具，使用它可以将音乐、声效、动画和背景界面融合在一起，制作出高品质的网页动态效果。Flash 主要应用于网页设计和多媒体创作等领域，已成为交互式矢量动画的标志，在网络中十分流行。

目前，Flash 的最高版本是 Flash CS4，常用版本为 Flash CS3。Flash CS3 的界面外观如图 8-3 所示。

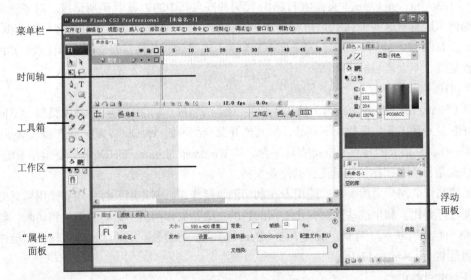

图 8-3　Flash CS3 界面

8.1.3　HTML

HTML（HyperText Markup Language，超文本标记语言）是 WWW 的通用语言，它允许设计

者建立文本与图片相结合的复杂页面，这些页面可以被网上任何人浏览，无论使用的是什么类型的操作系统或浏览器。用 HTML 编写的文件被保存成扩展名为 htm 或 html 的文件，浏览器通过解释执行 HTML 编码。

　　HTML 文件是纯文本文件，因此它可以使用普通的文本编辑器（如 Windows 自带的"记事本"、"写字板"等）创建和编辑。这种方法比较麻烦，效率也低，所以才会有 Dreamweaver 等"所见即所得"式网页制作工具出现。在 Dreamweaver 中，使用者甚至不需要具备 HTML 的相关知识也可以制作效果不错的网页，因为 Dreamweaver 会根据使用者的操作自动生成 HTML 语句。但网页的一切效果毕竟还是要靠 HTML 来承载，因此，深入认识 HTML 对熟练掌握网页制作至关重要。

1. HTML 的基本结构

　　用"记事本"打开一个 HTML 文件，会发现它看起来像是加入了许多被称为"标记"（Tag）的特殊字符串组成的普通文本文件。HTML 文件一般是分层组织的，最外层是<html></html>，在此标记内一般有两层：head 层（文档头）和 body 层（文档体）。这两部分内容都包含在<html>和</html>之间。文档头一般存储网页的信息，如网页标题、网页关键字等。文档体是网页内容的显示部分，主要由表格标记、段落标记、图像标记等组成。HTML 文件的典型结构如图 8-4 所示。

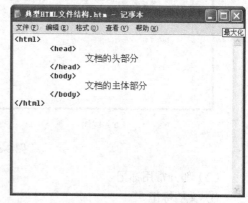

图 8-4　HTML 文件的典型结构

2. HTML 标记

　　HTML 文档有一些用"<"和">"括起来的字符串，称为标记。标记是 HTML 中定义网页内容的格式和显示方法的指令，标记的属性用于进一步控制网页内容的显示效果。HTML 标记对大小写不敏感。

　　（1）HTML 标记的语法。

　　标记分为"单标记"和"双标记"两种类型。

　　① 单标记。

　　单标记是指只需单独使用就能完整地表达意思的标记，如
表示换行，而<img>则是图片标记。

　　② 双标记。

　　双标记由"开始标记"和"结束标记"两部分组成，必须成对使用。其中开始标记告诉浏览器从此处开始执行该标记所表示的功能，而结束标记则告诉浏览器在这里结束该功能，因此，开始标记和相应的结束标记限定了标记所影响的范围。在某个开始标记的标识名前加上符号"/"就成为它对应的结束标记。使用双标记的基本格式为：

　　<标记名>文档内容</标记名>

　　例如，如果想将某段文字加粗显示，可将此段文字放在一对<b></b>标记中：

　　<b>想要加粗的文字</b>

　　③ 标记的属性。

　　标记的属性分为两类，一般属性和事件属性。一般属性用来完成标记相关特征的描述，如字体标记可以使用 face（字体名）、size（大小）、color（颜色）等几个属性。通过一般属性可以在标记的基础上对网页内容进一步设置。事件属性是对标记上可能发生的事件的规定，如 onClick

（点击事件）、onMouseOver（鼠标划过事件）等。

　　某个标记的所有可用属性称为该标记的属性集，不同的标记所包含的属性集也不同。一个标记可以同时设置多个属性（无先后次序），也可以省略属性（取默认值）。其基本格式为：

　　<标记 属性1=属性值1 属性2=属性值2……>

　　如图8-5（a）所示，图中的"color"就是标记"font"属性，其值为"red"，效果是使<font>和</font>之间的文字的颜色在浏览器中变为红色，其效果如图8-5（b）所示。

 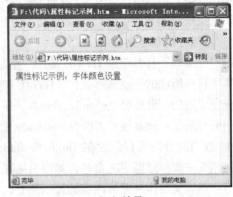

　　（a）代码　　　　　　　　　　　　　　　　（b）效果

图8-5　标记属性示例

　　（2）部分常用标记。

　　① 文档标记。

　　前面所讲述的<html></html>、<head></head>、<body></body>等都是文档标记。

　　② 排版标记。

　　<p></p>：创建一个段落，此标记之间的文本将按照段落的格式在浏览器中显示。

　　<h1>，<h2>，…，<h6>：是6种不同等级的标题标记，<h1>字体最大，<h6>最小，如图8-6所示。

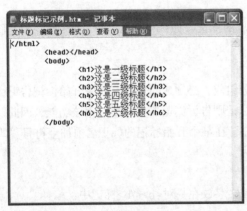

　　（a）代码　　　　　　　　　　　　　　　　（b）效果

图8-6　标题标记示例

　　③ 文字格式标记。

　　<font></font>：设置文字格式，常用属性有 face、size 和 color。face 设置文字的字体，size

指定文字大小，color 设置文字的颜色。

<b></b>：设置文字为粗体。

<i></i>：设置文字为斜体。

<u></u>：给文字加下画线。

<sup></sup>：将文字变为上角标。

<sub></sub>：将文字变为下角标。

<s></s>：给文字加上删除线。

文字格式标记的示例如图 8-7 所示。

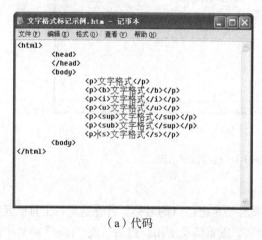

（a）代码　　　　　　　　　　（b）效果

图 8-7　文字格式标记示例

（3）文件之间的链接。

在浏览网页时，能从一个网页跳转到另一个网页，或从同一个网页的一处跳到另一处，是用了超链接才得以实现的。超链接或叫超级链接，在 HTML 中的标记是<a>，a 是英文 anchor（锚点）的简写。它的作用是把其他位置的网页、图像、文件等资源链接过来。超链接标记使用时的基本格式如下：

```
<a href="资源地址">链接文字</a>
```

其中，标签<a>表示链接文字的开始，</a>表示结束；href 属性定义了链接指向的地方，通过单击"链接文字"可以到达指定的文件，如图 8-8 所示。

HTML 中的超链接有如下两类。

① 指向某一页面的链接。

这种超链接利用 URL 来定位 Internet 上的文件信息。所用的 URL 可分为绝对路径和相对路径两类。

a. 绝对路径。

包含标识 Internet 上的文件所需要的所有信息，包括协议、主机名、文件路径和文件名 4 项，如 http://news.hustonline.net/Html/2009-7-30/64473.shtml。一般情况下，在指定外部 Internet 资源时应使用绝对路径。

b. 相对路径。

相对路径是指以当前文档所在位置为起点，到被链接文档经由的路径。通常只包含文件夹和文件夹名，有时只有文件名。可以用相对路径指向与原文件在同一服务器或同一文件夹中的文件。

（a）代码

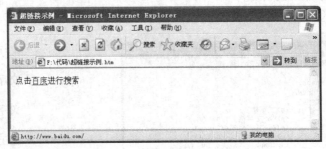

（b）效果

图 8-8　链接标记示例

② 指向页面某一部分的链接。

对于这种超链接，可以使用 name 属性指定链接点的名称。首先选定一个页面元素（如一段文字或一个图片），用 name 参数为其命名，以备链接所用。然后，使"href"参数中的链接点名称与之相一致，并在前面加上"#"，方法如图 8-9 所示。

实际上，当链接点和锚点（需要跳到的位置）距离较远时，这种页面内部的链接才有意义。图 8-9 中的例子只是为了说明问题，实际上没有作用。

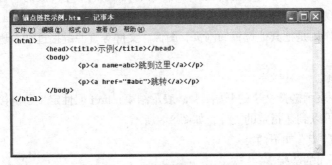

（a）代码

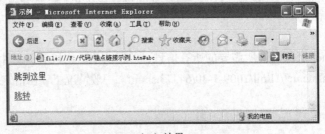

（b）效果

图 8-9　页面内部跳转示例

（4）使用表格。

表格在网页中的地位十分重要，除了展示数据外，更是网页设计和制作时对整体进行布局的有效工具。有了表格，文本、图像等的位置就不再难以安排，背景色等设置也更有条理。通过表格的合并和拆分操作，可以设计出丰富多变的页面布局。

一个规则的表格（Table）可以看作是单元格（Cell）组成的阵列，单元格是其基本对象，不可再分。表格由若干表行（Row）组成，每一表行又包含若干个单元格。在同一个规则的表格中，每一行所包含的单元格的个数是相等的，都等于表格的列数。

表格的标记是<table>。<table>标记有很多属性，通过表格属性可以设置表格的外观。表格默认为无边框表格，并会根据单元格中的内容自动调整表格大小。常用的表格属性如表 8-1 所示，其中有关宽度、大小的单位默认为像素，也可以设置成百分比。

表 8-1　　　　　　　　　　　　表格标记的常用属性

属　　性	用　　途	属　　性	用　　途
Width	表格的宽度	Height	表格的高度
Bgcolor	表格的背景色	Background	表格的背景图片
Border	边框的宽度	Bordercolor	边框的颜色
Cellspacing	表格的单元格间距，默认为 2	Cellpadding	表格单元格的内边距

表行的标记为<tr>。单元格则分为两种，表头单元格<th>和数据单元格<td>。<th>与<td>的区别在于<th>中的数据自动加粗并居中显示。单元格标记除了拥有与表格标记相同的属性外，还有水平对齐方式属性 Align 和垂直对齐方式属性 Valign。Align 的取值有 left（靠左对齐）、right（靠右对齐）和 center（居中对齐）；Valign 的属性则有 top（靠上对齐）、bottom（靠下对齐）和 middle（居中对齐）。

<table>、<tr>、<th>和<td>的使用方法如图 8-10 所示。

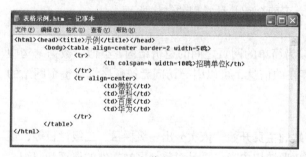

（a）代码　　　　　　　　　　　　　　　（b）效果

图 8-10　表格标记示例

HTML 标记的种类和用法很多，这里只介绍了其中最常用的一小部分，其他的一些重要标记如与表单制作相关的标记，限于篇幅就不一一说明了。读者可以阅读专业的"网页设计与制作"书籍进行学习，也可以在使用网页制作工具的过程中多加留心。现在的网页制作工具如 Dreamweaver 等，都提供代码和界面的"拆分视图"，即一边显示代码、另一边显示代码的效果，二者完全同步。多使用拆分视图观察 HTML 代码，是学习 HTML 的最好方法之一。

8.2 网站设计与制作

通过前两节的介绍，相信读者对网站的设计与制作有了一个整体性的认识。接下来讲解网站设计制作的大致流程，以及这个过程中所用工具的具体使用方法。从"网站设计与制作"的字面上就可以看出，整个流程其实分为两大部分："设计"与"实现"。

8.2.1 确定主题与结构

一般可以将网站按照主题性质不同分为政府网站、企业网站、商业网站、教育科研机构网站、个人网站、其他非赢利机构网站以及其他类型的网站。

网站的主题体现了建立网站的目的。网站的设计者首先应明确建立网站的需求和目的，即为什么要建立这个网站和建立这个网站能做什么。任何一个网站都不能涵盖全部类型网站的特点，即一个网站不可能同时是政府网站，又是商业网站，又是个人网站。

明确网站的目的是为了使网站主题突出，便于读者找出感兴趣的内容。不要让网站主题过于分散，因为网站主题越明确，后期的管理越容易，因此所提供信息的质量也会越高。现在搜索引擎一直致力于向用户提供高质量的信息搜索服务，所以它会将那些提供有价值信息的网站排名提前，优先返回给用户，如果建立的网站能够提供高质量的信息服务，那么在搜索引擎的排名会很靠前，这种靠前的排名给网站带来的流量是巨大的。

只有网站的主题确立之后，才能够确定网站名称和网站内容，选择网站结构和具体的实现技术。

进行网站规划也就是组织网站的内容和结构。在明确网页制作的目的和所包括的内容之后，接着就应该对网站进行规划，以确保其结构的合理性。网站结构合理不仅可以顺利体现设计者的意图，也将增强站点的可维护性和可扩展性。下面介绍几种常用的结构类型。

1. 线性结构

如图 8-11（a）所示，线性结构是一种较为简单的网页之间的逻辑结构，类似于数据结构中的线性表。线性结构用于组织以线性方式存在的信息，可以引导访问者按顺序浏览整个网站的文件。

2. 树形结构

树形结构类似于目录系统的结构，从网站的主页开始，依次分出一级栏目、二级栏目等，逐渐细化，直至提供给访问者具体的信息。在树形结构中，主页是对整个网站文件的概括和归纳，同时提供了到下一级的链接。树形结构具有很强的层次性，又称为层次结构或分组结构，如图 8-11（b）所示。事实上树形结构和线性结构一般结合起来使用，在层次划分的基础上，同一层栏目之间有线性联系，这样就充分地利用了两种结构各自的优点，如图 8-11（c）所示。

3. 网型结构

网型结构是一种更为灵活的结构，在这种结构中各栏目之间的链接是任意的，它可以是从层次结构的基础上添加链接而成，也可以从一开始直接设计。如果设计合理，网型结构能够发挥其强大的功能，给访问者带来很多便利。

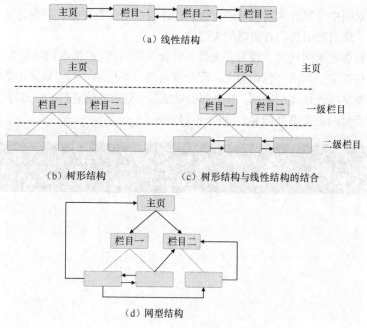

（a）线性结构

（b）树形结构　　　　（c）树形结构与线性结构的结合

（d）网型结构

图 8-11　网页逻辑关系示意图

8.2.2　设计页面

网站规划完成后，就可以开始设计具体的页面了。在设计页面时要明确网站发布的是什么信息，不同的网站有不同的风格。例如，这里制作的是一个汽车租赁公司的网站，明确主题后，可绘制出网站的结构图。

1. 绘制页面结构草图

有了网站结构以后，就可以在结构上添加具体的内容了。要决定页面上分别要放置哪些版块，每个版块上放置什么内容以及内容的数量等，画出主页和子页（即网站首页和它的二级页面）的基本结构草图，如图 8-12 所示。

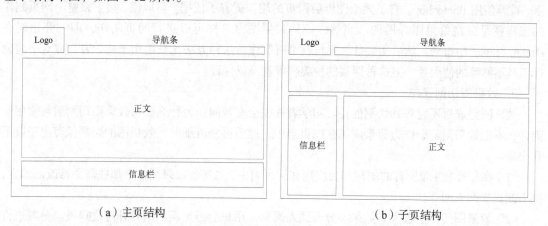

（a）主页结构　　　　　　　　　　　　　　　（b）子页结构

图 8-12　网页结构草图

2. 绘制网页效果图

效果图是在网页结构草图的基础上，利用绘图软件进行进一步精细的描绘，这一步也是设计过程，因为要对草图中绘制的大致结构进行微调，还要决定配色方案，后者是非常重要的，是网站页面是否美观、能否吸引访问者眼球的关键之一。

绘制效果图时要根据网站的主题为其选择一种合适的色调。根据本网站的主题，可以选择"稳重、品味"型配色方案，即以深色调为主，配合少量的较亮色彩。对于效果图的内容，可以根据网页要传送的信息尽可能地详细绘制，如上部的导航条、侧边的信息栏、底部的版权和联系信息，绘制好的主页与子页的效果图如图 8-13 和图 8-14 所示。

图 8-13　网站主页效果图（一）

用效果图进行页面总体设计，是当前比较流行的网页设计与制作方法。绘制效果图的工具很多，推荐使用 Photoshop。有了效果图以后网页的制作就有了依据。可以说，接下来整个网页制作的流程就是围绕效果图开展的。当然，不用效果图也一样可以进行网页制作，即一开始就在Dreamweaver 中布局，然后用到什么素材就临时制作。这种方法比较适用于初学者，或对平面设计工具不熟练的使用者，但这种网页的精美程度就难以保证。

3. 效果图切割保存

效果图完成后还应将其切割保存。初学者往往会有疑问：为什么要将效果图切割后再使用？为什么不把效果图整个作为背景应用在网页当中，然后再修改细节？效果图的切割保存出于以下几个理由。

（1）效果图中并非所有的图样都会应用在网页当中，尤其是效果图当中那些需要修改的地方，更不能直接贴入网页。

（2）效果图整体上较大，如果不分开插入网页，用户会感觉网页的打开速度很慢。分割成许多小图之后，打开网页时浏览器一边显示部分图片，一边打开还未显示的那些图片，提升了用户体验。

（3）效果图切割也是为了满足 Dreamweaver 设计网页时的排版布局需要。

图 8-14　网站子页效果图（二）

　　Photoshop 除了可以用来绘制效果图，也能完成效果图的切割工作，如图 8-15 所示，选取
Photoshop 工具箱中的"切片工具"，将效果图中有用的部分切割下来。为了减少导出的图像数量，
正文和空白等处就不要绘制切片了。绘制切片时注意查看切片的属性，要精确调整它们的大小和
位置 。所有的切片绘制、调整完毕后，选择"文件→存储为 Web 所用格式"命令，将所有切片
保存下来，每一个都自动保存成一个小图像文件，如图 8-16 所示。

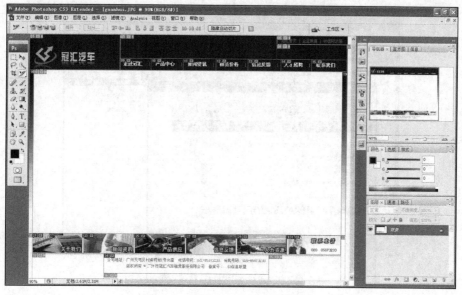

图 8-15　使用 Photoshop 切割效果图

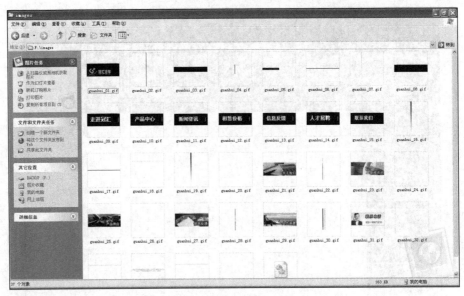

图 8-16　切割保存后的图片

8.2.3　创建本地网站

"设计"完成后，接下来要进行"制作"。网站制作主要使用 Dreamweaver 网页制作工具，Photoshop 等图形处理工具和 Flash 等动画制作工具作为辅助。

在网站的创作过程中，一般的流程是制作人先在本地计算机上将网站全部制作完成，再将网站的所有文件上传发布到事先申请的 Web 服务器上。所以第一步要做的是创建一个本地网站并开始制作，其过程如下。

1. 建立空白站点

（1）打开 Dreamweaver 软件，单击菜单栏中的"站点→新建站点"命令，进入按步操作模式，如图 8-17 所示。

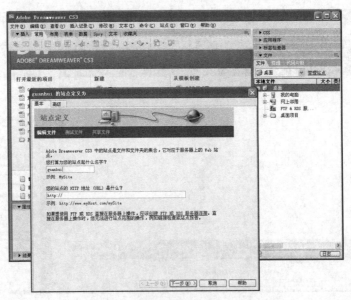

图 8-17　按照提示建立本地 Web 站点

（2）给新站点起一个名字，如"guanhui"，单击"下一步"按扭。

（3）选择默认的"否，我不想使用服务器技术"，单击"下一步"按钮。

（4）给网站设置一个本机的存放路径，如"D:\guanhui"，单击"下一步"按钮。

（5）在"您如何连接到远程服务器"栏中选择"无"，单击"完成"按钮，得到一个空白站点，名字叫作"guanhui"。观察右边的"文件"面板，会发现其中出现了新建站点的文件夹，如图 8-18 所示。

图 8-18　刚建立的空站点

2. 给空白站点添加文件夹和文件

（1）添加主页。

用鼠标右键单击文件面板中的"站点-guanhui"，选择"新建文件"命令，并把新文件的名字改为"index.html"，作为站点的主页，如图 8-19 所示。"index.html"是主页的默认名字，大多数网站的主页都用它命名。

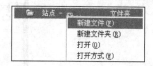

图 8-19　创建主页

（2）添加文件夹和其他文件。

按照事先设计好的网站结构图，用与（1）中类似的方法，在文件面板中用鼠标右键单击想要创建文件夹和文件的位置，选择"新建文件夹"或"新建文件"命令，直到网站的整个目录建立起来为止，如图 8-20 所示。这个目录结构不一定是最终的，因为新的文件和文件夹随机都可以加入进来。

图 8-20　创建站点文件目录

8.2.4　制作网页

上一步所建立的网站，具备了初步的结构，只是网站中的文件都还是空白的，接下来需要对网站的各个页面进行编辑。首先制作主页 index.html，然后制作其他的二级页面。这里重点介绍主页的制作方法，其他页面的做法与此类似。还需要指出，本章中用 Dreamweaver 的 CS3 版本进行实例演示。

1. 页面布局

如果事先准备有主页的效果图，那主页的布局（或称为排版）就轻松多了。页面布局一般采用表格方式，即用一个或多个表格覆盖整个页面，调整好表格内单元格的位置，最后将所有网页元素（文字、图片、动画等）按照设计时预定的位置插入到相应的单元格中即可。为了不影响页面的外观，用作布局的表格边框宽度都设置为 0，用户在浏览网页时是看不到表格线条的。

利用表格进行页面布局有两种方式：普通表格布局和"布局表格和布局单元格"布局。这两种方式本质上一样，但使用方法有较大差异。一般普通表格布局的页面，比较规整、严肃，而"布局表格"方式设计的页面则更活泼多样、更能体现艺术性。实际应用中到底使用哪一种方式，取决于设计任务和设计者的个人喜好。

这里以布局表格和布局单元格方式为例，普通表格布局的方式可参见本章实验。

（1）打开主页，进入布局模式。

在 Dreamweaver 主界面中右边的文件面板中，双击"index.html"，开始对空白的主页进行编辑，进入后选择菜单中的"查看→表格模式→布局模式"命令，或者按"Alt+F6"组合键，直接进入"布局模式"。进入布局模式的原因是，只有在这种模式下，才能进行"布局表格"和"布局单元格"的绘制；在标准模式中这两个功能对应的按键是灰色的，不能选取。进入布局模式的效果如图 8-21 所示。

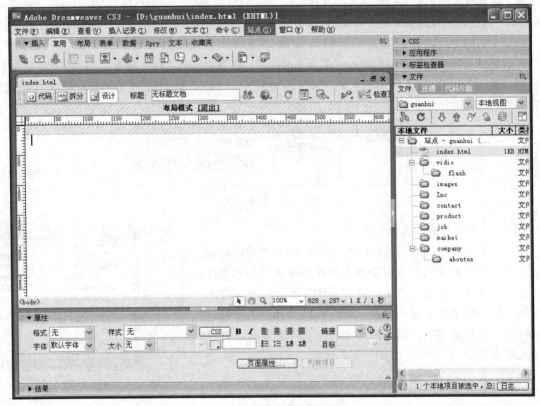

图 8-21　创建站点文件目录

（2）绘制布局表格和布局单元格。

布局表格和布局单元格的关系是：布局单元格一定要放置在布局表格之上。进入布局模式后可以先按整个主页的大小绘制一个布局表格，然后在其上绘制布局单元格。绘制方法是选择"插入"工具栏中的"布局"选项卡，再单击其中的"布局表格"或"布局单元格"按钮，拖动鼠标在页面中绘制。绘制时注意调整布局单元格的大小，要与效果图中切割下来的各个小图片的大小严格一致，否则将这些图像插入单元格时会出现相互不能完整拼接的情况。调整布局单元格的位置和大小时可以用鼠标拖曳，不过设置属性的方法更为精确：单击某个布局单元格，到Dreamweaver 界面下方的属性查看器中设置具体参数。过程如图 8-22 所示。

2. 添加内容

布局单元格全部绘制完毕后单击页面上方"布局模式"字样后的"退出"按钮，进入标准模式后，布局表格连同布局单元格一起，变成了普通的虚线表格（零线宽表格）。将效果图切割下来的小图片依次插入到对应的单元格中，如图 8-23 所示。因为整个布局表格是根据网页效果图绘制的，所以各个小图版插入后可以实现严密、完整的对接，看起来像一个整体。

另外，空缺的部分需要加入文字、图片等，有些单元格中也要加入文字、按钮、动画等，制作的过程中有时也要编写脚本语言代码和服务器端程序代码，这里不再一一赘述。完成后的效果如图 8-24 所示。

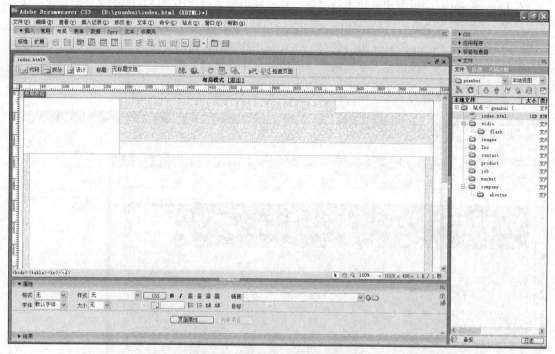

图 8-22　绘制布局表格和布局单元格

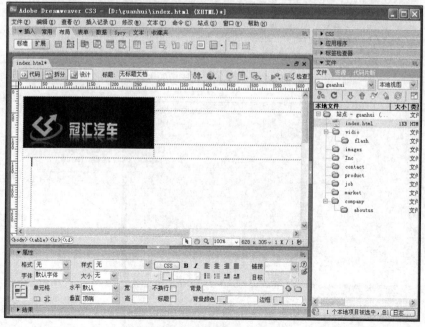

图 8-23　在各单元格中插入对象

3. 设置超链接

主页制作完毕后，用类似的方法制作子页。子页可以先做好一个，然后以它为模板，制作其他的子页,这样速度就大大加快了。等所有的页面都制作完成后,还有一步重要的操作,就是设置各个页面之间的超链接,以及本地页面指向外部 Web 页面的超链接。只有这些超链接都设置完成后,整个网站才算完整。

在 Dreamweaver 中设置超链接十分简单。只要选中想要设置为超链接的文字、图片等元素,在该元素的属性窗口中就有链接设置框,将相应的 URL 填入即可。如果该超链接指向网站内部的页面,还可以使用 Dreamweaver 提供的一个非常有用的工具:指向文件图档。这个图标位于属性窗口中链接框的右边,外形是一个圆形靶标,拖动这个“靶标”指向某个文件(见图 8-25),则链接就自动设置成指向这个文件,省去了填写超链接的过程,用起来很方便。

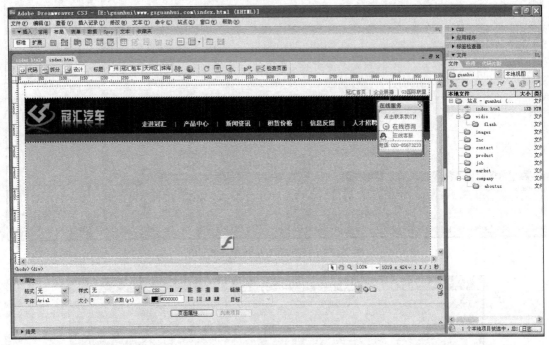

图 8-24　对象插入完毕后的主页

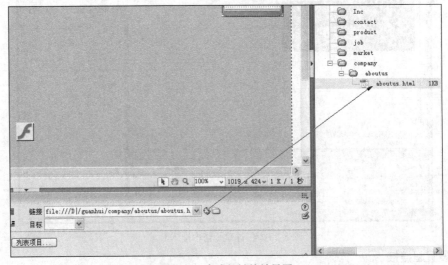

图 8-25　完成超链接效果图

8.3　动态网页设计

8.3.1　动态网页与静态网页

动态网页一般指的是采用 ASP、PHP、JSP 等程序动态生成的页面，由浏览器发送请求给服务器，服务器接收到请求后根据请求进行处理，最后将处理结果返回给客户端显示。该网页中的大部分内容来自与网站相连的数据库（数据库是"按照数据结构来组织、存储和管理数据的仓库"。在日常工作中，常常需要把某些相关的数据放进这样的"仓库"，并根据管理的需要进行相应的处理）。

在网络中并不实际存在这样的网页，只有接到用户的访问要求后才根据相应的请求生成结果并传输到用户的浏览器中。而且由于访问者能够实时得到他们想要的数据，动态网页往往容易给人留下深刻的印象。此外，动态网页还具有容易维护和更新的优点。

以 ASP 为例来说明下动态网页的生成过程，当客户端发送一个请求后，IIS 信息服务程序验证请求的合法性，如果请求合法，将会读取指定的处理页面，传递给 ASP 程序，ASP 程序就会对应的处理，通过数据库读取、数值运算等处理或者最终处理结果，并将这些处理结果转换为静态元素置入页面文件中生成最终 HTML 格式文件返回给客户端。

动态网页一般有以下几个特点：

（1）动态网页以数据库技术为基础，可以大大减少网站维护的工作量，但同时因涉及数据库技术，设计比较复杂；

（2）采用动态网页技术的网站可以实现更多的功能，会根据用户的要求和选择而动态改变和响应；

（3）动态网页实际上并不是独立存在于服务器上的网页文件，只有当用户请求时服务器才返回一个完整的网页；

（4）动态网页中的信息非常容易检索、统计、管理和维护等；

（5）动态网页中中信息发布和维护等不需要专业人员，但因为动态网页需要处理动态语言和存取数据库，所以存取速度比静态网页要慢。

静态网页是相对于动态网页而言，使用的语言一般是 HTML（超文本标记语言），是指没有后台数据库、不含程序和不可交互的网页。内容可以包含文本、图像、声音、Flash 动画、客户端脚本和 ActiveX 控件及 JAVA 小程序等。尽管在这种网页上使用这些对象后可以使网页动感十足，但是，这种网页不包含在服务器端运行的任何脚本，网页上的每一行代码都是由网页设计人员预先编写好后，放置到 Web 服务器上的，你编的是什么它显示的就是什么，在发送到客户端的浏览器上后不再发生任何变化。静态网页相对更新起来比较麻烦，适用于一般更新较少的展示型网站。

静态网页一般有以下几个特点

（1）静态网页每个网页都有一个固定的 URL，且网页 URL 以.htm、.html、.shtml 等常见形式为扩展名，而不含有"？"；

（2）网页内容一经发布到网站服务器上，无论是否有用户访问，每个静态网页的内容都是保存在网站服务器上的，也就是说，静态网页是实实在在保存在服务器上的文件，每个网页都是一个独立的文件；

（3）静态网页设计针对性强，灵活性强；

（4）静态网页的内容相对稳定，因此容易被搜索引擎检索；

（5）静态网页没有数据库的支持，网页设计比较简单，存取速度较快，但在网站制作和维护方面工作量较大，因此当网站信息量很大时完全依靠静态网页制作方式比较困难；

（6）静态网页的交互性较差，在某些应用领域有较大的限制，同时信息发布和维护等需要专业人员。

从上可以看出，动态网页和静态网页的最大区别就是程序是否在服务器端运行。在服务器端运行的程序、网页、组件，属于动态网页，它们会随不同客户、不同时间，返回不同的网页，例如 ASP、PHP、JSP、ASP.net、CGI 等。运行于客户端的程序、网页、插件、组件，属于静态网页，例如 html 页、Flash、JavaScript、VBScript 等，它们是永远不变的。

动态网页和静态网页各有特点，使用时采用哪种主要取决于网站的需求和内容，如果功能简单，内容更新不大又不频繁，采用静态网页的方式会更简单，而且存取速度又快，反之，一般采用动态网页技术实现。

8.3.2　ASP 基础知识与应用

1. ASP 介绍

ASP（Active Server Page）不是一种语言，也不是一种开发工具，但可以用来创建和运行动态网页或 Web 应用程序，可以与数据库进行交互，是一种简单、方便的服务器端脚本编写环境。ASP 网页可以包含 HTML 标记、普通文本、脚本命令以及 COM 组件等，ASP 默认页面的扩展名是.asp，利用 ASP 可以向网页中添加交互式内容。

ASP 具有以下特点：

（1）使用 VBScript、JavaScript 等简单易懂的脚本语言，结合 HTML 标记，即可快速方便地创建和实现动态网页技术；

（2）ASP 文件是包含在 HTML 代码所组成的文件中的，无需编译即可直接解释执行，易于修改和测试；

（3）服务器上的 ASP 解释程序会在服务器端执行 ASP 程序，并将结果以 HTML 格式传送到客户端浏览器上，因此只要使用可执行 HTML 的浏览器都可以正常浏览 ASP 所产生的网页；

（4）ASP 提供了一些内置对象，使用这些对象可以使服务器端脚本功能更强；

（5）ASP 能与任何 ActiveX Scripting 语言相容，除了使用 VBScript、JavaScript 语言来设计外，通过 plug-in 的方式，还可以使用由第三方所提供的其他脚本语言；

（6）由于服务器是将 ASP 程序执行的结果以 HTML 格式传回客户端浏览器，源程序不会被传送到客户端浏览器，可保证辛辛苦苦编写出来的程序不被窃取，提高了程序的安全性。

ASP 的工作原理可以描述如下：

当在网页中融入 ASP 功能后，将发生以下操作：

（1）用户向浏览器地址栏输入网址，默认页面的扩展名是.asp；

（2）浏览器向服务器发出请求，建立连接；

（3）服务器根据用户请求在磁盘上找到相应的文件并开始运行 ASP 程序；

（4）ASP 文件按照从上到下的顺序开始处理，执行脚本命令，执行 HTML 页面内容；

（5）服务器把脚本生成结果和 HTML 代码进行整合，发送给客户端浏览器；

（6）客户端收到的 HTML 代码被浏览器解释执行显示出来。

ASP 文件和 HTML 文件有着很显著的区别，在组成内容上，HTML 文件由 HTML 标记和要显示的文本所构成，它不需要经过任何处理直接被传送到客户端浏览器，由浏览器负责解释并执行，而 ASP 文件需要经过对每一个脚本命令进行处理，生成一个对应的 HTML 文件后才传送到客户端浏览器。在文件的扩展名上，HTML 使用的扩展名是.html，而 ASP 技术使用的扩展名是.asp。

从另外一方面说，不管是 ASP 文件和 HTML 文件，处理后的文件都没有什么区别，浏览器收到的都是 HTML 格式文件，感受不到动态网页和静态网页之间的区别。

ASP 也不仅仅局限于与 HTML 结合制作 Web 网站，而且还可以与 XHTML 和 WML 语言结合制作 WAP 手机网站。但是其原理也是一样的。

2. ASP 基础知识

（1）ASP 的基础语法。

ASP 程序是扩展名为.asp 的文本文件，其中包括文字、HTML 语句、ASP 命令及其他脚本语言。HTML 命令是在两端加上"<"和">"，而 ASP 命令必须放在"<%"与"%>"之间，为了养成良好的编程风格外，适度的注释不可少，在 HTML 中使用的注释语句为：<!--和-->，ASP 提供了两种注释方式：单引号（'），在单引号之后的这行文字都视为注释，rem 关键词，在 REM 后的文字，视为注释。

```
<html>
<head>
<title>测试 ASP 页面</title>
</head>
<body>
<% 'ASP 代码的开始标记
   Response.Write"Welcome to my blog"
rem ASP 代码的结束标记%>
</body>
</htmL>
```

这是一个简单的 ASP 程序，程序执行后，在浏览器端的显示如图 8-26 所示。

查看浏览器端的源代码如图 8-27 所示。

图 8-26　程序的运行结果

图 8-27　浏览器端的源代码

（2）ASP 的脚本语言。

ASP 默认的脚本语言是 VBScript，在使用<%与%>时不需要做任何声明来说明使用哪种脚本语言，但是，如果要使用另外一种脚本语言，就必须声明所要使用的语言，一般情况，方法有两种。

① 直接在.asp 文件中进行声明，指定在特别的网页中指定使用的脚本语言，一般操作是将这种语言名称放在.asp 文件的第一行，如<%@ language= "javascript"%>，这样表示这个文件中所有的脚本都是使用 javascript 生成。不过要注意@和保留字 language 之间一定要空一个空格，并且这句语句一定要在任何一句命令之前，否则就会出错。

例如：

```
<%@ language="javascript"%>
<html>
<head>
<title>测试 ASP 页面</title>
</head>
<body>
<% for (i=1;i<3;i++)
Response.Write("Welcome to my blog!")%>
</body>
</html>
```

运行后的结果显示如图 8-28 所示。

图 8-28　程序运行结果

② 使用<script>标记指定脚本语言。一般操作为<script language="javascript"runat= "server">，language 属性限定了指定哪种脚本语言，runat 属性指示脚本是在服务器端还是在客户端解释运行。使用<script>时，包含的脚本会被立即执行，无论它在 ASP 的哪个位置。例如：

```
<html>
<head>
<title>测试 ASP 页面</title>
</head>
<body>
<script language="javascript"runat="server">
Function welcome( )
{
Response.Write ("Welcome to my blog!!! ")
}
</script>
<% welcome( ) %>
</body>
</html>
```

在<script>和</script>中包含了一个自定义函数，在<% welcome( )%> 实现对函数的调用，运行后的结果如图 8-29 所示。

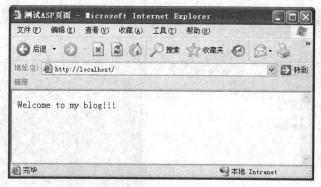

图 8-29　程序运行结果

（3）编辑 ASP 程序时注意事项。

① ASP 程序中，不区分大小写，大小写代表的意思一样；

② ASP 中，标点符号都必须在英文输入状态下输入，否则系统将会报错；

③ 为了提高程序的可读性，ASP 语句必须分行写，一行就是一条 ASP 语句，如果一条语句太长时，一行写不下，需要在行尾用连接符加上一个下划线作为续行符。

3. 设计一个简单的 ASP 网页

前面介绍了动态网页一般指的是采用 ASP、PHP、JSP 等程序动态生成的页面，由浏览器发送请求给服务器，服务器接收到请求后根据请求进行处理，最后将处理结果返回给客户端显示。该网页中的大部分内容来自与网站相连的数据库，下面介绍一个简单的 ASP 程序，实现一个登录模块的设计，如果用户是满足数据库中的记录则登录成功，否则失败。

动态网页要进行存取数据库，就必须建立数据库，在数据库中建立数据记录，最后在程序中实现数据的查询、读取和访问。本网页采用 asp+acess 数据。

创建数据库的一般过程是启动 Office 主件里面的 Acess 程序，选择文件/新建/空数据库，打开文件新建数据库窗口，选择保存位置和给新建的数据库取个文件名，如图 8-30 所示。

图 8-30　新建数据库

数据库新建后，就可以添加表、窗体、报表等对象，如图 8-31 所示，由于本程序实现的功能图较简单，只需要创建一张表即可，表中存放用户的账号和密码信息，创建表的结构需要说明包含哪些字段和每个字段的数据类型和相关属性，如图 8-32 所示。

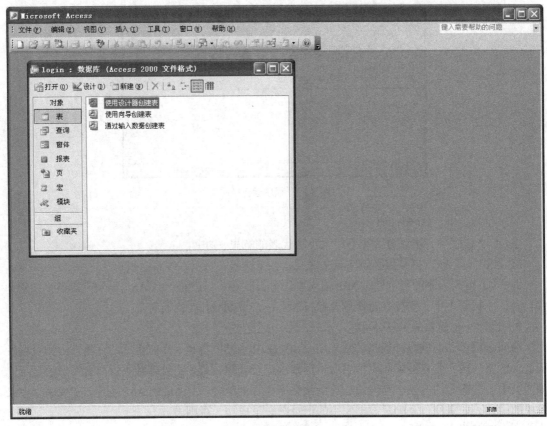

图 8-31　添加对象窗口

　　表建立之后就可以在表中添加数据，如图 8-33 所示，在进行数据库连接读取时就进行相应的印证，至此，数据库的建立基本完成，数据库创建之后，就需要实现程序与数据库的连接。

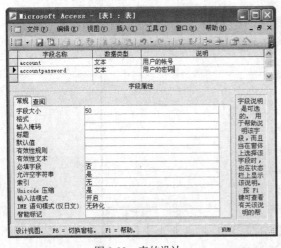

图 8-32　表的设计

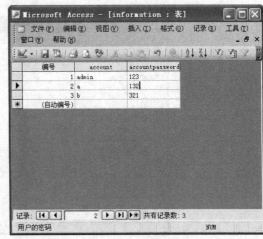

图 8-33　输入数据

　　方法基本上有两种，一种是以连接字符串方式建立数据库连接，一种是以 DSN 方式建立数据库连接，有兴趣的同学可以参考相关书籍，这里就不详加介绍。

　　连接数据库后，编译 ASP 程序，运行的主页面结果如图 8-34 所示。

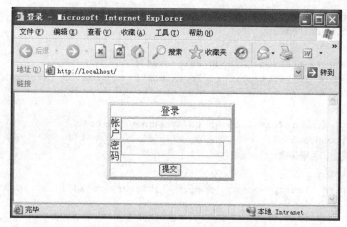

图 8-34 登录界面

其中数据库名为 login.mdb，数据库里的表名为 information，Account 为用户名字段，accountpassword 为密码字段，源程序代码如下：

```
default.htm主页面
<head>
<meta http-equiv="Content-Type" content="text/html; charset=gb2312">
<title>登录</title>
</head>
<body>
<p> </p>
<form name="form1" method="post" action="login.asp">
  <table width="150" border="5" align="center" cellpadding="0" cellspacing="0">
    <tr>
      <td colspan="2"><div align="center">登录</div></td>
    </tr>
    <tr>
      <td width="60"><div align="center">帐户</div></td>
      <td width="160" valign="top"><input name="username" type="text"
id="username" size="25"></td>
    </tr>
    <tr>
      <td><div align="center">密码</div></td>
      <td valign="top"><input name="password" type="password"
id="password" size="25"></td>
    </tr>
    <tr>
      <td colspan="2"><div align="center">
        <input type="submit" name="Submit" value="提交">
      </div></td>
    </tr>
  </table>
</form>
</body>
<html>
login.asp 程序：
<%
'定义两个变量
dim user,pass
```

```
user=request.form("username")
pass=request.form("password")
'连接数据库,
set en=server.createobject("adodb.recordset")
conn = "DBQ=" + server.mappath("/login.mdb") + ";DRIVER={Microsoft Access Driver
(*.mdb)};"
'读取数据库中记录
sql="select * from information where account='"&user&"'"
en.open sql,conn,1,1
'符合显示登录成功, 否则失败
if en.eof then
 response.write "<script>alert('登录失败');history.back();</script>"
 response.end
 else
   if en("accountpassword")<>pass then
     response.write "<script>alert('登录失败');history.back();</script>"
      response.end
     end if
     response.write"<script>alert('登录成功');</script>"
  end if
%>
```

当输入的帐户和密码错误时和正确时, 运行结果如图 8-35 和图 8-36 所示。

图 8-35　登录失败

图 8-36　登录成功

8.3.3　其他动态网页设计技术介绍

1. PHP 介绍

PHP 是 Personal Home Page 的缩写。PHP 是一种 HTML 内嵌式的语言, 是一种在服务器端执行的嵌入 HTML 文档的脚本语言, 语言的风格类似于 C 语言, 已被广泛运用。

PHP 由 Rasmus Lerdorf 创建, 在 1995 年以 Personal Home Page Tools（PHP Tools）开始对外发表第一个版本, 并且发布了 PHP1.0。在早期的版本中, 提供了访客留言本、访客计数器等简单的功能。目前 PHP 已发布了多个版本, 最新的版本为 5.0 版, PHP 的工作原理和 ASP 的工作原理一样, 代码都是内嵌在 HTML 文档中, 开发的网页都是在服务器端解释运行, 然后将处理后得到的 HTML 文件传送给客户端浏览器。一般标记 PHP 命令放在 "<？php "与"？> "之间, 其中的每条语句都要以;结束, 文件的扩展名为.php, 可以使用 C 语言的注释方式加以注释, //单行语句注释, /*多行语句注释*/。例如:

```
<html>
<head>
<title>测试 php 页面</title>
</head>
<body>
<? php
```

```
echo "Welcome to my blog"; //这是一条输出语句
? >
</body>
</htmL>
```

PHP 的特性主要包括以下几点：

（1）开放的源代码：所有的 PHP 源代码都可以免费从 PHP 网站下载；

（2）PHP 是跨平台的，它可以在 UNIX、Linux、Windows 等平台下运行；

（3）PHP 使用起来非常便捷，相对于其他语言，语法简单，书写容易，实用性强；

（4）综合了 Java、C 的特性，面向对象，提供了对象和类；

（5）PHP 支持多种数据库，包括常用的 SQL、Oracle、Sybase 等。

（6）JSP 介绍

JSP（Java Server Pages）是由 Sun Microsystems 公司倡导、许多公司参与一起建立的一种动态网页技术标准。JSP 技术有点类似 ASP 技术，它是在传统的网页 HTML 文件（*.htm,*.html）中插入 Java 程序段和 JSP 标记（tag），从而形成 JSP 文件（*.jsp）。用 JSP 开发的 Web 应用是跨平台的，既能在 Linux 下运行，也能在其他操作系统上运行。

JSP 和 ASP 技术非常相似，两者都提供在 HTML 代码中混合某种程序代码，由语言引擎解释执行程序代码的能力，但 ASP 使用的是 VBScript 之类的脚本语言，JSP 使用的是 Java，这是两者最明显的区别，此外，ASP 和 JSP 还有一个更为本质的区别，在 ASP 文件中，VBScript 之类的脚本语言被 ASP 引擎解释执行，而在 JSP 中，程序代码在服务器端被编译成 Servlet 并由 Java 虚拟机解释执行，只要能运行 Java 虚拟机就能运行 JSP 代码，所以对 JSP 程序可以一次编写，随处运行。

JSP 的基本语法规则有以下几点：

（1）JSP 标记规则：起始标记为“<%”，结束标记为“%>”，其包含内容为 JSP 页面处理逻辑的 Java 代码。

（2）如果想对 JSP 页面加以解释说明，提高代码的可读性，注释语法：<%--注释--%>或<!—注释-->，后面的注释语法可以将注释发送到客户端，但不直接显示，在源代码中可以查看到。前面的不发送到客户端。

（3）在 JSP 中，对类、变量、函数的声明的语法：<%! 声明对象；%>。

（4）提供了一种将 JSP 生成的数值嵌入到 HTML 页面的简单方法，即 JSP 输出表达式，语法：<%=表达式 %>，这里要注意不能使用分号作为结束符。

（5）提供一些 JSP 指令，描述页面的基本信息，如所使用的语言，是否维持会话状态，是否使用缓冲等，语法：<%@ 指令 %>，如<%@ page language="java" %>说明使用 java；<%@ page contentType="text/html;charset=GB2312" %>说明 JSP 页面按照 GB2312 编码规范进行显示；<%@ include file="filename" %>用来在 jsp 文件被编译时导入一个指定文件。

例如：

```
<%@ page contentType="text/html; charset=gb2312"%>
<!--JSP 指令标签-->
<%@ page import="java.util.*"%> <!--JSP 指令标签-->
<html>
<body>
    <%!int a=1, b=3; %><!--变量声明-->
    <%
```

```
    if(a>b)
    {
out.println("a 比 b 大! ");
}
else
{
out.println("a 小于等于b");
}
%>
    </body>
    </html>
```

2. ASP.net 网站设计

Asp.net 是在 ASP 基础提出的，但不仅仅只是 ASP 的一个简单升级，它更为我们提供了一个全新而强大的服务器控件结构，它是一个统一的 Web 开发平台，是一个完全面向对象，具有平台无关性且安全可靠的开发环境，是一个已编译、基于.net 的环境，运行在.net framework 上，可以与任何与.net 兼容的语言（C#、VB、NET、J#等）创作应用程序，这使得用户可以根据个人喜好和特长来挑选自己喜欢的编程语言。

ASP.net 以其良好的结构及扩展性、简易性、可用性、可缩放性、可管理性、高性能的执行效率、强大的工具和平台支持及良好的安全性等优势成为目前最流行的 Web 开发技术之一。ASP.net 的程序代码（HTML 代码）可实现完全分开管理，使用 Web 控件，不再区分客户端和服务器程序，可以直接进行数据交换，程序代码的调试和跟踪很便捷，第一次请求时自动编译执行，以后再次访问时不需要重新编译，不像以前的 ASP 即时解释程序，执行效果，比一条一条地解释强很多，执行效率大大提高。ASP.NET 文件的扩展名为.aspx。

总地来说，ASP.net 具有的特点可以概括如下：

（1）可管理性：使用基于文本的、分级的配置系统，简化了将设置应用于服务器环境和 Web 应用程序的工作。因为配置信息是存储为纯文本的，因此可以在没有本地管理工具的帮助下应用新的设置。配置文件的任何变化都可以自动检测到并应用于应用程序。

（2）安全：为 Web 应用程序提供了默认的授权和身份验证方案。开发人员可以根据应用程序的需要很容易地添加、删除或替换这些方案。

（3）增强的性能：是运行在服务器上的已编译代码。与传统的 ActiveServerPages（ASP）不同，能利用早期绑定、实时（JIT）编译、本机和全新的缓存服务来提高性能。

（4）移动设备支持：支持任何设备上的任何浏览器。开发人员使用与用于传统的桌面浏览器相同的编程技术来处理新的移动设备。

（5）扩展性和可用性：被设计成可扩展的、具有特别专有的功能来提高群集的、多处理器环境的性能。此外，Internet 信息服务（IIS）和 ASP.NET 运行时密切监视和管理进程，以便在一个进程出现异常时，可在该位置创建新的进程使应用程序继续处理请求。

（6）跟踪和调试：提供了跟踪服务，该服务可在应用程序级别和页面级别调试过程中启用。可以选择查看页面的信息，或者使用应用程序级别的跟踪查看工具查看信息。在开发和应用程序处于生产状态时，支持使用.NETFramework 调试工具进行本地和远程调试。当应用程序处于生产状态时，跟踪语句能够留在产品代码中而不会影响性能。

（7）与.NETFramework 集成：因为是.NETFramework 的一部分，整个平台的功能和灵活性对 Web 应用程序都是可用的。也可从 Web 上流畅地访问.NET 类库以及消息和数据访问解决方案。是独立于语言之外的，所以开发人员能选择最适于应用程序的语言。另外，公共语言运行库的互用性还保存了基于 COM 开发的现有投资。

（8）与现有 ASP 应用程序的兼容性：ASP 可并行运行在 IISWeb 服务器上而互不冲突，不会发生因安装而导致现有 ASP 应用程序崩溃的可能。仅处理具有.aspx 扩展名的文件。具有.asp 扩展名的文件继续由 ASP 引擎来处理。然而，应该注意的是会话状态和应用程序状态并不在 ASP 和页面之间共享。

ASP.net 的运行原理是在多数场合下，可以将 ASP.net 页面简单地看成一般的 HTML 页面，页面包含标记有特殊处理方式的一些代码段。当通过客户端向 IIS 服务器发送请求时，IIS 服务器确定其页面类型用 ASP.net 模块（名为 aspnet_isapi.dll 的文件）处理这些文件加载成 dll 文件，在处理过程中同时将请求发送给可以处理此请求的模块（httphandler），处理完之后按照原来的顺序返回，这样就完成了整个运行过程。其中 Httphandler 专门用于处理.aspx 文件。

8.4 网站的测试与发布

网站制作好了，接下来就要将它上传到 WWW 服务器上去，上传完成后，更为重要的工作是维护和宣传好网站，以吸引更多的用户浏览使用以及保障网站的正常运行。

8.4.1 测试

在将网站上传到服务器之前，首先应该在本地机器上进行测试，以保障整个网站所有网页的正确性，否则进行远程调试会比较复杂。

在本地机器上进行测试的基本方法是用浏览器浏览网页，从网站的首页开始，一页一页地测试，以保证所有的网页都没有错误。在不同的操作系统以及不同的浏览器下，网页可能会出现不同的效果，甚至无法浏览，就算是同一种浏览器，在不同分辨率的现实模式下，也可能出现不同的效果。解决的办法就是使用目前较为主流的操作系统（如 Windows、UNIX）和浏览器（如 Microsoft Internet Explorer、Netscape Navigator）进行浏览观察，只要保证在使用最多的操作系统和浏览器下能正常显示，效果令人满意就可以了；同样，使用现在大多数用户都普遍使用的分辨率（如 1 024×768 像素）进行显示模式测试，一般情况下网页的设计能够满足在 800×600 像素以上的分辨率模式中能正常显示就可以了。

本地测试的另一项重要的工作就是要保证各链接的正确跳转，一般应将网页的所有资源相对于网页"根目录"来进行定位，即使用相对路径来保证上传到远程服务器上后能正确使用。也可以使用 Dreamweaver 自带的超链接检查功能，方法是选择菜单栏中的"站点→检查站点范围的链接"，从中可以看到哪些内部链接是无效的，如图 8-37 所示。

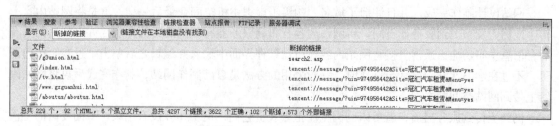

图 8-37 Dreamweaver 链接检查器

本地测试还涉及一些工作，如检查网页的大小、脚本程序能否正确运行等。特别是如果使用的是其他网站提供的免费网页空间，则需要对该网站提供的服务做一个详细的了解，如提供的网页空间的大小是否有限制，是否有限定必须更新的时间期限，是否允许使用 CGI、ASP、PHP、JSP 等动态网页技术等，只有遵守了这些规则，网站才有可能正常发布和长期存在下去。

没有域名和空间，做好的网站就没有地方存放，也就无法提供给用户浏览，前面所有的设计、制作等工作就都没有意义了，除非制作者做网站的目的不是为了将其发布到 Internet 上去。

1. 注册域名

域名是 Internet 上的用户能够访问某个网站的基本保证。在申请域名之前，可先上网查询一下自己想要使用的域名是否已有人注册，方法是到中国互联网络信息中心（CNNIC）数据库和国际互联网络信息中心（INTERNIC）数据库进行查询，它们的网址分别是 http://www.cnnic.net.cn 和 http://www.internic.net。

域名要尽量简洁、好记，其意义与网站主题相关，这是提高网站访问量的重要因素。

2. 缴纳费用

通过相应的支付手段向域名提供商缴纳所选用的域名的费用，域名的使用形式为租用，当过了租用期限以后，要注意续交域名使用的费用。

3. 申请空间

网站制作完毕后应该将其中所有文件放在运行于 Internet 上的服务器中才能正常地工作，所以申请服务器中的存储空间也是必要的。对于一般的用户，购买服务器或者租用整个服务器的费用太高，除非特殊需要，普通的个人用户和公司用户一般选择的方式就是购买虚拟主机。虚拟主机就是把一台运行在 Internet 上的服务器划分成多个"虚拟"的服务器。每一个虚拟主机都具有独立的域名和完整的 Internet 服务器（支持 WWW、FTP、E-mail 等）功能。一台服务器上的不同虚拟主机是各自独立的，并由用户自行管理。但一台服务器主机只能够支持一定数量的虚拟主机，当超过这个数量时，用户将会感到性能急剧下降。

购买域名的时候，域名服务商一般都会有相对应的空间销售。空间按照支持服务器的语言分类，可以分为 PHP 空间、ASP 空间或者 CGI 空间，选择什么类型的空间要根据构架网站的服务器语言进行选择。一般建立网站所选择域名提供商和空间提供商最好为一家，这样可以争取到最大程度上的经济优惠。

如果不愿意交纳费用购买空间，也可以尝试申请各种免费空间。但免费空间的域名一般不太好记，而且不容易被搜索引擎搜索到。

8.4.2 发布

网站设计制作完成，并且注册了域名、购买了虚拟主机空间，最后一项，就是将网站内容上传（或称为发布）到服务器空间。将网站内容发布到服务器有不同的方法，现在许多网站都具有后台信息发布功能，通常直接将网站内容在后台管理界面中输入并编辑之后单击"发布"按钮即可。不过在学习网站的设计与制作时，一般采用的方法是自己制作网站，制作完成后再将网站内容上传到网站空间中去。

网站上传到服务器后，就可以到浏览器里去观赏它们，但工作并没有结束。下面要做的工作就是在线测试网站，这是一项十分重要又非常烦琐的工作。在线测试工作包括测试网页外观、测试链接、测试网页程序、测试下载时间、脚本和程序测试。

1. 测试网页外观

这是一项最基本的测试，就是使用浏览器浏览网页。这一工作和在本地进行网页测试的方法相同，不同的是现在浏览的是存放在 Internet 上 WWW 服务器上的网页。这时同样也应该使用目前最流行的 IE 和 Netscape Navigator 浏览器，观察网页在不同显示模式下的效果。这时会发现许多在本地机上没有发现的问题，需要进一步修改和调整。

2. 测试链接

在网页成功上传后，还需要对网页进行全面测试，如有些时候会发现，上传后的网页图片或文件不能正常显示或找不到。出现这种情况的原因有两种：一是链接文件名与实际文件名大小写不一致，因为提供主页存放服务的服务器一般采用 UNIX 系统，这种操作系统对文件名大小写是有区别的，所以这时需要修改链接处的文件名，并注意保证大小写一致；二是文件存放路径出现错误，在编写网页时尽量使用相对路径可以减少这类问题。

3. 测试下载时间

实地检测网页的下载速度，根据实地检测的时间值来考虑调整网页的设计，包括页面文件的大小、插入图片的分辨率、图像切片大小、脚本程序语言等影响下载时间的因素，以减少下载时间，让用户在最短的时间内看到页面。即使不能马上看到完整页面，也设法让访问者先看到替代文字。有条件的话应该使用拨号、宽带等多种上网方式试验网页下载情况。

4. 脚本和程序测试

测试网页中的脚本程序、ASP、JSP 等程序能否正常执行。

网站上传并能够浏览后，网页设计并没有结束，因为网站长时间一成不变，会毫无新意，肯定不会吸引用户再次访问。如果网站制作精良、更新及时，不但可以吸引用户，而且这些用户还可能介绍他们的朋友前来访问。

现在普遍存在的现象是重视网站的建设，而忽视了网站的管理和维护，使前面的努力付诸东流，Internet 上每天会出现众多的新网站，但同样每天也有众多的网站退出这个舞台。因此，想让自己的网站逐渐壮大、扩大访问量、具有长久的生命力，就必须做好平时的管理和维护工作。

网站的管理维护主要包括检测网站的错误、保证网站正常运转、处理用户信息、定期更新网页内容、修正网页错误等。网站的维护也可以使用一些专业的软件来实现。对于公司、企业等单位，尤其是拥有自己服务器的单位，则需要配置专门的网站管理员来管理和维护。

有调查称 Internet 上最著名的 10% 的站点吸引了 90% 的用户，可见提高站点知名度，是扩大访问量的重要手段。Internet 上的站点不计其数，而且每天都有许多新站点涌现，要想让更多的用户在短时间内知道自己的站点，就必须为自己的网站进行宣传。网站除了有广告交换、网络广告、利用网络工具等传统方法宣传方法外，还可以依靠搜索引擎宣传。

如果网站被知名度比较高的搜索引擎收录，并且排名比较靠前，当别人利用这个引擎进行查询搜索时，就增加了站点被访问的机会。数据表明，80% 以上的上网者都是通过搜索引擎找到自己想要寻找的内容。怎样提高搜索引擎的排名？最直接的方法是向搜索引擎运营商付费，这称为"竞价排名"。如果不付费，那么只有靠网站的访问量来提高排名。一些被称为"搜索引擎优化（SEO）"的网站架构技巧也可以起到一定的作用。

实验　制作简单网页

1. **实验目的**
- 了解 Web 站点（网站）和浏览器的作用。
- 认识 HTML 和超链接。
- 了解网页制作的基本过程。
- 学会简单网站的建立、制作和管理维护。

2. **实验环境**
- 硬件：PC。
- 软件：Dreamweaver（推荐 Dreamweaver CS3 版本）。

3. **实验说明**
- 本实验中制作网站推荐使用 DreamweaverCS3，使用方法可参考本书第 8 章。
- 本实验的重点不是学习网页制作技巧，而是通过对网站的设计与制作进一步认识计算机网络。

4. **实验步骤**
- 步骤 1：网站规划。

（1）考虑网站的主题，用简洁的语言写下来。

（2）考虑网站由几个 Web 页面（网页）组成，网页之间如何相互链接，即从一个页面可以链入其他的哪些页面，用草图画出。

- 步骤 2：页面规划。

考虑网站的主页和其他页面的布局，用草图画出来。

- 步骤 3：建立站点。

打开 Dreamweaver CS3 软件，如图 8-38 所示，单击菜单中的"站点/新建站点"命令，进入按步操作模式。

（1）给新站点起一个名字，单击"下一步"按钮。

（2）选择默认的"否，我不想使用服务器技术"，单击"下一步" 按钮。

（3）给网站设置一个本机的存放路径，单击"下一步"按钮。

（4）在"您如何连接到远程服务器"框中选择"无"，单击"完成"按钮。

这样就完成了在 Dreamweaver 中的站点建立。

- 步骤 4：建立主页和站点文件夹。

（1）在 Dreamweaver CS3 窗口右边的"本地文件"中，用鼠标右键单击刚建立的站点文件夹，选择"新建文件"命令，设置文件名为"index.html"，作为网站主页，如图 8-39 所示。

（2）用鼠标右键单击"站点"文件夹，选择"新建文件夹"命令，建立本网站的各个文件夹，一般要建立"image"、"sound"、"flash"等文件夹，如图 8-40 所示。

当然，站点下也可以建立多个页面文件，文件夹中也可以建立子文件夹，方法类似，这里不再赘述。

- 步骤 5：页面布局。

布局可以使页面更美观，更加贴近设计者的设想。不使用布局，页面会显得非常粗糙。布局的实质是将表格覆盖在页面上，调整表格的各个单元格，最后将想要在页面上呈现的文字、图片等元素填入各个单元格中。

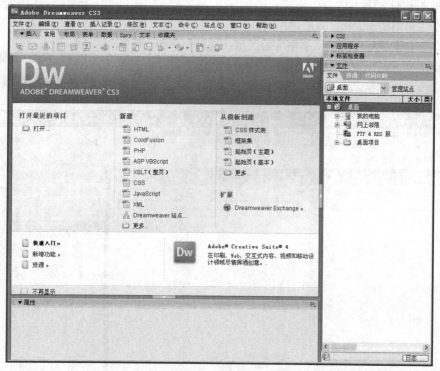

图 8-38 Dreamweaver 主界面

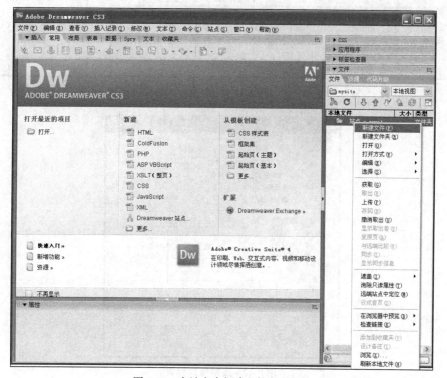

图 8-39 在站点中新建文件夹或文件

布局的方式有多种，这里使用最简单的普通表格布局方式。

（1）双击本地文件窗口中站点文件夹下的主页，进入主页的编辑模式，如图 8-41 所示。

（2）在主页中插入表格。方法是：单击"插入"工具栏"常用"选项中的"表格"图标，弹出"表格"对话框。表格和行数、列数和宽度根据需要自行决定，"边框粗细"、"单元格边框"和"单元格间距"均设为 0，如图 8-42 所示。

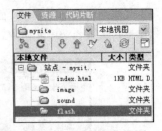

图 8-40　站点文件夹结构

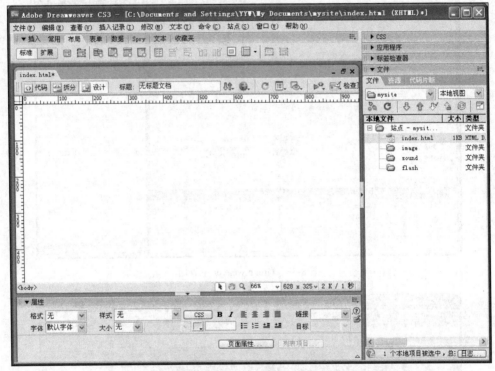

图 8-41　空白主页

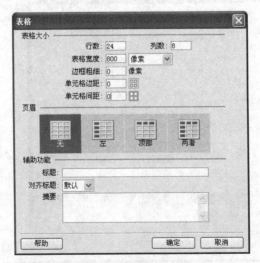

图 8-42　表格属性设置

　　插入表格后的效果如图 8-43 所示，接下来调整某些行和列的高度、宽度，并适当合并一些单元格，效果如图 8-44 所示，利用普通表格的布局基本完成。

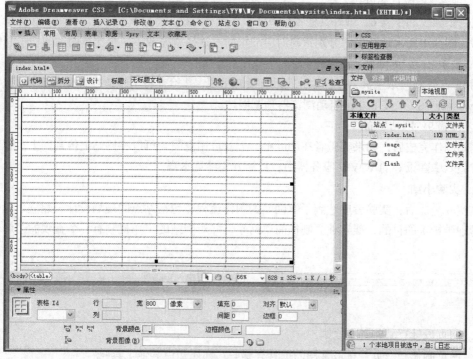

图 8-43　插入原始表格

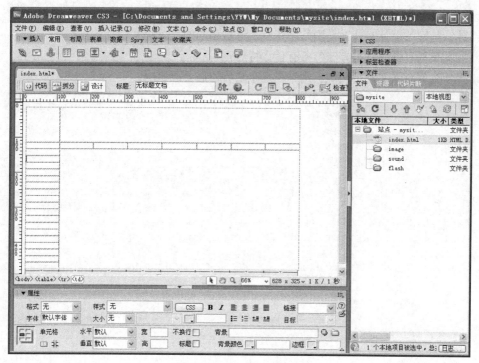

图 8-44　拆分、合并单元格

● 步骤 6：填入内容。

利用"插入"工具栏，在已做好的表格中加入图片、文字、按钮、Flash 等元素。

● 步骤 7：设置超链接。

重复步骤 5 和步骤 6，做好其他各个页面，再选择"插入/常用/超链接"命令，在各个页面中的文字、图片中插入超链接，分别指向对应的页面。这样就完成了一个简单网站的初步制作。

● 步骤 8：浏览网站。

用 IE 打开制网站主页，查看各种效果有没有呈现，并检查各个超链接有没有效果。也可以在 Dreamweaver CS3 中按 F12 键启动浏览器预览网站。

● 步骤 9：网站发布。

网站制作完成后，如果实验者在 Internet 上有可用空间，可以将网站上传到网上。也可以发布在实验六中建设好的 WWW 服务器中。具体方法参见本章。

5. 实验小结

本实验完成后，实验者应达到了解网站的制作流程（包括站点的规划设计、建立、制作、修改和管理维护）的目的，能够独立制作简单网站，并对网站的工作机制有一个直观的了解。

习　题

1. 网页设计有哪些基本原则？
2. 网页制作和网页美化最常用的工具有哪些？你还知道其他工具吗？
3. 简述 HTML 的特点及 HTML 文档的基本结构。
4. 列举 5 个常用的 HTML 标签，并举例说明它们的用法。
5. 什么是网站设计？什么是网站制作？二者是相同的概念吗？
6. 网页布局有哪些基本方法？各有什么特点？
7. 为什么要对网站进行测试？网站在发布之后还需要测试吗？

第9章
计算机网络安全

随着计算机网络技术的发展和广泛应用，计算机网络安全问题也日益突出。如何保障网络上资源的安全成为目前一个急需解决的问题，网络安全技术成为当前网络技术的一个重要研究和发展方向。

9.1　网络安全的概述

网络安全从其本质上来讲就是网络上的所有信息资源的安全。网络安全是一门涉及计算机科学、网络技术、通信技术、密码技术、信息安全技术等多学科领域的学科。

9.1.1　网络安全的定义和目标

从广义来说，凡是涉及网络上信息的保密性、完整性、可用性、真实性和可控性的相关技术和理论都是网络安全的研究领域。从用户的角度而言，主要保证个人数据和信息在网络传输过程中的保密性、完整性和真实性，避免数据的丢失、破坏和泄漏，防止自己的利益被侵犯。对网络管理者而言，保证网络的正常运行，对网络上的资源进行合理、有效的管理和控制。

总体来说，网络安全是保护网络系统的硬件、软件及系统中的数据，防止因偶然或恶意的原因而遭到破坏、更改、泄漏，保证网络系统的正常运行，服务不中断。

目前，网络安全威胁多样化、复杂化，要确保网络的可靠运行，网络安全应该达到如下目标。

- 机密性：信息不泄漏给非授权的用户，只向授权的用户提供信息，避免信息的泄漏。
- 可用性：信息能被授权的用户访问并且能使用。
- 完整性：信息在传输过程中不能被有意或无意地更改，只能被授权的用户修改，保证数据的完整。
- 可控性：在授权范围内，能对传播的信息进行控制。
- 可审查性：对发生网络问题的事情可以提供记录，为调查提供依据。

9.1.2　网络不安全因素

网络不安全的因素有很多种，有自然因素、环境因素、人为因素等。但很多情况下，网络不安全都是人为因素引起的，有些是无意的。有些是有意的。人为无意的因素包括操作员安全配置不当造成的安全漏洞，用户安全意识不强，用户口令选择不慎，用户将自己的账号随意转借他人、与他人共享等都会对网络安全带来威胁。人为有意是计算机网络所面临的最大威胁，主要有如下两个方面。

（1）黑客的攻击。黑客在网上的攻击活动正以每年 10 倍的速度增长，黑客攻击涉及了所有的操作系统。黑客利用网上的任何漏洞和缺陷修改网页、非法进入主机、进入银行盗取和转移资金、窃取军事机密、发送假冒的电子邮件等，造成了无法挽回的政治损失、经济损失和其他方面的损失。

（2）计算机病毒。在网络环境下，计算机病毒可以按指数增长方式进行传染，其传播速度是非网络环境下的几十倍。一旦计算机网络染上病毒，远比一台单机染上病毒的危害性大，具有破坏性大、传播性强、扩散面广、针对性强、传染方式多、清除难度大等特点。

目前网络安全攻击主要有 4 种表现方式：中断、截获、篡改和伪造。

中断是以可用性作为攻击目标，非法用户破坏网络上的传输，使通信网络中断。

截获是以机密性作为攻击目标，不法用户从网络上非法窃取其他用户的信息。

篡改是以完整性作为攻击目标，非授权用户不仅获得访问而且对数据进行修改。

伪造是以真实性作为攻击目标，非授权用户伪造一些信息发到网络上进行传播。

9.1.3　网络安全措施

在网络中，危害网络安全的问题随时都可能发生，所以必须时时提高警惕，防范和避免危害网络安全问题的事情发生。网络安全措施可以从以下几个方面来考虑。

（1）提高自我意识。不要因为一时好奇心，随意执行网络上的一些可执行文件。

（2）对于硬件设备，避免非法操作。制定规章制度，设置用户的身份认证和使用权限，防止越权操作。

（3）安装杀毒软件。对使用的系统定时进行杀毒清理工作。

（4）设置防火墙。用来限制外部非法网络访问内部资源，是网络安全中使用最广泛的技术。

（5）设置访问控制。对用户访问网络资源的权限进行严格的认证和控制。

（6）对传输中的数据信息进行加密处理。加密处理由许多的加密算法来完成。

9.2　计算机病毒

计算机病毒是指编制或者在计算机程序中插入的破坏计算机功能或者毁坏数据，影响计算机使用，并能自我复制的一种计算机指令或者程序代码。

9.2.1　计算机病毒的特点

计算机病毒是人为编写的一段恶意代码指令，其主要特征概括如下。

（1）传染性：传染性是病毒最基本的一个特征。计算机病毒是一段计算机程序代码，能进行自我复制并传染给其他程序，而被感染的程序又感染新的程序，这样一来，病毒就会传染到整个系统或者是网络上。

（2）潜伏性：计算机病毒的潜伏性是指具有依附于其他媒体而寄生的能力。它能隐藏在合法的文件中不被发现，满足触发条件后就会传播开来。其潜伏性越好，在文件中存在的时间就越长，带来的破坏也就越大。

（3）隐蔽性：计算机病毒很容易隐藏在一些可执行的文件之中，当用户运行文件时，病毒就会优先获得计算机系统的控制权，执行一些破坏性的指令。对于用户来说，这些都是未知的，不到病毒发作的时机，程序运行一切正常。

（4）破坏性：计算机病毒的目的是破坏用户的程序或数据。其破坏方式是多种多样的，破坏性的大小取决于设计者，有的只是小恶作剧，有的是想破坏整个系统的运行等。计算机病毒的破坏性通常表现为对文件的增、删、改、移。

（5）可触发性：计算机病毒因某个事件或数值的出现，诱使病毒实施感染或进行攻击的特性称为可触发性。病毒具有预定的触发条件，这些条件可能是时间、日期、文件类型或某些特定数据等。病毒运行时，触发机制检查预定条件是否满足，如果满足则传染或发作。

9.2.2　计算机病毒的分类

计算机病毒的种类繁多，因此对计算机病毒的分类方法也有很多种。对常见病毒分类有以下几种方法。

1. 按照传染性质来分

（1）引导区病毒：引导区病毒感染硬盘或软盘的引导区。系统启动时，病毒就会驻留在内存中，会感染其他盘的引导区，影响到磁盘的主引导记录或者破坏磁盘上的文件分区表。

（2）文件型病毒：这类病毒一般寄生在文件中，特别是一些可执行文件，如.EXE、BIN 或者 SYS。病毒每激活一次，就会执行大量的操作，并进行自身的复制。

（3）宏病毒：这是一种特殊文件的病毒，主要针对一些文件操作，影响对文档的各项操作，如打开、存储等。宏病毒一旦触发，就开始破坏和传染文件。

2. 按照破坏能力来分

（1）无害型：这类病毒除了传染时减少磁盘的可用空间外，对系统没有其他影响。

（2）无危险型：这类病毒仅仅是减少内存、显示图像、发出声音及同类音响。

（3）危险型：这类病毒在计算机系统操作中造成严重的错误。

（4）非常危险型：这类病毒删除程序、破坏数据、清除系统内存区和操作系统中的重要信息。这些病毒对系统造成的危害，并不是本身的算法中存在危险的调用，而是当它们传染时会引起无法预料的、灾难性的破坏。

3. 按照病毒传染的方法

（1）驻留型病毒：将自身驻留在内存中，挂接系统调用并合并到操作系统中，它处于激活状态，一直到关机或重新启动。

（2）非驻留型病毒：激活时并不感染计算机内存，只感染一些可执行文件。一些病毒在内存中留有小部分，但是并不通过这一部分进行传染，这类病毒也被划分为非驻留型病毒。

9.2.3　计算机病毒防范

解决计算机病毒不是一朝一夕的问题。在网络环境下，计算机病毒可以呈几何倍数进行传染，防范计算机病毒可以从以下几个方面考虑。

（1）提高网络安全意识。不要因为好奇心随意执行下载程序。

（2）注意 U 盘或移动磁盘的使用。现在很多的病毒传播都是通过移动磁盘进行传播的，在使用这些磁盘时要进行磁盘扫描。

（3）安装防毒软件。当感觉系统运行不顺畅时，进行杀毒清理工作，在一定的程度上可以有效查杀病毒。

（4）下载资源选取可靠站点。下载完成后对文件一定要进行病毒扫描。

（5）对系统进行下载更新，修补漏洞。计算机病毒的攻击往往都是针对系统漏洞产生和传播的。

（6）设置防火墙过滤措施。可以增强计算机对黑客和恶意代码攻击的免疫力。

9.3　防火墙技术

防火墙技术目前广泛应用于网络中，是一种很好的网络安全策略。它可以在内网和外网之间建立一道屏障，既能防止未授权的用户非法访问内部信息，又能阻止用户非法将内部信息传递出去。

9.3.1　防火墙的定义

防火墙指的是一个由软件和硬件设备组合而成，在两个不同网络之间构造的一道保护屏障。在网络通信时，进行安全策略控制，符合安全策略的数据流才能通过防火墙。由图 9-1 中可以看出，外网要连接上内网，必须首先连接到防火墙上；同样，内网要连接到外网上，也必须首先连接到防火墙上。

防火墙的作用可以概括如下。

（1）对内网实现集中的网络安全管理，防止非法访问进入内部网络，抵抗来自外部的攻击，简化网络管理，强化网络安全。

（2）防火墙可以方便监视网络的安全并及时报警。

（3）能实现网络地址转换（NAT）。随着网络的迅速发展，IP 地址越来越少，在防火墙位置设置 NAT 能理想实现内部私有地址到外部地址的映射。

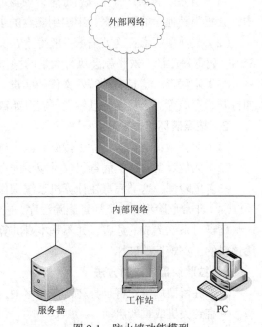

图 9-1　防火墙功能模型

（4）防火墙是审查和记录网络访问的最佳位置。

（5）能隔开网络中的不同网段，防止一个网段的问题通过网络传播影响到整个网络。

9.3.2　防火墙的类型

按照防火墙对数据的处理方法可以将防火墙分为两类，即数据包过滤防火墙和代理防火墙。

1. 数据包过滤防火墙

数据包过滤防火墙也称为网络级防火墙。它是一种 IP 封包过滤器，运作在底层的 TCP/IP 协议栈上。数据包过滤防火墙是为系统提供安全保障的主要技术。根据系统设置的逻辑过滤，对通过的数据信息进行控制，满足过滤设置数据就通过防火墙转发出去，不满足的就丢弃。包过滤防火墙模型如图 9-2 所示。

图 9-2　包过滤防火墙模型

目前较新的防火墙能利用封包的多样属性来进行过滤，如来源 IP 地址、来源端口号、目的 IP 地址或端口号、服务类型（如 WWW 或 FTP）。防火墙也能经由通信协议、TTL 值、来源的网域名称或网段等属性来进行过滤。

包过滤防火墙的最大优点：过滤发生在网络层和传输层；在一个关键位置放入一个数据包过滤路由器有助于保护整个网络；所有的通信都必须通过包过滤路由器，在网络方面能取得较好的效果，使用起来也非常方便。

包过滤防火墙的缺点：没有用户的使用记录，不能从访问记录中发现攻击记录，只能检查地址和端口；对网络更高协议层的信息无理解能力；对网络的保护能力有限。

2. 代理防火墙

代理防火墙工作在网络的最高层（应用层），位于内部网和外部网之间。它对每种应用服务实现监控和控制，起到中间转换和隔离的作用。当代理服务器收到访问请求时，便会检查请求是否符合要求，符合要求则应答并请求回复。从外部访问只能看到代理服务，而无法获得内部信息。代理防火墙模型如图 9-3 所示。

图 9-3　代理防火墙模型

代理防火墙的典型优点：因为它工作在应用层，设置一定的规则，让代理服务能生成各项记录和控制进出流量。

代理防火墙的缺点：在应用层，要检查数据包的内容，所以速度比较慢，配置代理服务也是一项较复杂的工作。

总的来说，包过滤技术和代理技术都能对网络起到很好的保护作用，但是缺点也是很显然的。包过滤技术没有审查的功能，而且过滤规则的设计与需求存在矛盾。设计过滤规则简单，安全性差；设计过滤规则复杂，管理就困难。代理技术对于每一种应用服务都要设计出一种控制程序来进行管理，实现起来比较困难。

9.3.3　典型防火墙的体系结构

出于对更高安全性的要求，常常把基于包过滤的防火墙和基于代理服务的防火墙结合起来，形成复合型防火墙产品，典型的组合体系结构有如下 3 种。

1. 双宿主机结构

用一台装有两块网卡的堡垒主机作为防火墙，各自的网卡与受保护网络和外部网络相连。由于堡垒主机可以连接两个不同的网络，所以可以起到防火墙的作用，当信息通过时，可以检查数据包，根据安全策略进行处理。双宿主机结构体系如图 9-4 所示。

图 9-4　双宿主机结构体系示意图

堡垒主机的路由功能一般是被禁止的，两个网络之间的通信通过应用层代理服务完成。如果一旦黑客侵入堡垒主机并使其具有路由功能，网络上的任何人均可随便访问内部网，则失去防火墙的作用。

2. 屏蔽主机结构

屏蔽主机结构通常由包过滤路由器和堡垒主机组成，如图 9-5 所示。包过滤路由器与 Internet 相连，堡垒主机安装在内部网络中，在路由器上设置过滤规则。堡垒主机是外部网络唯一可直接到达的结点，这种屏蔽主机结构确保了内部网不遭受外部未授权用户的攻击。

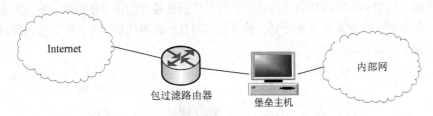

图 9-5　屏蔽主机结构体系模型示意图

3. 屏蔽子网结构

在内部网与外部网之间设置一个被隔离的子网，称为非军事区（DMZ）。两个包过滤路由器放置在子网的两端将内部网与外部网分开，在子网中设置一个堡垒主机作为唯一可访问结点，如图 9-6 所示。内部网和外部网都能访问屏蔽子网，但不能穿过屏蔽子网进行通信。

图 9-6　屏蔽子网结构体系示意图

9.4　信息加密技术

信息加密技术是利用数学或物理手段，对电子信息在传输过程中和存储体内进行保护，以防止泄漏的技术。保密通信、计算机密钥、防复制软盘等都属于信息加密技术。

9.4.1　信息加密技术概述

信息加密是一个综合性的学科知识，它涉及信息论、计算机科学、密码学等多方面的知识。它的主要任务是研究计算机系统和通信网络内信息的保护方法以实现系统内信息的安全、保密、真实和完整，是保证信息安全和保密的重要手段之一。人们很早就开始对重要的信息进行保密传送，如使用暗语或用其他内容替换要传送的信息等。一个加密系统一般由 4 个部分组成：未加密的信息，称为明文；加密后的信息，称为密文；加密解密算法；加密解密的密钥。发送方用加密密钥，通过加密算法，将信息加密后发送出去。接收方在收到密文后，用解密密钥将密文解密，恢复为明文。如果传输中有人窃取，他只能得到无法理解的密文，从而对信息起到保密作用。

目前比较流行的两种加密体制为对称密钥加密和非对称密钥加密。对称密钥加密是信息收发双方使用相同密钥的密码，或者能通过一个已知的密钥求得另外一个密钥。信息的安全性主要依靠密钥的保密程度，其工作流程，如图 9-7 所示。经典的对称密钥加密算法有 DES（Data Encryption Standard）和 IDEA（International Data Encryption Algorithm）两种。DES 算法是明文被分成 64 位的块，用 56 位的密钥进行变换，最后产生 64 位的密文；IDEA 算法是明文被分成 64 位的块，用 128 位的密钥进行加密。

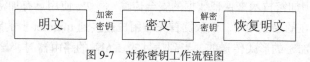

图 9-7　对称密钥工作流程图

非对称密钥加密也叫作公钥加密，使用时信息收发双方使用不同密钥的密码，非对称密钥加密一般由明文、加密算法、公开密钥、私有密钥和解密算法构成。公开密钥和私有密钥不同但密切相关，具体使用时是用公开密钥对明文加密，要恢复明文时，用私有密钥进行解密。在需要身份认证的数据安全应用中，具有不可替代的作用。非对称密钥的工作流程图和对称加密是一样，只是加密和解密时使用的不是同一密钥。典型的非对称加密算法有 RSA（Rivest，Shamir，Adleman）。

9.4.2　信息加密技术的应用

1. 电子商务

随着 Internet 的普及和广泛应用，许多的商务活动都可在网上进行，为了保证商务活动的安全性、信息的安全性、交易者身份的确定性、商务活动的不可否认性和不可修改性，采用信息加密技术使电子商务成为可能。广泛被采用的加密措施有数字证书、数字签名等。

数字证书是由 CA（Certificate Authority）证书授权中心发行的，能提供在 Internet 上进行身份验证的一种权威性电子文档，人们可以在互联网交往中用它来证明自己的身份和识别对方的身份。它是作为电子商务交易中受信任的第三方，承担公钥体系中的合法性检测，对交易双方所需的数字证书进行管理和控制。

数字证书具有唯一性和可靠性。通常数字证书采用公钥体制，即利用一对互相匹配的密钥进行加密、解密。每个用户自己设定一把特定的仅为本人所知的私有密钥私钥，用它进行解密和签名；同时，设定一把公共密钥（公钥）并由本人公开，为一组用户所共享，用于加密和验证签名。当发送一份保密文件时，发送方使用接收方的公钥对数据加密，而接收方则使用自己的私钥解密，这样信息就可以安全无误地到达目的地了。通过数字的手段保证加密过程是一个不可逆过程，即只有用私有密钥才能解密。

数字签名（Digital Signature）就是附加在数据单元上的一些数据，或是对数据单元所做的密码变换。用来保证接收的信息来自于发送者，具有不可否认性。同时，也保证信息发送后没有做过任何修改，保证其完整性和真实性。数字签名是对电子形式的消息进行签名的一种方法，一个签名消息能在一个通信网络中传输。

数字签名技术是不对称加密算法的典型应用。数字签名的应用过程是：数据源发送方使用自己的私钥对所要发送的数据信息进行加密处理，这就完成了数据信息的合法签名；数据接收方则利用对方的公钥来验证收到的信息确认其"数字签名"，用验证的结果来检验数据的完整性和真实性，确认签名的合法性。数字签名技术是在网络系统虚拟环境中确认身份的重要技术，完全可以代替现实生活中的"亲笔签字"，在技术上和法律上都有保证。在数字签名应用中，发送者的公钥可以很方便地得到，但他的私钥则需要严格保密。

2. 加密技术在 VPN 中的应用

虚拟专用网（Virtual Private Network，VPN）是连接在 Internet 上位于不同地方的两个或多个企业内部网之间建立的一条专有通信线路，构成一个更大的局域网络，但它并不需要真正地去铺设光缆之类的物理线路。虚拟专用网建立连接之后，由于要在 Internet 上进行数据传输，为了保证其安全性，必须采用加密技术来保证数据的安全传输。例如，使用具有加密/解密功能的路由器，当数据离开发送者所在的局域网时，该数据首先被用户连接到 Internet 上的路由器进行硬件加密，数据在互联网上是以加密的形式传送的，当到达目的 LAN 的路由器时，该路由器就会对数据进行解密，这样目的 LAN 中的用户就可以看到真正的信息了。

3. 数字水印

由于科技的飞速发展，现在人们的许多创作和生产成果都以数字的方式存储和传输，而网络技术为数字作品的使用和传播提供了便利的途径。然而，数字作品极容易被非法复制，使得许多版权所有者不愿意轻易公开其作品，这在相当程度上阻碍了其自身的发展。盗版已经成为对数字化产业的最大威胁，对数字媒体版权所有者来说，版权保护的要求迫在眉睫。

数字水印的基本思想是在数字图像、音频、视频等数字产品中嵌入秘密信息，以便保护数字产品的版权，证明产品的真实可靠性，跟踪盗版行为或者提供产品的附加信息。其中的秘密信息可以是版权标志、用户序列号或者是产品相关信息。一般它需要经过适当变化再嵌入到数字产品中，通常称变化后的秘密信息为数字水印（Digital Watermark）。

通常定义水印为如下信号：

$$w=\{w^i\,|\,w^i\in O,\ i=0,1,2,\ \cdots,\ M-1\}$$

式中，M 为水印序列的长度，O 代表值域。

一个数字水印产品包括嵌入的水印信息和作为嵌入水印信息的载体。

图 9-8 所示为数字水印处理系统基本框架的详细示意图，在这里可定义一个 9 元体（M，X，W，K，G，E_m，A_t，D，E_x）来更好地说明。

（1）M 代表所有可能原始信息的集合。

（2）X 代表所要保护的数字产品 x 的集合，即内容。

（3）W 代表所有可能水印信号 w 的集合。

（4）K 代表水印密钥 k 的集合。

（5）G 表示利用原始信息 M，密钥 K 和原始信息数字产品 X 共同生成水印的算法，即 W=G(M,X,K)。

（6）E_m 表示将水印 W 嵌入数字产品 X 中的嵌入算法，$X^w = E_m(X,W)$。

（7）A_t 表示对含水印产品 X^w 攻击算法。

（8）D 表示水印检测算法。

（9）E_x 表示水印提取算法。

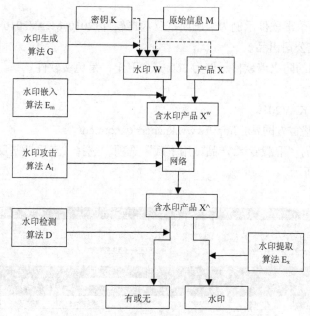

图 9-8　数字水印处理系统基本框架

数字水印主要应用在以下几个方面。

（1）用于版权保护的水印：版权保护可能是水印最主要的应用，其目的是嵌入数据的来源信息以及比较代表性的版权所有者的信息，从而防止其他团体对该数据作品宣称拥有版权，这样水印就可以用来公正地解决所有权问题。

（2）图像认证：认证的目的是检测对图像数据的修改。

（3）复制保护：在多媒体产品中，希望存在这样的一个复制保护机制，即它不允许未经授权的媒体复制。在开放系统中很难实现复制保护，然而在封闭或私有系统中，复制保护是可行的，在这样的系统中，可用水印来说明数据的复制情况。

（4）篡改提示：在数字作品被用于法庭、医学、新闻及商业时，常常需要确定它们的内容是否被修改、伪造或特殊处理过。

（5）盗版跟踪：对于每一个合法接收者传送复制时，每个备份中都嵌入不同的水印信息，来保证盗版的追踪。

（6）证件的真伪识别：利用水印确认该证件的真伪，使得该证件无法仿制和复制。

实验　练习使用杀毒软件和防火墙

1. 实验目的

- 了解杀毒软件的下载、安装、使用与维护。

- 了解防火墙软件的下载、安装、使用与维护。

2. 实验环境

- 硬件：接入 Internet 的 PC。
- 软件：Windows XP 操作系统。

3. 实验说明

- 本实验所用的杀毒软件示例为卡巴斯基反病毒软件 2010（KAV2010）的试用版本，由卡巴斯基实验室公司出品。
- 本次实验所用的防火墙软件示例为 360 安全卫士，是免费软件。

4. 实验步骤

- 步骤 1：下载 KAV2010。

（1）进入卡巴斯基官方网站：http://www.kaspersky.com.cn/。

（2）单击网页中的"下载专区/产品试用下载"选项，选择"卡巴斯基反病毒软件 2010"的下载链接，如图 9-9 所示。

图 9-9　KAV2010 的下载页面

（3）进入相应的下载页面，将软件下载保存在本地硬盘上。

- 步骤 2：安装 KAV2010。

（1）下载完成后双击保存在磁盘中的安装程序，按照安装向导的提示逐步安装程序，如图 9-10 所示。

（2）安装完成后系统会提示激活程序，这里选择"激活试用授权"单选钮，如图 9-11 所示。注意，此时要保证本机与 Internet 的连接。激活成功后，获得可使用 30 天的授权许可。单击"下一步"按钮，再单击"完成"按钮，开始使用 KAV2010。

图 9-10　KAV2010 的安装向导

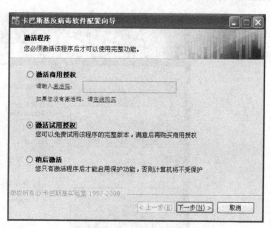

图 9-11　激活 KAV2010

● 步骤 3：更新 KAV2010 的病毒库。

杀毒软件下载安装后，其病毒库一般处于长时间没有更新的状态。如果不及时更新，则杀毒的效果会大打折扣，尤其是对比较新的病毒。杀毒软件的出品公司对其正版用户都免费提供病毒库更新业务，这项功能一般由杀毒软件本身自带。安装完成后，KAV2010 本身也会提醒使用者更新病毒数据库，如图 9-12 所示。

（1）单击图 9-12 中的"立即更新"，或用鼠标右键单击桌面右下角系统托盘里的卡巴斯基图标，在弹出的菜单中选择"更新"命令，如图 9-13 所示。还可以双击卡巴斯基图标，在卡巴斯基杀毒软件主界面中单击"更新中心"。

图 9-12　KAV2010 的更新提示

图 9-13　KAV2010 的更新选项

（2）如图 9-14 所示，进入更新界面后耐心等待病毒库文件下载完成。更新所花的时间取决于更新文件的大小和网速。

（3）更新完成后，有时候系统会建议重新启动计算机，重新启动计算机后完成病毒库的更新。

● 步骤 4：利用更新病毒库后的 KAV2010 扫描系统。

在 KAV2010 主界面中，单击"扫描中心"，然后在右边选择想要扫描病毒的磁盘，单击"开始对象扫描"，如图 9-15 所示。也可以在"我的电脑"或"资源管理器"中，用鼠标右键单击想扫描的磁盘或文件夹，选择"扫描病毒"命令，即可启动扫描。如果在扫描过程中发现病毒，KAV2010 会弹出对话框，提示用户进行操作。

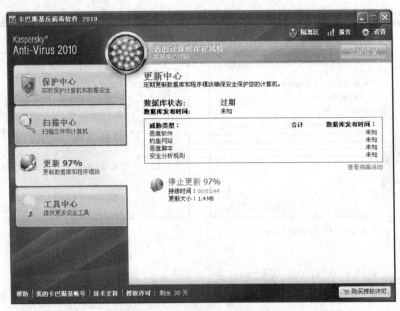

图 9-14　KAV2010 的更新界面

图 9-15　KAV2010 的病毒扫描界面

● 步骤 5：下载 360 安全卫士。

（1）进入 360 安全卫士的官方网站（www.360.cn），如图 9-16 所示。360 安全卫士的相关产品很多，有 360 安全浏览器（安全上网浏览）、360 保险箱（账号密码保护）等。限于篇幅，这里只介绍 360 安全卫士防火墙。

（2）这里采用在线安装方式。单击页面中的"免费下载"图标，在弹出的对话框中单击"运行"按钮（见图 9-17），弹出下载完整安装包的界面，如图 9-18 所示。

（3）完整安装包下载完成后，在弹出的界面中单击"运行"按钮（见图 9-19），进入 360 安全卫士的安装向导界面（见图 9-20），然后按照安装向导的提示逐步安装即可。

图 9-16　360 安全卫士的下载页面

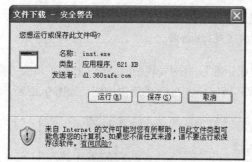

图 9-17　下载安装文件

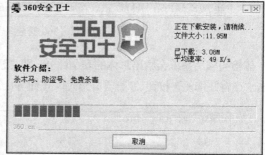

图 9-18　下载过程

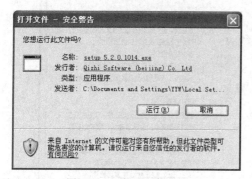

图 9-19　运行已下载文件

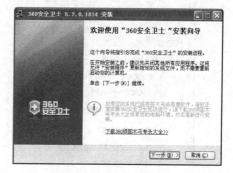

图 9-20　运行已下载文件

● 步骤 6：使用 360 安全卫士的扫描功能。

安装完成后选择立即运行 360 安全卫士，进入如图 9-21 所示的界面。

这款防火墙软件的功能较多，常用功能有"电脑体检""查杀流行木马""清理恶评插件""修复系统漏洞""清理系统垃圾""软件管家（管理软件）"等，另外还有"杀毒""实时保护""装机必备（下载常用软件）"等功能。第 1 次进入主界面后会看到"建议立即进行电脑体检"提示，这是进行综合性安全扫描的建议，单击"立即体检"按钮。

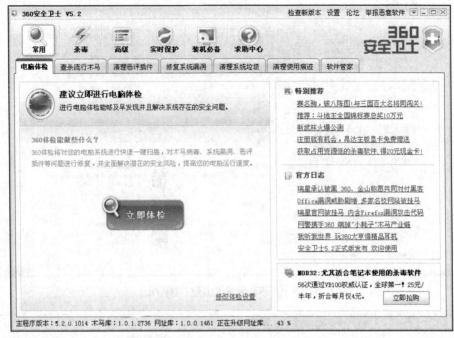

图 9-21　360 安全卫士的系统扫描界面

体检完成后系统会给出总体的安全评分，即"健康指数"，并对发现的问题给出相应的解决方案。单击"查看并修复"按钮、"查看并清理"按钮等，即可启动这些推荐的解决措施，如图 9-22 所示。

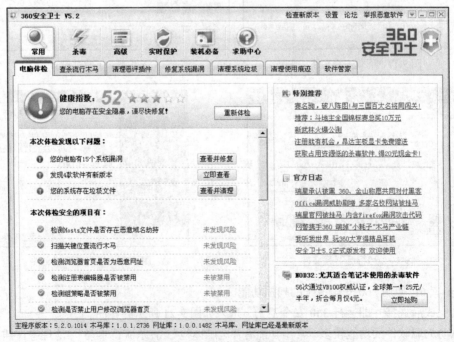

图 9-22　360 安全卫士的扫描结果

● 步骤 7：利用 360 安全卫士修复系统漏洞。

根据"您的电脑有……个系统漏洞"这样的提示，单击"查看并修复"按钮，可进入漏洞修复界面，也可以通过单击"修复系统漏洞"选项卡进入该界面，如图 9-23 所示。漏洞修复界面列出了扫描得到的各种系统漏洞，默认都为选中状态。单击"修复选中漏洞"按钮即可开始漏洞修复工作，如图 9-24 所示。

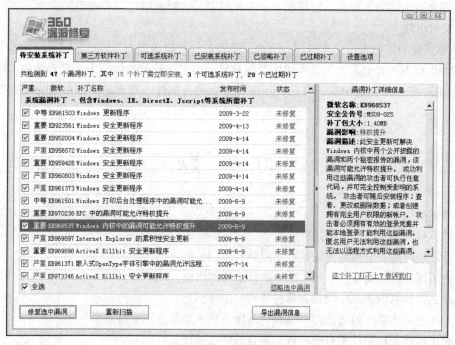

图 9-23　漏洞修复选项

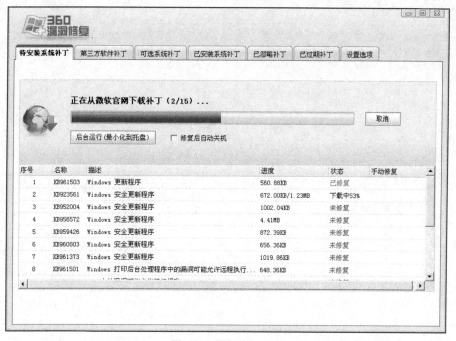

图 9-24　漏洞修复过程

　　360 安全卫士的修复漏洞主要依靠打补丁，即用下载更新的系统文件代替原来的文件，以弥补原有的安全疏漏。系统文件的来源绝大部分来自微软公司的官方网站，所以 360 安全卫士的漏洞修复实质上也是一种"第三方软件更新"服务，而速度上却比从微软官方网站下载升级文件快了很多。安装好全部系统补丁后选择"立即重启"，以保证补丁文件尽快生效。

● 步骤 8：使用 360 安全卫士的其他各种功能。

　　360 安全卫士的功能很多，这里就不一一介绍了。实验者可以一一试用。

5. 实验小结

　　参与本实验的实验者可能本身对以上两款杀毒软件和防火墙有足够的了解，因此本实验不限于 KAV2010 和 360 安全卫士，也可使用其他软件。本实验只是提供一个平台和契机，软件具体的功能还是要靠使用者去探索。无论使用哪种安全防护软件，首要的问题都是保证用户的上网安全。

习　　题

1. 简述网络安全的重要性。
2. 计算机网络安全的目标是什么？
3. 计算机网络安全目前面临的网络威胁有哪些？
4. 为了保证网络安全，一般采取一些什么样的措施？
5. 什么是计算机病毒？病毒有哪些特点？怎样预防？
6. 什么是防火墙？包过滤防火墙和代理服务防火墙各有什么特点？
7. 典型的信息加密技术有哪两种？各自的特点是什么？
8. 就你所知，结合实际情况简述信息加密技术有哪些应用？

第10章
无线局域网、VPN 与物联网

无线局域网、VPN 和物联网是目前网络应用非常热点的技术，已深入到我们日常生活当中，发展也非常迅速，本章将主要介绍有关这 3 种技术的基本知识及应用。

10.1　无线局域网概述

无线局域网络（Wireless Local Area Networks，WLAN）是相当便利的数据传输方式，与传统局域网的不同之处就是采用的传输介质不一样。传统的局域网使用有形的传输介质进行数据传输，如双绞线、同轴电缆、光纤等，而无线局域网采用无线传输介质，如微波作为传输介质进行数据传输，不受地理位置和空间及时间的影响，只要在网络的覆盖范围内，都可以进行通信，可以很自由方便地使用。总的来说，与有线网络相比，无线局域网有以下特点：

（1）灵活性：在有线网络中，网络设备的安放位置受网络位置的限制，而对于无线网络，只要在信号覆盖范围内，任何一个位置都可以接入网络。

（2）移动性：连接到无线局域网的用户可以移动而且能与无线网络保持连接状态。

（3）安装便捷：无线局域网可以免去或最大程度地减少网络布线的工作量，一般只要安装一个或多个接入点设备，就可建立覆盖整个区域的局域网络。

（4）费用低：对于有线网络来说，办公地点或网络拓扑的改变通常意味着重新建网。重新布线是一个昂贵、费时、浪费和琐碎的过程，无线局域网可以避免或减少以上情况的发生。

（5）易于扩展。无线局域网有多种配置方式，可以很快从只有几个用户的小型局域网扩展到上千用户的大型网络，并且能够提供结点间"漫游"等有线网络无法实现的特性。

由于无线局域网有以上诸多优点，因此其发展十分迅速。最近几年，无线局域网已经在企业、医院、商店、工厂和学校等场合得到了广泛应用。

10.1.1　无线局域网的标准

无线局域网的标准是随着无线局域网的应用发展而来的，而且应用的不同就有相应的标准，目前流行的标准有 IEEE 802.11、蓝牙以及 HomeRF 标准，使用最普遍的是 IEEE 802.11，IEEE 802.11 是最初制定的一个无线局域网标准，主要用于解决办公室和校园局域网中，用户与用户终端的无线接入，使用 2.4GHz 频段，传输速率只有 2Mbit/s，速率比较低；由于网络的发展，IEEE 802.11 的传输速率和传输的距离不能满足人们的需要，随后推出的 IEEE 802.11a 和 IEEE 802.11b 两个标准，其速率是 54 Mbit/s 和 11 Mbit/s，但两者不能兼容，所以又推出了 IEEE 802.11g，能兼容前面的 2 个标准。由于无线局域网的无线特点，给网络带来了一些不安全的因素，因此后续又制定了一些标准，专门加强无线局域网安全，增加了一些用户身份验证制度和对通信数据进行加密的规定。

（1）IEEE 802.11b，使用的是开放的 2.4GHz 频段，数据的传输速率最高可以达到 11 Mbit/s，也可根据实际情况采用 5.5Mbit/s、2 Mbit/s 和 1 Mbit/s 带宽，实际的工作速度在 5 Mbit/s 左右，IEEE 802.11b 无线局域网的范围是在室外为 300 米内，在室内为 100 米内。

（2）IEEE 802.11a，使用 5GHz 频段，数据的传输速率最高可以达到 54 Mbit/s，支持语音、数据、图像业务；IEEE 802.11a 拥有 12 条不相互重叠的频道。

（3）IEEE 802.11g，使用 2.4GHz 频段（与 IEEE 802.11b 相同），传输速率可以达到 54 Mbit/s（与 IEEE802.a 相同），兼容了 IEEE802.11b 和 IEEE 802.11a。

蓝牙技术是一种无线技术标准，可实现固定设备、移动设备之间的短距离数据交换，使用使用 2.4GHz 频段，在带宽方面逊色不少，数据的传输速率一般只有 1 Mbit/s，但是低成本以及低功耗的特点还是让它找到了足够的生存空间。HomeRF 无线局域网技术是专门为家庭用户设计的。建立具有互操作性的话音和数据通信网，工作频段为 2.4GHz，数据的传输速率可达到 100 Mbit/s，而且简单可靠，成本低廉，不过它的业界支持度远不及前两者。

10.1.2　无线局域网的组建

组建无线局域网一般有两种模式，对等模式与基础结构模式。

对等无线网络：由一组有无线接口卡的计算机组成。这些计算机以相同的工作组名、ESSID 和密码等对等的方式相互直接连接，在 WLAN 的覆盖范围的之内，进行点对点与点对多点之间的通信通信。网络一般是用公用广播信道，各站点都可竞争公用信道，这种结构的优点是网络抗毁性好、建网容易、且费用较低。但当网中用户数（站点数）过多时，信道竞争成为限制网络性能的要害。并且为了满足任意两个站点可直接通信，网络中站点布局受环境限制较大。因此这种拓扑结构适用于用户相对减少的工作群网络规模如图 10-1 所示。

实现对等模式无线网络的具体设置如下：打开无线网卡的属性设置，如图 10-2 所示。

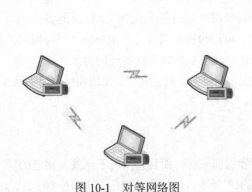

图 10-1　对等网络图　　　　　　图 10-2　无线网卡属性图

在无线网络配置中单击区域中单击"高级"按钮，出现如图 10-3 所示。

进入"高级"设置，选中"仅计算机到计算机（特定）"，单击"关闭"按钮。

在"无线网络连接属性"对话框中，单击"添加"按钮，在如图 10-4 所示对话框中输入网络名称（SSID），这里输入"duidengnet"，然后把"网络验证"设置为"开放式"，把"数据加密"设置为"WEP"，

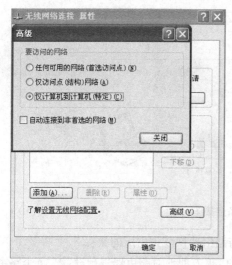

图 10-3　高级属性图

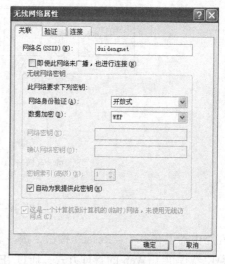

图 10-4　添加属性图

　　根据需要选择自动设置网络密钥还是自己设置，同时选中"这是一个计算机到计算机（特定的）网络；没有使用无线访问点"复选框。最后单击"确定"按钮。

　　依次按照相同的方法配置其他计算机上的无线网卡，如果有台 PC 连接到了 Internet 网，可以通过共享提供网络上的计算机即可通过主机共享上网。

　　基础结构无线网络：在基础结构无线网络中，具有无线接口卡的无线终端以无线接入点（AP）为中心等将无线局域网与有线网网络连接起来，可以组建多种复杂的无线局域网接入网络，实现无线移动办公的接入。基本组成主要包括无线网卡、无线接入点（无线 AP，见图 10-5）、通信设备。无线网卡是无线网络的接口，与普通的有线网卡不同，相互也不兼容，主要有 PCMCIA 无线网卡、PCI 无线网卡、MiniPCI 无线网卡、USB 无线网卡等几种产品。无线 AP 相当于局域网集线器，能够在一定范围内连接多个无线用户，在同时具有无线和有线网络情况下，AP 实现无线与有线网络的连接。无线局域网的工作模式如图 10-6 所示。

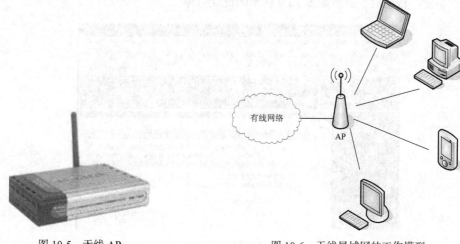

图 10-5　无线 AP　　　　　　　　　　图 10-6　无线局域网的工作模型

下面就以目前最流行的 TP-LINK 路由器为例，介绍创建无线局域网络的基本过程。

首先将设备进行连接，如图 10-7 所示。

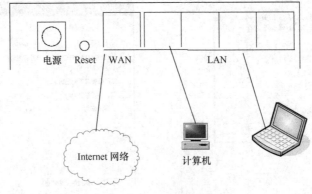

图 10-7　设备连接图

在路由器上有一个"Reset"按钮，按一下会将路由器恢复到出厂的状态。

路由器提供了 Web 的管理方式，通过 IE 就可以很方便地对路由器进行设置。每个路由器都有一个访问 IP 地址，共享上网的计算机通过此 IP 地址就可以对路由器进行访问了。目前一般路由器的访问 IP 地址为 192.168.1.1。打开浏览器，输入 http://192.168.1.1，回车后出现如图 10-8 所示的对话框。在对话框中输入用户名和密码，一般路由器出厂默认的用户名和密码都是 admin。

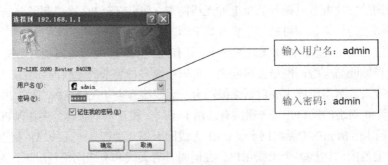

图 10-8　输入用户名和密码

单击"确定"按钮后，弹出如图 10-9 所示的设置向导。

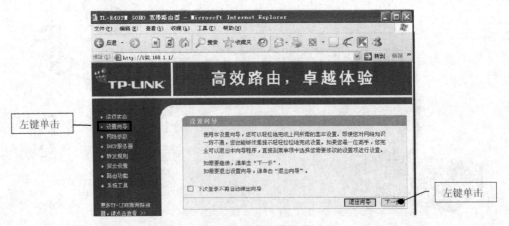

图 10-9　设置向导选项

单击"下一步"按钮，弹出如图 10-10 所示的对话框，一般对于家庭和宿舍用户，选择"ADSL 虚拟拨号（PPPoE）"单选钮。

单击"下一步"按钮，弹出如图 10-11 所示的对话框。输入上网账号和上网口令，这是使用 ADSL 拨号时 ISP 提供给的用户名和密码。

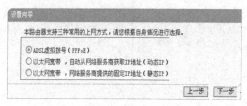

图 10-10　选择上网方式

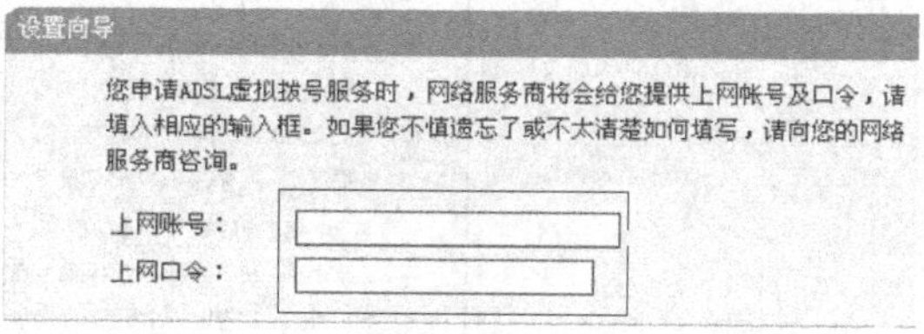

图 10-11　输入账号和口令

按照提示就可以完成设置向导的完成。

设置向导完成后，还需要对网络参数进行设置。单击图 10-9 所示的"网络参数"选项，在其下面看到几个子菜单，如图 10-12 所示。

选择"LAN 口设置"，弹出如图 10-13 所示的对话框。MAC 地址是本路由器对局域网的 MAC 地址，此值不可更改。IP 地址是本路由器对局域网的 IP 地址，默认为 192.168.1.1，局域网中所有计算机的默认网关如果自己设置必须设置为该 IP 地址。设置的子网掩码必须和这里的相同，需要注意的是如果改变了 LAN 口的 IP 地址，必须用新的 IP 地址才能登录本路由器进行 Web 界面管理。

图 10-12　网络参数子菜单

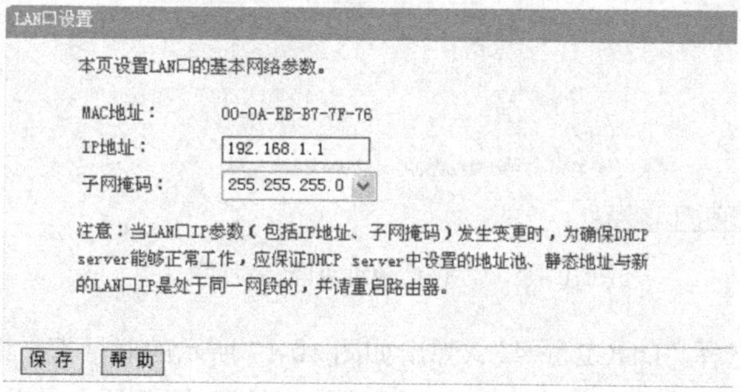

图 10-13　LAN 口设置

选择"WAN 口设置"，弹出如图 10-14 所示的对话框，在其中对上网方式和权限进行设置。"WAN 口连接类型"是指本路由器支持 3 种常用的上网方式，如果上网方式为动态 IP，即可以自动从 ISP 获取 IP 地址，请选择"动态 IP"；如果上网方式为静态 IP，拥有 ISP 提供的固定 IP 地址，请选择"静态 IP"；如果上网方式为 ADSL 虚拟拨号方式，请选择"PPPoE"。

在"上网账号"和"上网口令"中填入 ISP 指定的 ADSL 上网账号和上网口令。连接方式有按需连接、自动连接、定时连接和手动连接。如果选择了按需连接，则在有来自局域网的网络访问请求时，自动进行连接操作，一般选取此项。

选择"MAC 地址克隆"，弹出如图 10-15 所示的对话框。

MAC 地址一般不用更改。但某些 ISP 可能会要求对 MAC 地址进行绑定，此时 ISP 会提供一个有效的 MAC 地址给用户，只要根据它所提供的值进行绑定即可。不过大部分的 ADSL 都不用此功能，所以在此就不详细介绍了。

选择"DHCP 服务器"，出现 3 个子菜单，如图 10-16 所示。

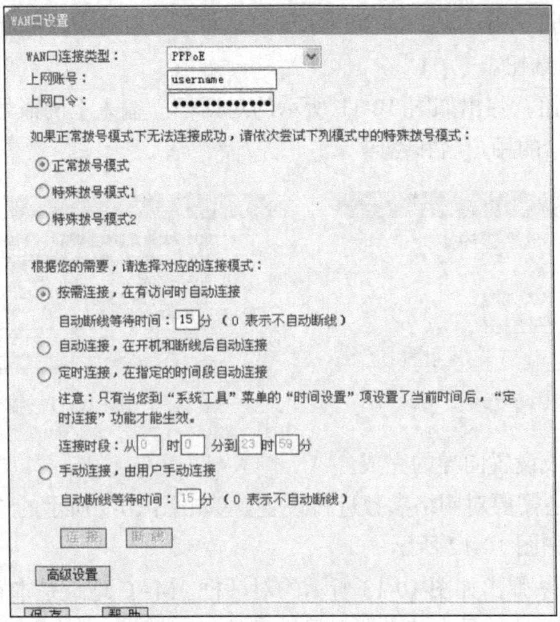

WAN口设置

WAN口连接类型： PPPoE

上网账号： username

上网口令： ●●●●●●●●●●●●

如果正常拨号模式下无法连接成功，请依次尝试下列模式中的特殊拨号模式：

◉ 正常拨号模式

○ 特殊拨号模式1

○ 特殊拨号模式2

根据您的需要，请选择对应的连接模式：

◉ 按需连接，在有访问时自动连接

　自动断线等待时间：15 分 （0 表示不自动断线）

○ 自动连接，在开机和断线后自动连接

○ 定时连接，在指定的时间段自动连接

　注意：只有当您到"系统工具"菜单的"时间设置"项设置了当前时间后，"定时连接"功能才能生效。

　连接时段：从 0 时 0 分到 23 时 59 分

○ 手动连接，由用户手动连接

　自动断线等待时间：15 分 （0 表示不自动断线）

[连 接] [断 线]

[高级设置]

[保 存] [帮 助]

图 10-14　选择"PPPoE"上网方式

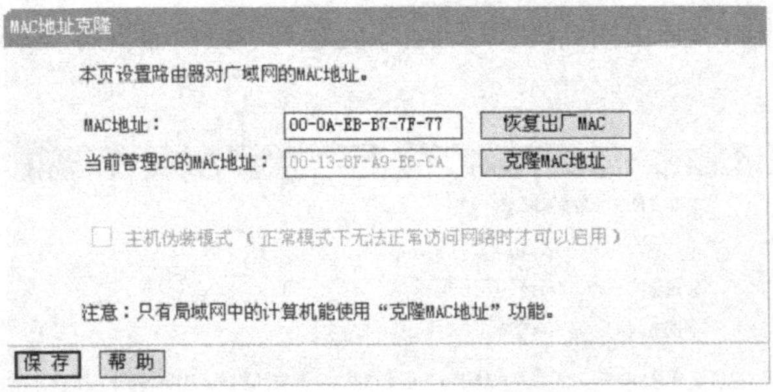

MAC地址克隆

本页设置路由器对广域网的MAC地址。

MAC地址： 00-0A-EB-B7-7F-77 [恢复出厂MAC]

当前管理PC的MAC地址： 00-13-8F-A9-E6-CA [克隆MAC地址]

☐ 主机伪装模式 （正常模式下无法正常访问网络时才可以启用）

注意：只有局域网中的计算机能使用"克隆MAC地址"功能。

[保 存] [帮 助]

图 10-15　"MAC 地址克隆"对话框

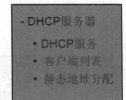

图 10-16　DHCP 服务器菜单

　　选择"DHCP 服务"，弹出如图 10-17 所示的对话框，设置地址池开始地址和结束地址，用户就不需要手动配置计算机 IP 地址了，开机时服务器会自动分配。在设置时要注意，设置的 IP 地址段要和路由器 LAN 端口 IP 地址处于一个网段，手动设置时也一样。网关为路由器 LAN 端口 IP 地址，DNS 服务器由 ISP 提供。

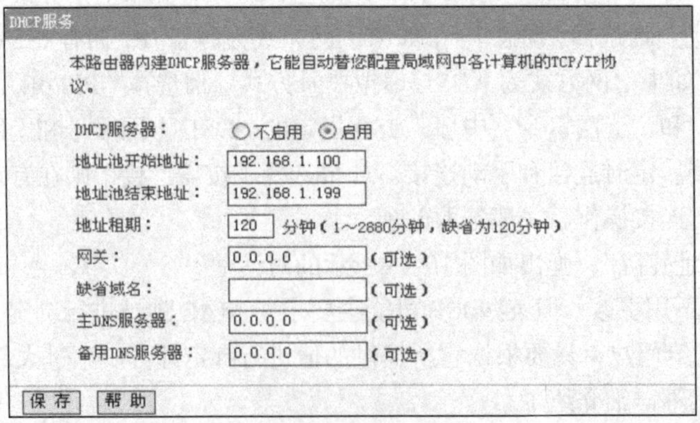

DHCP服务

本路由器内建DHCP服务器，它能自动替您配置局域网中各计算机的TCP/IP协议。

DHCP服务器： ○不启用 ◉启用

地址池开始地址： 192.168.1.100

地址池结束地址： 192.168.1.199

地址租期： 120 分钟（1～2880分钟，缺省为120分钟）

网关： 0.0.0.0 （可选）

缺省域名： （可选）

主DNS服务器： 0.0.0.0 （可选）

备用DNS服务器： 0.0.0.0 （可选）

[保 存] [帮 助]

图 10-17　DHCP 服务器配置

选择"客户端列表",弹出如图 10-18 所示的对话框,在其中可以查看局域网中获取 IP 地址主机的信息。

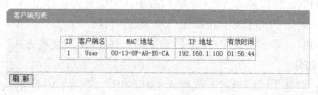

图 10-18　客户端列表

选择"静态地址分配",弹出如图 10-19 所示的对话框,可以为局域网中计算机设置静态的 IP 地址,一旦设置后,主机的 IP 地址不会被改变。

图 10-19　静态地址分配

10.2　VPN

VPN 全称是"Virtual Private Network",即虚拟专用网络,是一种远程网络访问技术,主要功能是利用公用网络上建立一条临时、安全的专用网络,通过加密的通信协议连接 Internet 上的位于不同地方的网络之间建立一条专有的通信线路,就好比是架设了一条专线一样,并不需要铺设真正的线路进行通信。在企业网络中有广泛应用。例如虚拟专用网可以帮助远程用户、公司分支机构、业务合作伙伴等与企业内部网建立可信的安全连接,并保证数据的安全传输。VPN 可通过服务器、硬件、软件等多种方式实现。VPN 主要具有以下优点:

- 安全可靠:建立专线连接,能确保数据实时安全的传输;
- 低成本:不需要铺设专线线路,节省专线费用的开销;
- 易扩展:VPN 用户的增加和删除无需专门的物理设备和连接,只需修改配置,扩展非常容易;
- 集中管理:通过 VPN,企业能够对分支机构进行安全的统一管理与协调。

10.2.1　VPN 的分类

根据不同的划分标准,VPN 可以按几个标准进行分类划分:

1. 按 VPN 的连接协议分类

VPN 的协议主要有三种:PPTP、L2TP 和 IPSec,其中 PPTP 是微软公司专利,工作在 OSI 参考模型的第二层,也称为二层隧道协议;L2TP 协议也工作在 OSI 参考模型的第二层,IPSec 协议工作在 OSI 参考模型的第三层,也称为第三层隧道协议,也是最常见的一种协议。

2. 按所用的设备类型进行分类

网络设备提供商针对不同客户的需求,开发出不同的 VPN 设备,主要为交换机、路由器和防火墙。

(1)路由器式 VPN:路由器式 VPN 部署较容易,只要在路由器上添加 VPN 服务即可;

(2)交换机式 VPN:主要应用于连接用户较少的 VPN;

(3)防火墙式 VPN:防火墙式 VPN 是最常见的一种 VPN 的实现方式。

3. 按接入方式划分

(1)专线 VPN:它是为已经通过专线接入 ISP 的用户提供的 VPN 解决方案。这是一种"永远在线"的 VPN,可以节省传统的长途专线费用。

(2)拨号 VPN(又称 VPDN):它是向利用拨号 PSTN 或 ISDN 接入 ISP 的用户提供的 VPN 业务。这是一种"按需连接"的 VPN,可以节省用户的长途电话费用。

10.2.2 VPN 的应用

VPN 的应用有三个,连接远程用户如图 10-20 所示,连接分支机构如图 10-21 所示,连接合作伙伴如图 10-22 所示。

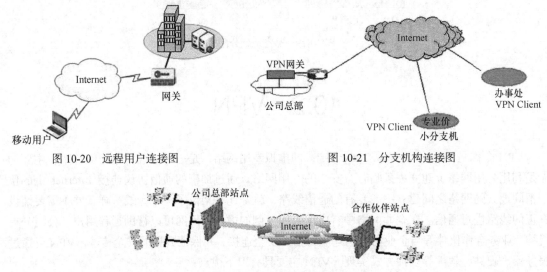

图 10-20 远程用户连接图   图 10-21 分支机构连接图

图 10-22 合作伙伴连接图

(1)Access VPN(远程接入 VPN):从客户端到网关,使用公网作为骨干网在设备之间传输 VPN 数据流量,组成的 VPN 是一种主机到网络的拓扑模型,多用户远程客户访问企业内部资源。

(2)Intranet VPN(内联网 VPN):从网关到网关,通过公司内部的网络构架连接来自同一公司的资源,组成的 VPN 是一种网络到网络的对等拓扑模型,多用于上市企业或是跨国公司。

(3)Extranet VPN(外联网 VPN):与合作伙伴企业网构成 Extranet,将一个企业与另一个企业的资源进行连接,组成的 VPN 是一种网络到网络的不对等拓扑模型,多用于合作企业。

10.3 物 联 网

物联网是一个比较新颖又非常热门的科技概念,它的概念出现在 20 世纪 90 年代,是继互联网，移动通信后又一次信息革命，目前很多国家将物联网技术列为国家战略发展计划的重要组成部分。

10.3.1　物联网的简介

物联网：英文名称是："Internet of things"，目前物联网没有明确的定义，最初在 1999 年提出：即通过射频识别技术、感知技术、定位系统等把所有物品与互联网连接起来，实现智能化识别和管理的一种网络。国际电信联盟的定义是物联网要解决物品与物品（Thing to Thing，T2T）、人与物品（Human to Thing，H2T）、人与人（Human to Human，H2H）之间的互连。但是与传统互联网不同的是，H2T 是指人利用通用装置与物品之间的连接，而 H2H 是指人之间不依赖于 PC 而进行的互连。中国的定义：通过感知设备，按照约定的协议，把任何能够被独立寻址的物品与互联网连接起来，进行信息交换和通信，以实现智能化识别、定位、跟踪、监控和管理的一种网络，通过以上定义我们可以大概描述出物联网的结构图，如图 10-23 所示。

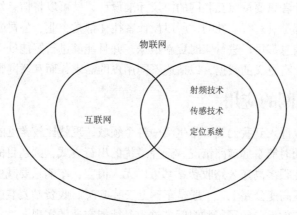

图 10-23　物联网的结构图

物联网概念的产生最早要追溯到 1995 年比尔盖茨的《未来之路》这本书，在书中，比尔盖茨就提及了物联网的概念，由于当时网络及相关技术的自身的发展状况，所以没有引起人们的重视，后来由于互联网技术和条形码技术及射频技术等飞速的发展，1999 年由美国麻省理工学院的 Auto-ID 实验室首先提出了依靠物品电子码（Electronic Product Code，EPC）构建物联网，当时被称作 EPC 系统的物联网构想，主要通过物品的编码、射频识别技术和互联网来实现物品的智能化识别和管理。2005 年在突尼斯举行的信息社会世界峰会上国际电信联盟（International Telecommunications Union，ITU）发表了互联网报告《ITU 互联网报告 2005：物联网》后，正式提出物联网概念，物联网这个概念也随之流行，报告指出，世界万物，小到芯片，大到高楼，都可以通过互联网在任何时间、任何地点进行信息交换，只需要各物品上嵌入一个微型芯片。报告还指出，射频识别技术、传感器技术、智能嵌入式技术及纳米技术将被更加广泛地应用。

从物联网提出后，物联网获得了跨越式发展，需多国家和组织将其基础设施建设列为国家发展战略计划的重要内容。2009 年，在奥巴马就任美国总统后，与美国工商业领袖举行了一次"圆桌会议"，IMB 提出了"智慧地球"设想，建议政府投资新一代的智慧型基础设施，物联网是其中不可或缺的组成部分，美国随后将其设想提升为国家战略发展计划。2009 年 6 月，欧盟在比利时提出了《物联网—欧洲行动计划》的报告，提出构建新型物联网的框架来引领物联网的发展方向。2009 年 8 月，温家宝总理视察无锡中科院物联网技术研发中心时，"感知中国"的讲话把我国物联网领域的研究和应用开发推向了高潮，自提出"感知中国"以来，物联网被正式列为我国七大新兴战略性产业之一，写入"政府工作报告"。

物联网概念是在互联网概念的基础上提出来的,那物联网和互联网之间有哪些区别与联系呢,我们可以从以下几个方面进行分析。

（1）物联网是建立在互联网的基础之上，是在互联网基础上延伸和扩展的网络，物联网获取信息是智能、自动的，好比驾车行驶时，手机会自动将我们的位置等信息发送给导航，而导航会实时地引导我们驾驶。而互联网是通过人有意识通过按钮等去交换信息。

（2）互联网主要解决信息的交互和共享，主要面向的对象是人与人，而物联网主要解决的信息的智能化管理，面向的对象是人与人、人与物、物与物。

（3）互联网应用中，无法确定参与者的身份，可以理解是虚拟的，而物联网应用针对的都是真实的实物，通过传感技术、射频技术等将真实实物的信息获取。

（4）互联网的设计者只要按照互联网的协议标准设计，就可以将信息发布到互联网上，而物联网面向的应用一般都是具有行业性的，所以设计者往往都是企业、公司或者政府等。

（5）物联网内的信息都可以进行实时更新数据，并且能够进行智能处理，可以从海量的信息中分析、加工和处理出有意义的数据，以适应不同用户的需求，而互联网则不行。

10.3.2　物联网的应用

物联网的应用可以深入到我们到日常生活中各个领域，现就比较常见的介绍几种。

（1）智能交通：随时能掌握道路情况，选择最优的出行方式，到达目的地后能找到最近的停车场和饭店等。例如在很多高速公路收费站都可以无人值守，车辆只要减速行驶不用停车即可完成信息认证、缴费。在高速公路上，一般是车辆上安装 ETC，收费站安装感应器就可以对车辆进行智能缴费管理。这有效地节约了行驶时间，这也是智能交通的实现。

（2）智能家居：可以根据用户的需求，自动调节家庭内的家居设备以保证最佳的节能状态。用户也可以随时了解家里的状况，既方便又安全。

（3）智能电网：对高压线路进行实时监控，随时掌握线路的状况，分析用电量的使用情况以进行调整，使用电管理高效节约。

当然还有其他很多方面的应用，在农业方面、医疗方面、军事方面等。

实验　组建无线局域网

1.　实验目的
- 掌握小型路由器的使用方法。
- 了解路由器的工作机制。

2.　实验环境
- 硬件：能够接入 Internet 的 PC、小型路由器、网线。
- 软件：Windows XP 操作系统、IE 浏览器。

3.　实验说明
- 本实验采用路由器组建无线局域网并连接到 Internet 中，需要学生设置相关的配置。

4. **实验步骤**

● 参照 10.2 小节

5. **实验小结**

部分实验者可能比较熟悉本次实验的内容，但对本实验中提到的一些基本设计必须引起足够的重视。在网络技术发展的今天，熟练掌握小型路由器的使用方法有时候是至关重要的，可以连接多个 PC 或手机接入 Internet 网，获取网络上所需的资源。

习　　题

1. 无线局域网有哪些特点？

2. 无线局域网中有哪两种方式？各具有哪些特点？

3. VPN 的含义是什么？

4. VPN 有哪些主要的应用？

5. 物联网的特点有哪些？

6. 物联网与互联网有哪些区别和联系。

7. 物联网的应用有哪些？

[1] 冯博琴. 计算机网络应用基础[M]. 北京：人民邮电出版社，2010.

[2] 郝兴伟. 计算机网络原理、技术及应用[M]. 北京：高等教育出版社，2007.

[3] 胡小强. 计算机网络[M]. 北京：北京邮电大学出版社，2005.

[4] 杜煜. 计算机网络基础教程[M]. 2 版. 北京：人民邮电出版社，2008.

[5] 高阳. 计算机网络原理与实用技术[M]. 北京：电子工业出版社，2006.

[6] 相万让. 计算机网络应用基础[M]. 2 版. 北京：人民邮电出版社，2006.

[7] 周舸. 计算机网络技术基础[M]. 北京：人民邮电出版社，2014.

[8] 李光明. 计算机网络技术教程[M]. 北京：人民邮电出版社，2009.

[9] 谢希仁. 计算机网络[M]. 5 版. 北京:电子工业出版社，2009.